国家出版基金项目
绿色制造丛书
组织单位 | 中国机械工程学会

绿色再制造关键技术及应用

姚巨坤　朱　胜　杜文博　韩冰源　周新远　崔培枝　周克兵
于鹤龙　孟令东　柳　建　杨军伟　张　庆　王晓明　任智强　编著
韩国峰　臧　艳　杜守信　徐瑶瑶　刘玉项

绿色再制造关键技术是绿色再制造的重要内容，是实现绿色再制造生产的关键途径，也直接决定着再制造生产效益及生产质量。《绿色再制造关键技术及应用》一书围绕再制造工艺中使用到的关键技术内容，系统描述了绿色再制造的设计方法、拆装与清洗技术、检测与寿命评估技术、加工与表面成形技术、后处理技术、生产管理技术和信息化再制造技术，构建了绿色再制造技术体系。

本书可以作为高等学校绿色制造、再制造、维修、资源化及相近专业的教学用书，也可作为绿色制造与再制造企业或相关主管部门进行再制造学习或培训的教材或参考书，还可以作为废旧产品再制造领域的研究及管理人员的参考用书。

图书在版编目（CIP）数据

绿色再制造关键技术及应用/姚巨坤等编著．—北京：机械工业出版社，2021.10

（国家出版基金项目·绿色制造丛书）

ISBN 978-7-111-69473-1

Ⅰ．①绿…　Ⅱ．①姚…　Ⅲ．①制造工业-无污染技术-研究　Ⅳ．①T

中国版本图书馆CIP数据核字（2021）第218112号

机械工业出版社（北京市百万庄大街22号　邮政编码100037）

策划编辑：李　楠　　责任编辑：李　楠　郑小光　王　良　章承林

责任校对：陈　越　刘雅娜　责任印制：李　娜

北京宝昌彩色印刷有限公司印刷

2022年4月第1版第1次印刷

169mm×239mm·18.25印张·350千字

标准书号：ISBN 978-7-111-69473-1

定价：88.00元

电话服务　　网络服务

客服电话：010-88361066　机　工　官　网：www.cmpbook.com

010-88379833　机　工　官　博：weibo.com/cmp1952

010-68326294　金　书　网：www.golden-book.com

封底无防伪标均为盗版　机工教育服务网：www.cmpedu.com

“绿色制造丛书” 编撰委员会

“绿色制造丛书” 编撰委员会办公室

丛书序一

制造是改善人类生活质量的重要途径，制造也创造了人类灿烂的物质文明。

也许在远古时代，人类从工具的制作中体会到生存的不易，生命和生活似乎注定就是要和劳作联系在一起的。工具的制作大概真正开启了人类的文明。但即便在农业时代，古代先贤也认识到在某些情况下要慎用工具，如孟子言："数罟不入洿池，鱼鳖不可胜食也；斧斤以时入山林，材木不可胜用也。"可是，我们没能记住古训，直到20世纪后期我国乱砍滥伐的现象比较突出。

到工业时代，制造所产生的丰富物质使人们感受到的更多是愉悦，似乎自然界的一切都可以为人的目的服务。恩格斯告诫过：我们统治自然界，决不像征服者统治异民族一样，决不像站在自然以外的人一样，相反地，我们同我们的肉、血和头脑一起都是属于自然界，存在于自然界的；我们对自然界的整个统治，仅是我们胜于其他一切生物，能够认识和正确运用自然规律而已（《劳动在从猿到人转变过程中的作用》）。遗憾的是，很长时期内我们并没有听从恩格斯的告诫，却陶醉在"人定胜天"的臆想中。

信息时代乃至即将进入的数字智能时代，人们惊叹欣喜，日益增长的自动化、数字化以及智能化将人从本是其生命动力的劳作中逐步解放出来。可是蓦然回首，倏地发现环境退化、气候变化又大大降低了我们不得不依存的自然生态系统的承载力。

不得不承认，人类显然是对地球生态破坏力最大的物种。好在人类毕竟是理性的物种，诚如海德格尔所言：我们就是除了其他可能的存在方式以外还能够对存在发问的存在者。人类存在的本性是要考虑"去存在"，要面向未来的存在。人类必须对自己未来的存在方式、自己依赖的存在环境发问！

1987年，以挪威首相布伦特兰夫人为主席的联合国世界环境与发展委员会发表报告《我们共同的未来》，将可持续发展定义为：既满足当代人的需要，又不对后代人满足其需要的能力构成危害的发展。1991年，由世界自然保护联盟、联合国环境规划署和世界自然基金会出版的《保护地球——可持续生存战略》一书，将可持续发展定义为：在不超出支持它的生态系统承载能力的情况下改善人类的生活质量。很容易看出，可持续发展的理念之要在于环境保护、人的生存和发展。

世界各国正逐步形成应对气候变化的国际共识，绿色低碳转型成为各国实现可持续发展的必由之路。

中国面临的可持续发展的压力尤甚。经过数十年来的发展，2020 年我国制造业增加值突破 26 万亿元，约占国民生产总值的 26%，已连续多年成为世界第一制造大国。但我国制造业资源消耗大、污染排放量高的局面并未发生根本性改变。2020 年我国碳排放总量惊人，约占全球总碳排放量 30%，已经接近排名第 2 ~5 位的美国、印度、俄罗斯、日本 4 个国家的总和。

工业中最重要的部分是制造，而制造施加于自然之上的压力似乎在接近临界点。那么，为了可持续发展，难道舍弃先进的制造？非也！想想庄子笔下的圃畦丈人，宁愿抱瓮舀水，也不愿意使用桔槔那种杠杆装置来灌溉。他曾教训子贡：“有机械者必有机事，有机事者必有机心。机心存于胸中，则纯白不备；纯白不备，则神生不定；神生不定者，道之所不载也。”（《庄子·外篇·天地》）单纯守纯朴而弃先进技术，显然不是当代人应守之道。怀旧在现代世界中没有存在价值，只能被当作追逐幻境。

既要保护环境，又要先进的制造，从而维系人类的可持续发展。这才是制造之道！绿色制造之理念如是。

在应对国际金融危机和气候变化的背景下，世界各国无论是发达国家还是新型经济体，都把发展绿色制造作为赢得未来产业竞争的关键领域，纷纷出台国家战略和计划，强化实施手段。欧盟的“未来十年能源绿色战略”、美国的“先进制造伙伴计划 2.0”、日本的“绿色发展战略总体规划”、韩国的“低碳绿色增长基本法”、印度的“气候变化国家行动计划”等，都将绿色制造列为国家的发展战略，计划实施绿色发展，打造绿色制造竞争力。我国也高度重视绿色制造，《中国制造 2025》中将绿色制造列为五大工程之一。中国承诺在 2030 年前实现碳达峰，2060 年前实现碳中和，国家战略将进一步推动绿色制造科技创新和产业绿色转型发展。

为了助力我国制造业绿色低碳转型升级，推动我国新一代绿色制造技术发展，解决我国长久以来对绿色制造科技创新成果及产业应用总结、凝练和推广不足的问题，中国机械工程学会和机械工业出版社组织国内知名院士和专家编写了“绿色制造丛书”。我很荣幸为本丛书作序，更乐意向广大读者推荐这套丛书。

编委会遴选了国内从事绿色制造研究的权威科研单位、学术带头人及其团队参与编著工作。丛书包含了作者们对绿色制造前沿探索的思考与体会，以及对绿色制造技术创新实践与应用的经验总结，非常具有前沿性、前瞻性和实用性，值得一读。

丛书的作者们不仅是中国制造领域中对人类未来存在方式、人类可持续发展的发问者，更是先行者。希望中国制造业的管理者和技术人员跟随他们的足迹，通过阅读丛书，深入推进绿色制造！

华中科技大学　李培根

2021 年 9 月 9 日于武汉

丛书序二

在全球碳排放量激增、气候加速变暖的背景下，资源与环境问题成为人类面临的共同挑战，可持续发展日益成为全球共识。发展绿色经济、抢占未来全球竞争的制高点，通过技术创新、制度创新促进产业结构调整，降低能耗物耗、减少环境压力、促进经济绿色发展，已成为国家重要战略。我国明确将绿色制造列为《中国制造 2025》五大工程之一，制造业的“绿色特性”对整个国民经济的可持续发展具有重大意义。

随着科技的发展和人们对绿色制造研究的深入，绿色制造的内涵不断丰富，绿色制造是一种综合考虑环境影响和资源消耗的现代制造业可持续发展模式，涉及整个制造业，涵盖产品整个生命周期，是制造、环境、资源三大领域的交叉与集成，正成为全球新一轮工业革命和科技竞争的重要新兴领域。

在绿色制造技术研究与应用方面，围绕量大面广的汽车、工程机械、机床、家电产品、石化装备、大型矿山机械、大型流体机械、船用柴油机等领域，重点开展绿色设计、绿色生产工艺、高耗能产品节能技术、工业废弃物回收拆解与资源化等共性关键技术研究，开发出成套工艺装备以及相关试验平台，制定了一批绿色制造国家和行业技术标准，开展了行业与区域示范应用。

在绿色产业推进方面，开发绿色产品，推行生态设计，提升产品节能环保低碳水平，引导绿色生产和绿色消费。建设绿色工厂，实现厂房集约化、原料无害化、生产洁净化、废物资源化、能源低碳化。打造绿色供应链，建立以资源节约、环境友好为导向的采购、生产、营销、回收及物流体系，落实生产者责任延伸制度。壮大绿色企业，引导企业实施绿色战略、绿色标准、绿色管理和绿色生产。强化绿色监管，健全节能环保法规、标准体系，加强节能环保监察，推行企业社会责任报告制度。制定绿色产品、绿色工厂、绿色园区标准，构建企业绿色发展标准体系，开展绿色评价。一批重要企业实施了绿色制造系统集成项目，以绿色产品、绿色工厂、绿色园区、绿色供应链为代表的绿色制造工业体系基本建立。我国在绿色制造基础与共性技术研究、离散制造业传统工艺绿色生产技术、流程工业新型绿色制造工艺技术与设备、典型机电产品节能减排技术、退役机电产品拆解与再制造技术等方面取得了较好的成果。

但是作为制造大国，我国仍未摆脱高投入、高消耗、高排放的发展方式，资源能源消耗和污染排放与国际先进水平仍存在差距，制造业绿色发展的目标尚未完成，社会技术创新仍以政府投入主导为主；人们虽然就绿色制造理念形成共识，但绿色制造技术创新与我国制造业绿色发展战略需求还有很大差距，一些亟待解决的主要问题依然突出。绿色制造基础理论研究仍主要以跟踪为主，原创性的基础研究仍较少；在先进绿色新工艺、新材料研究方面部分研究领域有一定进展，但颠覆性和引领性绿色制造技术创新不足；绿色制造的相关产业还处于孕育和初期发展阶段。制造业绿色发展仍然任重道远。

本丛书面向构建未来经济竞争优势，进一步阐述了深化绿色制造前沿技术研究，全面推动绿色制造基础理论、共性关键技术与智能制造、大数据等技术深度融合，构建我国绿色制造先发优势，培育持续创新能力。加强基础原材料的绿色制备和加工技术研究，推动实现功能材料特性的调控与设计和绿色制造工艺，大幅度地提高资源生产率水平，提高关键基础件的寿命、高分子材料回收利用率以及可再生材料利用率。加强基础制造工艺和过程绿色化技术研究，形成一批高效、节能、环保和可循环的新型制造工艺，降低生产过程的资源能源消耗强度，加速主要污染排放总量与经济增长脱钩。加强机械制造系统能量效率研究，攻克离散制造系统的能量效率建模、产品能耗预测、能量效率精细评价、产品能耗定额的科学制定以及高能效多目标优化等关键技术问题，在机械制造系统能量效率研究方面率先取得突破，实现国际领先。开展以提高装备运行能效为目标的大数据支撑设计平台，基于环境的材料数据库、工业装备与过程匹配自适应设计技术、工业性试验技术与验证技术研究，夯实绿色制造技术发展基础。

在服务当前产业动力转换方面，持续深入细致地开展基础制造工艺和过程的绿色优化技术、绿色产品技术、再制造关键技术和资源化技术核心研究，研究开发一批经济性好的绿色制造技术，服务经济建设主战场，为绿色发展做出应有的贡献。开展铸造、锻压、焊接、表面处理、切削等基础制造工艺和生产过程绿色优化技术研究，大幅降低能耗、物耗和污染物排放水平，为实现绿色生产方式提供技术支撑。开展在役再设计再制造技术关键技术研究，掌握重大装备与生产过程匹配的核心技术，提高其健康、能效和智能化水平，降低生产过程的资源能源消耗强度，助推传统制造业转型升级。积极发展绿色产品技术，研究开发轻量化、低功耗、易回收等技术工艺，研究开发高效能电机、锅炉、内燃机及电器等终端用能产品，研究开发绿色电子信息产品，引导绿色消费。开展新型过程绿色化技术研究，全面推进钢铁、化工、建材、轻工、印染等行业绿色制造流程技术创新，新型化工过程强化技术节能环保集成优化技术创新。开展再制造与资源化技术研究，研究开发新一代再制造技术与装备，深入推进废旧汽车（含新能源汽车）零部件和退役机电产品回收逆向物流系统、拆解/破碎/分离、高附加值资源化等关键技术与装备研究并应用示范，实现机电、汽车等产品的可拆卸和易回收。研究开发钢铁、冶金、石化、轻工等制造流程副产品绿色协同处理与循环利用技术，提高流程制造资源高效利用绿色产业链技术创新能力。

在培育绿色新兴产业过程中，加强绿色制造基础共性技术研究，提升绿色制造科技创新与保障能力，培育形成新的经济增长点。持续开展绿色设计、产品全生命周期评价方法与工具的研究开发，加强绿色制造标准法规和合格评判程序与范式研究，针对不同行业形成方法体系。建设绿色数据中心、绿色基站、绿色制造技术服务平台，建立健全绿色制造技术创新服务体系。探索绿色材料制备技术，培育形成新的经济增长点。开展战略新兴产业市场需求的绿色评价研究，积极引领新兴产业高起点绿色发展，大力促进新材料、新能源、高端装备、生物产业绿色低碳发展。推动绿色制造技术与信息的深度融合，积极发展绿色车间、绿色工厂系统、绿色制造技术服务业。

非常高兴为本丛书作序。我们既面临赶超跨越的难得历史机遇，也面临差距拉大的严峻挑战，唯有勇立世界技术创新潮头，才能赢得发展主动权，为人类文明进步做出更大贡献。相信这套丛书的出版能够推动我国绿色科技创新，实现绿色产业引领式发展。绿色制造从概念提出至今，取得了长足进步，希望未来有更多青年人才积极参与到国家制造业绿色发展与转型中，推动国家绿色制造产业发展，实现制造强国战略。

中国机械工业集团有限公司　陈学东
2021 年 7 月 5 日于北京

丛书序三

绿色制造是绿色科技创新与制造业转型发展深度融合而形成的新技术、新产业、新业态、新模式，是绿色发展理念在制造业的具体体现，是全球新一轮工业革命和科技竞争的重要新兴领域。

我国自20世纪90年代正式提出绿色制造以来，科学技术部、工业和信息化部、国家自然科学基金委员会等在“十一五”“十二五”“十三五”期间先后对绿色制造给予了大力支持，绿色制造已经成为我国制造业科技创新的一面重要旗帜。多年来我国在绿色制造模式、绿色制造共性基础理论与技术、绿色设计、绿色制造工艺与装备、绿色工厂和绿色再制造等关键技术方面形成了大量优秀的科技创新成果，建立了一批绿色制造科技创新研发机构，培育了一批绿色制造创新企业，推动了全国绿色产品、绿色工厂、绿色示范园区的蓬勃发展。

为促进我国绿色制造科技创新发展，加快我国制造企业绿色转型及绿色产业进步，中国机械工程学会和机械工业出版社联合中国机械工程学会环境保护与绿色制造技术分会、中国机械工业联合会绿色制造分会，组织高校、科研院所及企业共同策划了“绿色制造丛书”。

丛书成立了包括李培根院士、徐滨士院士、卢秉恒院士、王玉明院士、黄庆学院士等50多位顶级专家在内的编委会团队，他们确定选题方向，规划丛书内容，审核学术质量，为丛书的高水平出版发挥了重要作用。作者团队由国内绿色制造重要创导者与开拓者刘飞教授牵头，陈学东院士、单忠德院士等100余位专家学者参与编写，涉及20多家科研单位。

丛书共计32册，分三大部分：① 总论，1册；② 绿色制造专题技术系列，25册，包括绿色制造基础共性技术、绿色设计理论与方法、绿色制造工艺与装备、绿色供应链管理、绿色再制造工程5大专题技术；③ 绿色制造典型行业系列，6册，涉及压力容器行业、电子电器行业、汽车行业、机床行业、工程机械行业、冶金设备行业等6大典型行业应用案例。

丛书获得了2020年度国家出版基金项目资助。

丛书系统总结了“十一五”“十二五”“十三五”期间，绿色制造关键技术与装备、国家绿色制造科技重点专项等重大项目取得的基础理论、关键技术和装备成果，凝结了广大绿色制造科技创新研究人员的心血，也包含了作者对绿色制造前沿探索的思考与体会，为我国绿色制造发展提供了一套具有前瞻性、系统性、实用性、引领性的高品质专著。丛书可为广大高等院校师生、科研院所研发人员以及企业工程技术人员提供参考，对加快绿色制造创新科技在制造业中的推广、应用，促进制造业绿色、高质量发展具有重要意义。

当前我国提出了2030年前碳排放达峰目标以及2060年前实现碳中和的目标，绿色制造是实现碳达峰和碳中和的重要抓手，可以驱动我国制造产业升级、工艺装备升级、重大技术革新等。因此，丛书的出版非常及时。

绿色制造是一个需要持续实现的目标。相信未来在绿色制造领域我国会形成更多具有颠覆性、突破性、全球引领性的科技创新成果，丛书也将持续更新，不断完善，及时为产业绿色发展建言献策，为实现我国制造强国目标贡献力量。

中国机械工程学会　宋天虎

2021年6月23日于北京

前 言

绿色再制造工程是绿色制造的重要内容。再制造技术是在废旧产品再制造过程中所用到的各种技术的统称，是再制造工程的核心组成部分，直接支撑了再制造生产及产业化发展。再制造关键技术是实现废旧产品再制造生产高效、经济、环保的保证，既属于先进绿色制造技术，又是装备维修技术的创新发展。再制造技术不仅能够延长现役设备的使用寿命，最大限度发挥产品的作用，也能够对老旧设备进行高技术再制造升级改造，赋予旧产品更多的高新技术含量，满足新时期的需要；它是以最少的投入而获得最大的效益的回收再利用方法。再制造技术在21世纪将为国民经济的发展带来巨大的效益，将会成为新的产业经济增长点。

再制造关键技术面向再制造生产全过程，属于先进制造技术的范畴，具有工程应用性、先进性、绿色性等特点。再制造技术在生态环境保护和可持续发展中的作用，主要体现在以下几个方面：一是通过再制造性设计，在设计阶段就赋予产品减少环境污染和利于可持续发展的结构、性能特征；二是再制造过程本身不产生或产生很少的环境污染；三是再制造产品比制造同样的新产品消耗更少的资源和能源。

随着绿色再制造工程技术的快速发展，需要对绿色再制造关键技术进行整理编写，以期可以指导工程应用并指导再制造生产过程的工程实践。在此背景下，作者作为再制造技术国家重点实验室的核心研究人员，充分利用本单位在再制造技术研究及应用方面的优势，结合作者及所在单位多年来的研究成果和工程实践，经过广泛调研和资料收集整理，并以实际再制造生产中的关键技术及应用过程为纲目编写了本书。

全书共分8章，系统构建了绿色再制造关键技术体系。具体内容包括基本概念、再制造设计方法、再制造拆装与清洗技术、再制造检测与寿命评估技术、再制造加工与表面成形技术、再制造后处理技术、再制造生产管理技术及信息化再制造技术。全书由姚巨坤教授、朱胜教授主持编写并统稿，杜文博、韩冰源、周新远、崔培枝、周克兵、于鹤龙、孟令东、柳建、杨军伟、张庆、王晓明、任智强、韩国峰、臧艳、杜守信、徐瑶瑶、刘玉项参与了部分章节的编写。

本书在编写过程中，既考虑到再制造关键技术的理论性，编写了相关技术理论基础内容，也考虑到实用性，安排了技术的相关实践应用，对生产实践具有较强的指导意义。本书可供从事机械产品设计、制造、使用、维修、再制造、资源化的工程技术人员、管理人员、研究人员参考，也可作为机械维修、再制造、资源化等专业的学习教材。

感谢国家重点研发计划项目（2018YFB1105800）和再制造技术国家重点实验室对本书部分内容研究的支持。本书部分内容参考了同行学者的著作及学术论文，以及企业实践，在此谨向各位作者致以诚挚的谢意。由于作者水平有限，且再制造技术与工艺涉及内容丰富、发展迅速，不足之处在所难免，我们衷心希望得到读者的指正。

作　者

2020 年 9 月

目录 CONTENTS

第1章

绪　　论

1.1 基本概念内涵

1.1.1 相关定义

1. 再制造

再制造是指将废旧产品运用高科技手段进行专业化修复或升级改造，使其质量和性能达到甚至超过新品质量和性能的批量化制造过程。简言之，再制造工程是废旧产品高技术修复、升级改造的产业化。再制造使产品全寿命周期由开环变为闭环，由单一寿命周期变为循环多寿命周期。再制造的重要特征是再制造产品的质量和性能能够达到甚至超过新品，而成本仅为新品的50%，节能60%，节材70%，对环境的不良影响显著降低。再制造工程包括两个主要部分：

一是再制造加工，即对于达到物理寿命和经济寿命而报废的产品，在失效分析和寿命评估的基础上，把其中有剩余寿命的废旧零部件作为再制造毛坯，采用先进技术进行加工，使其性能迅速恢复，甚至超过新品。

二是过时产品的性能升级。性能过时的机电产品往往是几项关键指标落后，不等于所有的零部件都不能再使用，采用新技术镶嵌的方式对其进行局部改造，就可以使原产品跟上时代的性能要求。信息技术、微纳米技术等高科技在提升、改造过时产品性能方面有重要作用。

2. 再制造技术

再制造技术是指将废旧装备及其零部件修复、改造成质量等同于或优于新品的各项技术的统称。简单地讲，再制造技术就是在废旧产品再制造过程中所用到的各种技术的统称。再制造技术是废旧产品再制造生产的重要支撑，是实现废旧产品再制造生产高效、经济、环保的保证，既属于先进绿色制造技术，又是装备维修技术的创新发展。

3. 再制造工艺

再制造工艺就是运用再制造技术，将废旧产品进行加工，生成规定性能的再制造产品的方法和过程。其一般指再制造工厂内部的再制造工艺，包括拆解、清洗、检测、加工、零件测试、装配、磨合试验、喷涂包装等步骤。由于再制造的产品种类、生产目的、生产组织形式的不同，不同产品的再制造工艺有所区别，但主要过程类似。图1-1所示是通常情况下再制造的工艺流程。

再制造工艺中还包括重要的信息流，例如对各生产步骤零件情况的统计，可以为掌握不同类别产品的再制造特点提供信息支撑。例如通过清洗后，检测统计到某类零件损坏率较高，并且检测后如果发现零件恢复价值较小，低于检测及清洗费用，则在对该类产品再制造中直接丢弃，减少对该类零件的清洗等步骤，以提高生产效率；也可以在需要的情况下，对该类零件进行有损拆解，以保持其他零件的完好性。同时通过建立再制造产品整机的测试性能档案，可以为产品的售后服务提供保障。所以，再制造工艺的各个过程是相互联系的，不是孤立的。

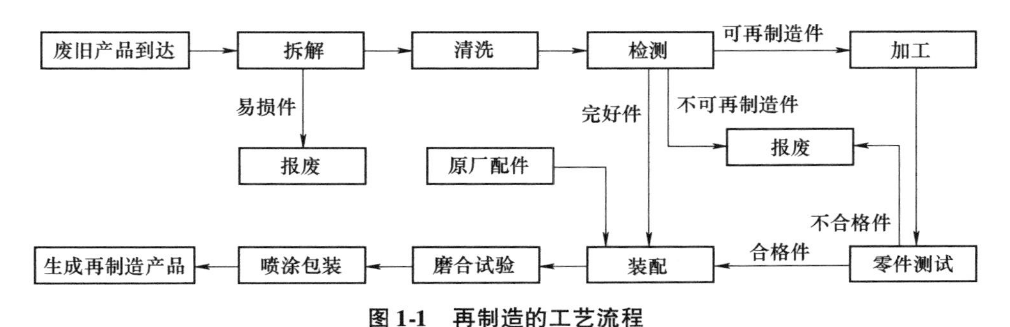

图 1-1　再制造的工艺流程

1.1.2　再制造技术体系

可以根据不同的目的、设备、手段等对再制造技术进行分类。根据对废旧产品再制造工艺过程的分析以及再制造工程生产实践，可将再制造技术与工艺分为图 1-2 所示几类。

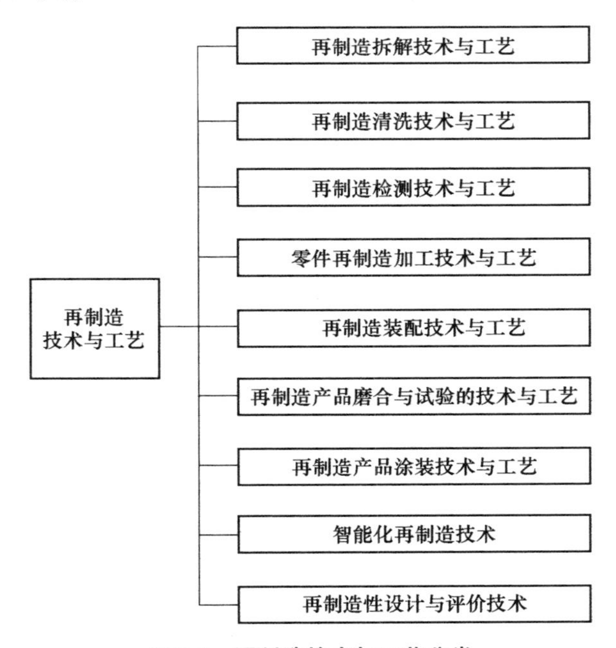

图 1-2　再制造技术与工艺分类

1. 再制造拆解技术与工艺

再制造拆解技术与工艺是对废旧产品进行拆解的方法与技术工艺，是研究如何实现产品的最佳拆解路径及无损拆解方法，进而高质量获取废旧产品零部件的技术工艺，可以为废旧产品再制造提供必要的基础和保证。

2. 再制造清洗技术与工艺

再制造清洗技术与工艺是采用机械、物理、化学和电化学等方法清除产品或零部件表面的各种污物（灰尘、油污、水垢、积炭、旧漆层和腐蚀层等）的技术和工艺过程。废旧产品及其零部件表面的清洗对零部件表面形状及性能鉴定的准确性、再制造产品质量和再制造产品使用寿命具有重要影响。

3. 再制造检测技术与工艺

对拆解后的废旧零部件进行检测是为了准确地掌握零件的技术状况，根据技术标准分出可直接利用件、可再制造修复件和报废件。零件检测包括对零件几何尺寸和物理力学性能的鉴定以及零件缺陷和剩余寿命的无损检测与评估，其对于产品再制造质量、再制造成本、再制造时间以及再制造后产品的使用寿命具有重要影响。

4. 零件再制造加工技术与工艺

产品在使用过程中，一些零件因磨损、变形、破损、断裂、腐蚀和其他损伤而改变了零件原有的几何形状和尺寸，从而破坏了零件间的配合特性和工作能力，使部件、总成甚至整机的正常工作受到影响。零件再制造加工的任务是恢复有再制造价值的损伤失效零件的尺寸、几何形状和力学性能，采用的方法包括表面工程技术和机械加工技术。零件再制造加工是一门综合研究零件的损坏失效形式、再制造加工方法及再制造后性能的技术，是提高再制造产品质量、缩短再制造周期、降低再制造成本、延长产品使用寿命的重要措施，尤其对贵重、大型零件及加工周期长、精度要求高的零件及需要特殊材料或特种加工的零件，意义更为突出。

5. 再制造装配技术与工艺

再制造装配技术与工艺是在再制造装配过程中，为保证再制造装配质量和装配精度而采取的技术措施，包括调整与校正。调整保证零部件传动精度，如间隙、行程、接触面积等工作关系；而校正保证零部件位置精度，如同轴度、垂直度、平行度、平面度、中心距等。调整与校正对于废旧产品再制造质量和再制造后产品的使用寿命具有重要影响。

6. 再制造产品磨合与试验的技术与工艺

重要机械产品经过再制造后，投入正常使用之前必须进行磨合与试验。其目的是：发现再制造加工及装配中的缺陷，及时加以排除；改善配合零件的表面质量，使其能承受额定的载荷；减少初始阶段的磨损量，保证正常的配合关系，延长产品的使用寿命；在磨合与试验中调整各机构，使零部件之间相互协调工作。磨合与试验是提高再制造质量、避免早期故障、延长产品使用寿命的有效途径。例如，再制造发动机完成后，均要进行磨合试验。

7. 再制造产品涂装技术与工艺

再制造产品涂装技术与工艺是指对综合质量检测合格的再制造产品进行涂漆和包装的工艺技术和方法，主要内容包括：一是将涂料涂敷于再制造产品裸露零部件表面形成具有防腐、装饰或其他特殊功能的涂层；二是为在流通过程中保护产品、方便储运、促进销售而按一定技术方法采用容器、材料及其他辅助物等对再制造产品进行的绿色包装；三是印刷再制造产品使用标志、使用说明书及质保单等产品附件，完善再制造产品的售后服务质量。

8. 智能化再制造技术

智能化再制造技术是指运用信息技术、控制技术来实施废旧产品再制造生产或管理的技术和手段。废旧产品智能化再制造技术的应用，是实现废旧产品再制造效益最大化、再制造技术先进化、再制造管理正规化、再制造思想前沿化和产品全寿命过程再制造保障信息资源共享化的基础，对提高再制造保障系统运行效率发挥着重要作用。柔性再制造技术、虚拟再制造技术、快速响应再制造技术等都属于智能化再制造技术的范畴，也将在再制造生产过程中发挥重要作用。

9. 再制造性设计与评价技术

再制造性设计与评价技术是指在装备设计过程中或废旧装备再制造前，设计并评价其再制造性并确定其能否以及如何进行再制造的方法。在研制阶段就考虑产品的再制造性设计，能够显著提高产品末端时的再制造能力，增强再制造效益。产品末端的再制造性评价，能够科学形成再制造方法，优化再制造流程。

1.1.3 再制造技术的特征及作用

再制造工艺与技术源于制造和维修工艺与技术，是某些制造和维修过程的延伸与扩展。但是，废旧产品再制造工艺与技术在应用目的、应用环境、应用方式等方面又不同于制造和维修技术，而有着自身的特征。

1）具有工程应用的特点。再制造技术直接服务于再制造生产活动，主要任务是恢复或提升废旧产品的各项性能参数，实现对退役产品的再制造生产过程，是一门特征明显的工程应用技术，既要求有技术成果的转化应用，还要有科学成果的工程开发，具有针对性很强的应用对象和特定的工作程序。同一再制造技术可由不同基础技术综合应用而成，同一基础技术在不同领域中的应用可形成多种再制造技术，工程应用性决定了再制造技术具有良好的实践特性。

2）具有综合集成的特点。产品本身的制造及使用涉及多种学科，而对废旧产品的再制造技术也相应涉及产品总体和各类系统以及配套设备的专业知识，具有专业门类多、知识密集的特征。一方面，再制造技术应用的对象为各类退役产品，大到舰船、飞机、汽车，小到家用小电器、工业泵等多类产品；另一方面，涉及机械、电子、电气、光学、控制、计算机等多种专业；既有产品的技术性能、结构、原理等方面的知识，又有检查、拆解、检测、清洗、加工、修理、储存、装配、延寿等方面的知识。因此，退役产品的再制造技术不仅包括各种工具、设备、手段，还包括相应的经验和知识，是一门综合性很强的复杂技术。

3）具有先进适用的特点。再制造技术主要针对退役的废旧产品，要通过再制造技术来恢复、保持甚至提高废旧产品的技术性能，有特殊的约束条件和很大的技术难度，这就要求在再制造过程中必须采用比原始产品制造更先进的高新技术。实际上，再制造技术的关键技术，如再制造毛坯快速成形技术、各种先进表面技术、纳米复合及原位自愈合生长技术、虚拟再制造技术、过时产品的性能升级技术等，都属于高新技术范畴。再制造技术要与再制造生产对象相适应，但落后的再制造技术不可能对复杂结构的退役产品进行有效的再制造，针对复杂结构或材料损伤毛坯的再制造加工多采用先进的加法加工（如表面工程技术），使再制造技术要求具备先进性。同时，再制造产品的性能要求不低于新产品，因此采用的再制造技术既要适用，还要有很高的先进性，以保证再制造产品的使用效能。

4）具有动态创新的特点。再制造技术应用的对象是各种类不断退役的产品，不同产品随着使用时间的延长，其性能状态及各种指标也在发生相应变化。根据这些变化和产品不同的使用环境、不同的使用任务以及不同的失效模式，不同种类的废旧产品再制造技术应采取不同的措施，因而再制造技术也随之不断地弃旧纳新或梯次更新，呈现出动态性的特征。同时，这种变化亦要求再制造技术在继承传统的基础上善于创新，不断采用新方法、新工艺、新设备，以解决产品因性能落后而被淘汰的问题。只有不断创新，再制造技术才能保持活力，适应变化。可见，创新性是再制造技术的又一显著特征。

5）具有经济环保的特点。再制造过程实现了废旧产品的回收利用，生成的再制造产品在参与社会流通的过程中，能够在较低的价格情况下满足人们较高的产品功能需求，并且使再制造企业具有可观的经济效益。同时，再制造产品在与新产品同样性能的情况下，大量减少了材料及能源消耗，减少了产品生产过程中环境污染废弃物的排放，具有较高的环保效益。所以，再制造技术的使用不但对生产者、消费者具有良好的经济性，还具有良好的综合环保效益。

1.2 绿色再制造技术发展需求及趋势

1.2.1 再制造技术地位作用

1. 是先进制造技术的补充和发展

先进制造技术是制造业不断吸收信息、机械、电子、材料技术及现代系统管理的新成果，并将其综合应用于产品的设计、制造、使用、维修乃至报废处理的全过程，以及组织管理、信息收集反馈处理等，以实现优质、高效、低耗、清洁、灵活生产，提高对动态多变的产品市场的适应能力和竞争能力，获得最佳的技术和经济效益的一系列通用的制造技术。再制造技术与先进制造技术具有同样的目的、手段、途径及效果，它已成为先进制造技术的组成部分。一些重要的产品从论证设计到制造定型，直到投入使用，其周期往往需要十几年甚至几十年的时间，在这个过程中原有技术会不断改进，新材料、新技术和新工艺会不断出现。再制造产业能够在很短的周期内将这些新成果应用到再制造产品上，从而提高再制造产品质量、降低成本和能耗、减小环境污染，同时也可将这些新技术的应用信息及时反馈到设计和制造中，大幅度提高产品的设计和制造水平。可见，再制造技术在应用最先进的设计和制造技术对报废产品进行再制造加工和改造的同时，又能够促进先进设计和制造技术的发展，为新产品的设计和制造提供新观念、新理论、新技术和新方法，加快新产品的研制周期。再制造技术扩大了先进制造技术的内涵，是先进制造技术的重要补充和发展。

2. 是全寿命周期管理内容的丰富和完善

目前，国内外越来越重视产品的全寿命周期管理。传统的产品寿命周期是从设计开始，到报废结束。全寿命周期管理要求不仅要考虑产品的论证、设计、制造的前期阶段，而且还要考虑产品的使用、维修直至报废品处理的后期阶段。其目标是在产品的全寿命周期内，使资源的综合利用率最高，对环境的负面影响最小，费用最低。再制造技术在综合考虑环境和资源效率问题的前提下，在产品报废后，能够提高产品或零部件的重新使用次数和重新使用率，从而使产品的寿命周期成倍延长，甚至形成产品的多寿命周期。因此，再制造技术是产品全寿命周期管理的延伸。其中的再制造性设计是产品全寿命周期设计的重要方面，要求设计人员从一开始就不仅要考虑可靠性设计和维修性设计，而且应该考虑再制造性设计以及产品的环保处理设计等，确保产品的可再制造的特性。产品的再制造性设计，使产品在设计阶段就为后期报废处理时的再制造加工或改造升级打下基础，以实现产品全寿命周期管理的目标。

3. 是实现产品可持续发展的技术支撑

20 世纪是人类物质文明飞速发展的时期，也是地球环境和自然资源遭受最严重破坏的时期。保护地球环境、实现可持续发展，已成为世界各国共同关心的问题。可持续发展包括发展的持续性、整体性和协调性。而我国目前的工业生产模式不符合可持续发展的方针，主要表现为：一是环境意识淡薄，回收、再利用意识差，大多是“先污染，后治理”；二是只注重降低成本，而不重视产品的耐用性和可再利用性，浪费严重。我国面临的资源能源短缺和环境污染严重的问题更为突出，发展生产和保护环境、节省资源已经成为日益激化的矛盾，解决这一矛盾的唯一途径就是从传统的制造模式向可持续发展的模式转变，即从高投入、高消耗、高污染的传统发展模式向提高生产效率、最高限度地利用资源和最低限度地产出废物的可持续发展模式转变。再制造技术就是实现这样的发展模式的重要技术途径之一。再制造技术在生态环境保护和可持续发展中的作用，主要体现在以下几个方面：一是通过再制造性设计，在设计阶段就赋予产品减少环境污染和利于可持续发展的结构、性能特征；二是再制造过程对制造过程来说产生很少的环境污染；三是再制造产品比制造同样的新产品消耗更少的资源和能源。

4. 可促进新的产业发展， 带来新的经济增长点

据发达国家统计，每年因腐蚀、磨损、疲劳等原因造成的损失占国民经济总产值的 3% ~5% 。我国每年因腐蚀造成的直接经济损失达 200 亿元。我国有几万亿元的设备资产，每年因磨损和腐蚀而使设备停产、报废所造成的损失都超千亿元。面对如此大量设备的维修和报废后的回收，如何尽量减少材料和能源浪费、减少环境污染，最大限度地重新利用资源，已经成为亟待解决的问题。再制造技术能够充分利用已有资源（报废产品或其零部件），不仅满足可持续发展战略的要求，而且可形成一个高科技的新兴产业——再制造产业，能创造更大的经济效益、社会效益以及更多的就业机会。

随着产品更新换代和企业重组发展，我国多年建设所积累的价值数万亿元的设备、设施，正在经历着或面临着改造更新的过程。再制造技术不仅能够延长现役设备的使用寿命，最大限度发挥设备的作用，也能够对老旧设备进行高技术改造，赋予旧设备更多的高新技术含量，满足新时期的需要，它是以最少的投入而获得最大的效益的回收再利用方法。装备再制造技术在 21 世纪将为国民经济的发展带来巨大的效益，有望成为新世纪新的经济增长点。

1.2.2 再制造技术发展需求

在刚刚过去的20世纪的一百年内，人类创造了比过去五千年总和还要多的财富。但伴随人类社会高速发展的是资源的快速消耗和环境的不断恶化，资源紧缺和环境污染成为人类面临的共同难题。促进循环经济发展，推动制造业升级转型是解决资源与环境问题的必然选择。再制造作为循环经济发展的重要支撑，已成为我国政府大力支持推动的新兴产业。目前，我国再制造产业正处于蓬勃发展的时期，巨量的机械装备进入报废高峰期，年报废汽车约500万辆，全国役龄10年以上的机床超过200万台，80%的在役工程机械已超过质保期，30%的盾构设备处于报废闲置状态，办公设备耗材大量更换，造成了大量的资源浪费和环境污染。经济社会发展要求再制造业发挥更大作用，机械行业现状需要再制造业扩大产业规模。巨大的再制造产业需求也对再制造技术发展提出了新的更高要求。再制造技术应重点满足以下几方面的要求：

1）开发、应用高效的表面工程技术，提高废旧产品的再制造率。产品零部件的表面失效是导致其性能下降的重要因素，而采用高效的表面工程技术，实现失效件的表面尺寸恢复与性能提升，是提高废旧产品零部件再制造率、提升再制造产业资源效益的关键所在。

2）开发自动化再制造技术，适应再制造的批量化生产要求。批量化和规模化生产是再制造的重要特征，这就要求再制造生产线具备对大批量产品进行规模化生产的能力。开发自动化再制造技术无疑是满足规模化生产、提升再制造生产效率的理想途径。

3）发展柔性化再制造技术，提高对再制造产品多种类变化的适应性。再制造生产对象数量大，种类繁多，再制造生产对象的个性化差异也大，这就要求再制造技术具备更好的适应性。开发柔性化再制造技术，能够使再制造生产适应产品的多元化要求，减少设备种类和生产成本。

4）发展绿色化再制造技术，减少再制造生产的污染排放。发展再制造的重要目的是节约资源与能源、减少环境污染，因而在再制造生产环节中，应大力开发、优先使用绿色再制造技术与材料，再制造拆解、清洗及加工过程中采用清洁介质及绿色再制造技术，有效降低环境污染。

5）发展智能化再制造技术，提高再制造生产效率。重点开发再制造设计、再制造成形及再制造监测的智能化再制造技术。针对再制造零部件，基于专家数据库等信息，优化设计再制造成形技术方法，实现再制造过程的智能化设计；再制造成形过程中，实现工艺参数和控制参数自动优化，实现再制造成形过程的智能化控制；发展涡流检测、超声检测、激光监测等智能化无损检测技术，实时掌握生产过程中再制造成形工艺稳定性和再制造成形零件状态，实现再制造产品的智能化检测，确保再制造产品的质量。

对于具体的再制造技术，在以下几个方面需着重考虑：在再制造无损拆解技术方面，需着重考虑大型机械装备、高端数控机床以及汽车、工程机械等大型化、复杂化和精密化机电产品的快速、无损、自动化深度拆解技术；在再制造绿色清洗方面，需进一步开发新型清洗材料与装备，优化清洗工艺，提高清洗效率，降低清洗成本；在再制造损伤检测和寿命评估方面，需建立再制造毛坯材质、性能、结构及服役条件各异条件下废旧零部件的损伤信息数据库，研发再制造产品在力、磁、电、热等不同能场耦合作用下的寿命评估技术；在再制造质量控制方面，需开发根据再制造毛坯信息进行工艺参数自动优化技术，进一步开发自动化、智能化再制造成形与加工技术与设备，实现再制造过程的智能控制。

1.2.3 再制造技术发展趋势

1. 高效的表面工程技术应用将提高废旧产品再制造率

产品零件的磨损与腐蚀失效是导致产品性能下降的重要因素，而采用高效的表面工程技术，将可以实现失效件的表面尺寸及性能的恢复或提升，从而改变当前以尺寸修复法和换件法为主的再制造产业生产模式，提高废旧产品零部件的利用率，提升再制造业的资源效益。

2. 再制造技术的自动化将适应再制造批量生产要求

再制造相对维修的重要不同是生产对象的批量化和规模化，因此，再制造生产线需要对批量的产品进行生产操作，这需要进一步发展自动化再制造技术，促进再制造生产效益。例如，通过开发发动机连杆自动化纳米电刷镀技术及设备，可以有效提高连杆再制造的生产效率和效益。通过利用机器人和自动控制技术，可以实现自动化等离子喷涂技术在再制造中的应用。

3. 再制造技术的柔性化将提高对再制造产品种类变化的适应性

当前产品发展日益呈现出小批量、个性化的特点，传统的大批量产品的再制造生产方案将逐渐被小批量、多品种、个性化的产品再制造生产方案所代替，而且由于市场需求的迅速变化，将导致大量因技术原因而退役的产品，使得传统的性能恢复为主的再制造生产方式也将逐渐过渡到以产品性能升级与恢复并重的再制造模式。因此，在再制造生产线上，大量采用柔性化设备及生产工艺，能够迅速使再制造生产适应产品毛坯及生产目标的变化，实现快速的柔性化生产。

4. 再制造技术的绿色化将进一步减少再制造生产的污染排放

再制造工程对节能、节材、环境保护有重大效能，但是对具体的再制造技术，如再制造过程中的产品清洗、涂装、表面刷镀等均有“三废”的排放问题，仍会造成一定程度的污染。因此，需要进一步发展物理清洗技术，减少化学清洗方法使用，采用无氰电镀技术，研制开发一些有利于环保的镀液。当前，在再制造工程领域，需要进一步重视环境保护，采用清洁生产模式，大量采用绿色化再制造技术，实现“三废”综合利用的目标。例如不断减少在再制造清洗中对化学清洗液的采用，而更多采用物理法来进行清洗，减少对环境的污染。

参考文献

[1] 朱胜，姚巨坤. 再制造技术与工艺 [M]. 北京：机械工业出版社，2011.
[2] 姚巨坤，时小军. 废旧产品再制造工艺与技术综述 [J]. 新技术新工艺，2009 (1)：4-6.
[3] 朱胜. 再制造技术创新发展的思考 [J]. 中国表面工程，2013，26 (5)：1-5.
[4] 徐滨士. 装备再制造工程 [M]. 北京：国防工业出版社，2013.
[5] 崔培枝，姚巨坤. 先进信息化再制造思想与技术 [J]. 新技术新工艺，2009 (12)：1-3.
[6] 徐滨士，朱绍化. 表面工程的理论与技术 [M]. 2版. 北京：国防工业出版社，2010.
[7] 朱胜，姚巨坤. 再制造工程的巨大效益 [J]. 新技术新工艺，2004 (1)：15-16.

第 2 章

绿色再制造设计方法

再制造工程设计是再制造工程的重要基础内容，本章重点介绍再制造工程设计、再制造生产规划设计、再制造物流规划设计、再制造保障资源规划设计等。

2.1 再制造设计概论

2.1.1 再制造设计概述

1. 基本概念

再制造设计是指根据再制造产品要求，通过运用科学决策方法和先进技术，对再制造工程中的废旧产品回收、再制造生产及再制造产品市场营销等所有生产环节、技术单元和资源利用进行全面规划，最终形成最优化再制造方案的过程。产品再制造设计主要研究对废旧产品再制造系统（包括技术、设备、人员）的功能、组成、建立及其运行规律的设计；研究产品设计阶段的再制造性等。其主要目的是应用全系统全寿命过程的观点，采用现代科学技术的方法和手段，设计产品使其具有良好的再制造性，并优化再制造保障的总体设计、宏观管理及工程应用，促进再制造保障各系统之间达到最佳匹配与协调，以实现及时、高效、经济和环保的再制造生产。再制造设计是实现废旧产品再制造保障的重要内容。

面向多寿命周期的再制造设计技术是以提高再制造生产效益和绿色化为目标，面向基于再制造的产品全寿命周期过程，采用在线智能控制、物联网、云计算等新手段，进行产品再制造能力优化设计、再制造生产系统规划管理与保障资源实时控制的技术方法，主要包括产品再制造性设计与评价、再制造物流优化设计、再制造生产系统规划设计、再制造信息管理与决策，目的是通过标准化、模块化、绿色化等面向再制造的产品再制造性设计与验证的方法应用，来提高产品再制造能力，并通过再制造物流优化管理、再制造生产系统规划及再制造信息管理决策等技术在再制造全系统中的应用，来实现产品再制造资源配置的优化和再制造生产效益的提高。

2. 产品再制造设计阶段

根据对再制造 3 个主要阶段（废旧产品回收、再制造生产和再制造产品服役）的划分，可以将再制造设计分为废旧产品回收设计、再制造生产设计和再制造产品服役设计，其中获取再制造毛坯的废旧产品回收设计是再制造工程的基础，形成再制造产品的再制造生产设计是再制造工程的关键，获得利润的再制造产品服役设计则是再制造发展的动力。图 2-1 所示为面向全过程的产品再制造设计所包含的内容，其中再制造生产设计是产品再制造设计的核心内容，直接关系到再制造产品的质量和产品效益。

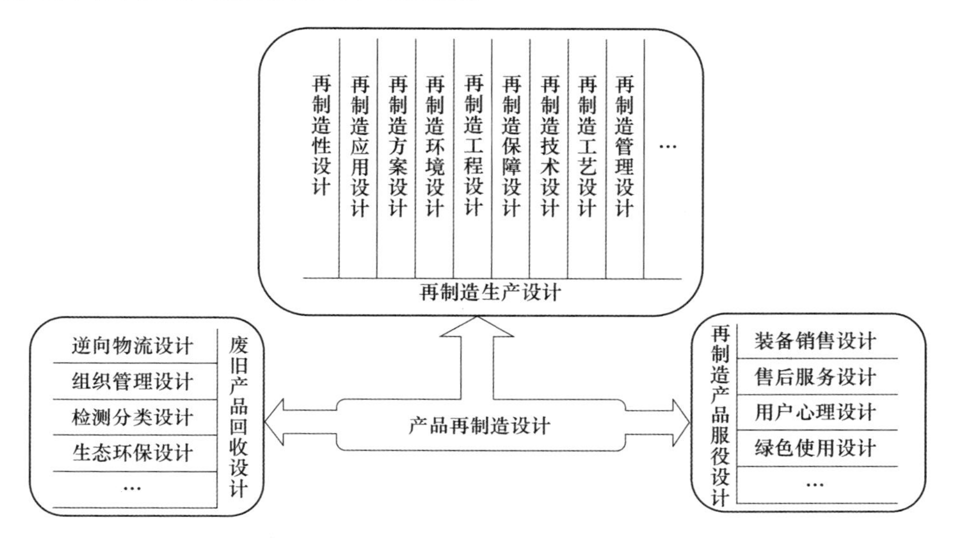

图 2-1　面向全过程的产品再制造设计内容

3. 产品再制造设计的内容

再制造设计既包括对具体生产过程的再制造工艺技术、生产设备、人员等资源及管理方法的设计，又包括研究具体产品设计验证方法的再制造性设计方法，是进行再制造的系统分析、综合规划、设计生产的工程技术专业。产品再制造设计内涵包括的要点有：

1）研究的范围：包括面向再制造的全系统（功能、组成要素及其相互关系）；与再制造有关的产品设计特性（如再制造性、可靠性、维修性、测试性、保障性等）和要求。

2）研究的对象：包括再制造全系统的综合设计；再制造决策及管理；与再制造有关的产品特性要求。

3）研究的目的：优化产品有关设计特性和再制造保障系统，使再制造及时、高效、经济、环保。

4）研究的主要手段：系统工程的理论与方法，产品设计理论与方法，以及其他有关技术与手段。

5）研究的时域：面向产品的全寿命过程，包括产品设计、制造、使用，尤其是面向产品退役后的再制造周期全过程。

4. 产品再制造设计的任务

产品再制造设计作为一项综合的工程技术方法，其基本任务是对再制造全过程实施科学管理和工程设计，主要任务包括：

1）论证并确定有关再制造的产品设计特性要求，使产品退役后易于进行再制造。

2）进行再制造工程设计内容分析，确定并优化产品再制造方案。

3）进行再制造保障系统的总体设计，确定与优化再制造工作及再制造保障资源。

4）进行再制造生产工艺及技术设计，实现产品再制造的综合效益最大化。

5）对再制造活动各项管理工作进行综合设计，不断提高再制造工程管理科学化水平。

6）进行再制造应用实例分析，收集与分析产品再制造信息，为面向再制造全过程的综合再制造设计提供依据。

5. 产品再制造设计在再制造中的地位与作用

产品再制造设计是提高产品再制造效益的重要手段，是再制造工程的重要组成内容，对再制造生产具有显著影响。一是通过影响产品设计和制造，并在产品使用过程中正确维护产品的再制造性，使得产品在退役后具备良好的再制造能力，便于再制造时获取最大的经济和环境效益；二是及时提供并不断改进和完善再制造保障系统，使其与产品再制造相匹配，使生产有效而经济地运行，不断根据需要设计并优化再制造技术，增加再制造产品的种类及效益。产品再制造设计的根本目的是高品质地实现退役产品的高效益多寿命周期使用，减少产品全寿命周期的资源消耗和环境污染，提供产品最大化的经济效益和社会效益，为社会的可持续发展提供有效技术保障。

2.1.2 再制造设计技术方法

在个性化、信息化和全球化市场压力下，多品种、小批量的生产方式已成为必然趋势，这就对传统以大批量产品作为生产基础的再制造模式提出了巨大挑战，迫使再制造商要在再制造系统规划设计领域提供更多的技术方法，以适应未来再制造生产的多变需求。在产品再制造设计领域，国外发达国家自 20 世纪 90 年代开始了一定的研究，并在实际工程中得到了初步应用。我国当前在该领域开展了一定的研究，但与先进水平差距很大，主要表现为产品再制造性设计与评价应用水平低，再制造生产系统规划设计研究少，再制造逆向物流体系不健全，这将造成未来产品再制造困难大、成本高、效益低，无法适应再制造作为我国战略性新兴产业的发展需求。因此，为了促进产品再制造工程的发展，需要在产品再制造设计的下列关键领域明确应用现状和发展目标，以指导再制造设计的研究和工程实践。

1. 产品再制造性设计与评价

产品再制造性是表征产品再制造能力的属性，但因其具备的设计与再制造的时间跨度、设计指标的不确定性以及技术的发展进步快等特性，都为再制造性设计与量化评价带来了难题，使得目前产品设计中大多没有考虑产品的再制造性，这造成了产品在末端时的再制造效益较低，再制造生产难度大。因此，迫切需要通过研究产品再制造性特征，构建设计与评价手段，来促进再制造性设计与评价的工程应用。一是要研究产品设计中的再制造性指标论证、再制造性指标解析与分配、再制造性指标验证等技术方法，为提高产品再制造性设计与验证技术的应用水平及应用方法提供技术和手段支撑，构建产品再制造性设计的标准化程序；二是要研究废旧产品的再制造性所具有的不确定性，并根据再制造技术、生产设备及废旧产品本身服役性能特征来建立多因素的废旧产品再制造性评价技术方法与手段，可为废旧产品的再制造生产决策提供直接依据，提高再制造效益。

2. 再制造生产系统规划设计

再制造生产在物流及生产方式上面临着与制造不同的特殊问题，对其进行系统规划和优化设计，可以显著提升再制造实施效益。但目前再制造生产大多规模较小，而且往往为制造企业的一部分，多采用制造系统的生产规划模式，这就影响了再制造生产系统效能的发挥。因此，考虑如何能够借助再制造的信息流，规划设计建立质量可靠、资源节约的高效再制造生产系统，已经成为完善再制造系统设计的重要因素。一是针对未来小批量的再制造生产方式，需要研究利用模块化、信息化等技术方法，实现再制造生产系统的柔性化，加强再制造生产资源保障的配置效益，以及人员、技术等保障资源利用方式，提供集约化再制造生产系统的规划技术方法，提高再制造生产综合效益；二是面向未来再制造系统的综合生产需求，借鉴吸收先进的制造技术领域的思想和方法，重点研究再制造成组技术、精益再制造生产技术、清洁再制造生产技术等工程应用，形成先进再制造生产系统设计技术方法，来提高再制造生产系统的综合应用效益。

3. 再制造逆向物流优化设计

再制造逆向物流是再制造生产的基础保证，但目前对再制造的逆向物流还大多停留在理论研究分析的阶段，还没有形成系统的再制造逆向物流综合体系，在实践中主要还是依靠再制造企业自身的物流体系来完成废旧产品的回流。因此，需要进一步研究再制造的逆向物流在废旧产品数量、质量、时间等方面的不确定性影响因素，加强对再制造逆向物流的研究，为再制造生产提供可靠的保证。一是要通过研究采用运筹学等方法，构建基于不同条件下的再制造逆向物流选址数学模型和技术方法，为再制造逆向物流的科学布址提供方法手段；二是研究不同技术方法来设计构建用于再制造的废旧产品的高品质逆向物流体系，满足不确定废旧产品物流信息条件下废旧产品稳定回收的要求，并能够实时根据废旧产品物流信息进行优化控制调控。

4. 再制造信息管理与应用设计

对再制造信息进行有效管理是提高再制造效益和规划设计的基础前提，但因为目前对再制造信息研究的缺乏，以及再制造产业所处的初步发展阶段，尚没有建立有效的信息管理系统，无法实现再制造信息的有效挖掘与应用。因此，需要采用系统工程的研究方法，研究认识再制造信息复杂性、不确定性等特点，设计构建健壮的再制造信息管理架构和应用系统，促进再制造产业的发展。一是利用信息管理系统开发的基本要求，结合再制造工程中的信息的特征，规划设计并开发面向再制造全过程的再制造信息管理系统，实现再制造信息的全域采集与管理控制，为再制造生产决策规划提供依据；二是以面向再制造全过程的信息管理系统为基础，并充分利用再制造生产系统及物流系统中的传感器及信息处理传输设备等硬件设备，建立面向再制造全域的再制造物联网，为面向再制造的科学设计、规划与工程应用提供支撑。

2.2 再制造性设计

2.2.1 再制造性设计基础

产品本身的属性除了包括可靠性、维修性、保障性以及安全性、可拆解性、装配性等之外，还包括再制造性。再制造性是与产品再制造最为密切的特性，是直接表征产品再制造价值大小的本质属性。再制造性由产品设计所赋予，可以进行定量和定性描述。产品的再制造性好，再制造的费用就低，再制造所用时间就少，再制造产品的性能就好，对节能、节材、环境保护贡献就大。总体来讲，面向再制造的产品设计是实现可持续发展的产品设计的重要组成部分，并将成为新产品设计的重要内容。

明确产品的再制造性是实施再制造的前提，是产品再制造基础理论研究的首要问题。再制造性是产品设计赋予的，表征废旧产品能否简便、快捷和经济再制造的一个重要产品特性。再制造性定义为：废旧产品在规定的条件和规定的费用内，按规定的程序和方法进行再制造时，恢复或升级到规定性能的能力。再制造性是通过设计赋予产品的一种固有属性。

再制造性定义中“规定的条件”是指废旧产品进行再制造的生产条件，主要包括再制造的机构与场所（如工厂或再制造生产线、专门的再制造车间、运输等）和再制造的保障资源（如所需的人员、工具、设备、设施、备件、技术资料等），不同的再制造生产条件有不同的再制造效果。因此，产品自身再制造性的优劣，只能在规定的条件下加以度量。

再制造性定义中“规定的费用”是指废旧产品再制造生产所需要消耗的费用及其环保消耗费用。再制造费用越高，则再制造产品能够完成的概率就越大。再制造最大的优势体现在经济方面，再制造费用也是影响再制造生产的最主要因素，所以可以用再制造费用来表征废旧产品再制造能力的大小。同时，可以将环境相关负荷参量转化为经济指标来进行分析。

再制造性定义中“规定的程序和方法”是指按技术文件规定所采用的再制造工作类型、步骤、方法。再制造的程序和方法不同，再制造所需的时间和再制造效果也不相同。一般情况下换件再制造要比原件再制造加工费用高，但时间少。

再制造性定义中“再制造”包括对废旧产品的恢复性再制造（即将产品恢复到新品时的性能）、升级性再制造（即提高产品的性能或功能）、改造性再制造（即将再制造后的产品应用于其他的用途）和应急再制造（即在较短时间内通过再制造恢复产品的全部或部分功能并使产品重新投入使用）。

再制造性定义中“规定性能”是指完成再制造产品所要恢复或升级而达到规定的性能，即能够完成规定的功能和执行规定任务的技术状况，通常来说规定的性能要不低于新品的性能，这就是产品再制造的目标和质量的标准，也是区别于产品维修的主要标志。

再制造性是产品本身所具有的一种本质属性，无论原始设计制造时是否考虑都客观存在，且随着产品的发展而变化。再制造性的量度 $R(a)$ 是随机变量，具有统计学意义，可用概率表示，并由概率的性质可知：$0<R(a)<1$。再制造性具有不确定性，在不同的工作方式、使用条件、使用时间和再制造条件下，同一产品的再制造性是不同的，离开具体条件谈论再制造性是无意义的。随着时间的推移，某些产品的再制造性可能发生变化，以前不可能再制造的产品会随着关键技术的突破而增大其再制造性，某些能够再制造的产品会随着环保指标的提高而变成不可再制造。评价产品的再制造性包括从废旧产品的回收至再制造产品的销售整个阶段，具有地域性、时间性和环境性。

2.2.2 再制造性设计方法

1. 再制造性分析

（1）再制造性分析的目的与过程　再制造性分析的目的可概括为以下几方面：

1）确立再制造性设计准则。这些准则应是经过分析，结合具体产品所要求的设计特性。

2）为设计决策创造条件。通过对备选的设计方案分析、评定和权衡研究，做出设计决策。

3）为保障决策（确定再制造策略和关键性保障资源等）创造条件。显然，为了确定产品如何再制造、需要什么关键性的保障资源，就要求对产品有关再制造性的信息进行分析。

4）考察并证实产品设计是否符合再制造性设计要求，对产品设计再制造性的定性与定量分析，是在试验验证之前对产品设计进行考察的一种途径。

整个再制造性分析工作的输入是来自订购方、承制方、再制造方三方面的信息，订购方的信息主要是通过各种合同文件、论证报告等提供的再制造性要求和各种使用与再制造、保障方案要求的约束。承制方自己的信息来自各项研究与工程活动的结果，特别是各项研究报告与工程报告。其中最为重要的是维修性、人素工程、系统安全性、费用分析、前阶段的保障性分析等的分析结果。再制造方主要提供类似的再制造性相关数据以及再制造案例，产品的设计方案，特别是有关再制造性的设计特征，也都是再制造性分析的重要输入信息。通过各种分析，将能够选择、确定具体产品的设计准则和设计方案，以便形成包含再制造性在内各项设计要求比较协调的产品设计方案。再制造性分析的输出，还将给再制造工作分析和制定详细的再制造保障计划提供输入，以便确定关键性（新的或难以获得的）的再制造资源，包括检测诊断硬、软件和技术文件等。图 2-2 所示为再制造性分析过程示意图。

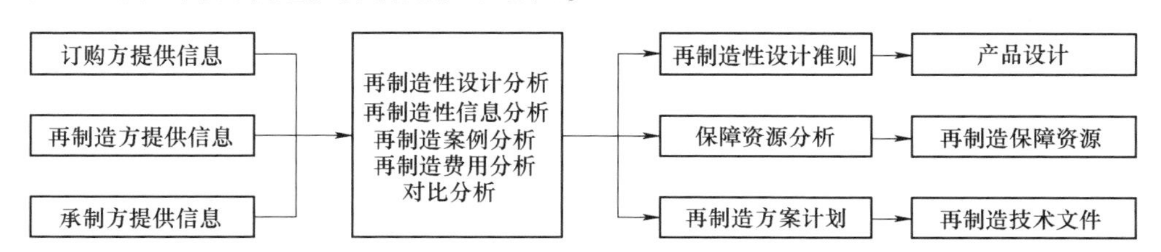

图 2-2　再制造性分析过程示意图

再制造性分析好比整个再制造性工作的“中央处理机”，它把来自各方的信息（订购方、承制方、再制造方，再制造性及其他工程）经过处理转化，提供给各方面（设计、保障），在整个研制过程中起着关键性作用。

（2）再制造性分析的内容　再制造性分析的内容相当广泛，概括地说就是对各种再制造性的定性与定量要求及其实现措施的分析、权衡。主要包括：

1）再制造性定量要求，特别是再制造费用和再制造时间。

2）故障分析定量要求，如零件故障模式、故障率、修复率、更换率等。

3）采用的诊断技术及资源，例如，自动、半自动、人力检测测试的配合，软、硬件及现有检测设备的利用等。

4）升级性再制造的费用、频率及工作量。

5）战场或特殊情况下损伤的应急性再制造时间。

6）非再制造应用时再制造性问题，例如，产品使用中的再制造与再制造间隔及工作量等。

（3）再制造性设计分析方法　再制造性设计的分析可采用定性与定量分析相结合进行，主要有以下几种分析方法：

1）故障模式及影响分析（FMEA）——再制造性信息分析。要在一般产品故障或零件失效分析基础上着重进行“再制造性信息分析”和“损坏模式及影响分析（DMEA）”。前者可确定故障检测、再制造措施，为再制造性及保障设计提供依据；后者为意外突发损伤应急再制造措施及产品设计提供依据。

2）运用再制造性模型。根据再制造性信息输入和分析内容，选取或建立再制造性模型，分析各种设计特征及保障因素对再制造性的影响和对产品完好性的影响，找出关键性因素或薄弱环节，提出最有利的再制造性设计和测试系统设计。

3）运用寿命周期费用（LCC）模型。再制造性分析，特别是在分析与明确设计要求，设计与保障的决策中必须把产品寿命周期费用作为主要的考虑因素，运用LCC模型，确定某一决策因素对LCC的影响，进行有关费用估算，作为决策的依据之一。

4）比较分析。无论在明确与分配各项设计要求时，还是在选择确定再制造保障要素中，比较分析都是有力的手段。比较分析主要是将新研产品与类似产品相比较，利用现有产品已知的特性或关系，包括在再制造实际操作中的经验教训，分析新研产品的再制造性及有关再制造保障问题，给出定性或定量的再制造性设计或再制造保障要求。

5）风险分析。无论在考虑再制造性设计要求还是保障与约束要求时，都要注意评价其风险，当分析这些要求与约束不能满足时，采取措施预防和减少其风险。

6）权衡技术。各种权衡是再制造性分析中的重要内容，分析中要综合运用不同权衡技术，如利用数学模型和综合评分、模糊综合评判等方法都是可行的。

以上各项，属于一般系统分析技术，再制造性分析时要针对分析的目的和内容灵活应用。例如，在LCC模型中，可以不计与再制造性无关的费用要素。

（4）保证正确分析的要素

1）再制造性分析是一项贯穿于整个研制过程且范围相当广泛的工作，除再制造性专业人员外，要充分发动设计人员来做。分析工作的重点是在方案的论证与确认和工程研制阶段中。

2）再制造性分析要同其他工作，特别是同保障性分析紧密结合，协调一致，防止重复。

3）要把测试诊断系统的构成和设计问题作为再制造性分析的重要内容，并与其他测试性工作密切配合，以保证测试诊断系统设计的恰当性及效率。

4）综合权衡研究是再制造性分析的重要任务，不但要在系统级进行权衡以便对系统的备选方案进行评定，而且要在各设计层次进行，以作为选择详细设计方案的依据。当其他工程领域（特别是可靠性、维修性、人素工程等）的综合权衡影响到再制造性时，应通过分析对这种影响做出估计。更改产品设计，或者调整产品测试等保障设备时，要分析其对再制造性的影响，修正有关的报告，提出应采取的必要措施。

2. 再制造性分配

（1）概述　再制造性分配是把产品的再制造性指标分配或配置到产品各个功能层次的每个部分，以确定它们应达到的再制造性定量要求，以此作为设计各部分结构的依据。再制造性分配是产品再制造性设计的重要环节，合理的再制造性分配方案，可以使产品经济而有效地达到规定的再制造性目标。

在产品研制设计中，要根据系统总的再制造性指标要求，将它分配到各功能层次的每个部分，以便明确产品各部分的再制造性指标。其具体目的就是为系统或产品的各部分研制者提供再制造性设计指标，使系统或产品最终达到规定的再制造性要求。再制造性分配是产品研制或改进中为保证产品的再制造性所必须进行的一项工作，也只有合理分配再制造性的各项指标，才能够避免设计的盲目性，才可以使产品系统达到规定的再制造性指标，满足末端产品易于再制造的要求。同时，再制造性指标分配主要是研制早期的分析、论证性工作，所需要的人力和费用消耗都有限，但却在很大程度上决定着产品设计，决定着产品末端时的再制造能力。合理的指标分配方案，可使产品研制经济而有效地达到规定的再制造性目标。

再制造性分配的指标一般是指关系产品再制造全局的系统再制造性的主要指标，常用的指标有：平均再制造费用和平均再制造时间。再制造性指标还可以包括再制造产品的性能及环境指标等内容。

（2）再制造性分配的程序　再制造性分配要尽早开始，逐步深入，适时修正。只有尽早开始分配，才能充分地权衡各子部件再制造性指标的科学性，进行更改和向更低层的零部件进行分配。在产品论证中就需要进行指标分配，但这时的分配属于高层次的，比如把系统再制造费用性指标分配到各分系统和重要的设备。在初步设计中，由于产品设计与产品故障情况等信息仍有限，再制造费用性指标仍限于较高层次，例如某些整体更换的设备、部件和零件。随着设计的深入，指标分配也要不断深入，直到分配至各个可拆解单元。各单元的再制造性要求必须在详细设计之前确定下来，以便在设计中确定其结构与连接等影响再制造性的设计特征。再制造性指标分配的结果还要随着研制的深入进行必要的修正。在生产阶段遇有设计更改，或者在产品改进中都需要进行再制造性指标重新分配（局部分配）。

在进行再制造性分配之前，首先要明确分配的再制造性指标，对产品进行功能分析，明确再制造方案。其主要步骤如下：

1）进行系统再制造职能分析，确定各再制造级别的再制造职能及再制造工作流程。

2）进行系统功能层次分析，确定系统各组成部分的再制造措施和要素，并用包含再制造的系统功能层次框图表示。

3）确定系统各组成部分的再制造频率，包括恢复性、升级性和改造性再制造的频率。

4）将系统再制造性指标分配到各部分。

5）研究分配方案的可行性，进行综合权衡，必要时局部调整分配方案。

（3）再制造性分配的方法　产品及其零部件的再制造性分配方法见表2-1。

表2-1　产品及其零部件再制造性分配方法

方　法	适用范围	简要说明
等值分配法	产品各零部件复杂程度、失效率相近的单元，缺少再制造性信息时做初步分配	取产品各零部件的再制造性指标相等（例如相同或相近的零部件）
按失效率分配法	产品零部件已有较确定的故障模式及再制造统计	按失效率高的再制造费用应当尽量小的原则分配
按相对复杂性分配法	已知产品零部件单元的再制造性值及有关设计方案	按失效率及预计的再制造加工难易程度加权分配
按相似产品再制造数据分配法	有相似产品再制造性数据的情况	利用相似产品数据，通过比例关系分配
按价值率分配法	产品失效零部件价值率区分比较明显的情况	按价值率的高低进行相应的再制造性分配

除每次再制造所需平均费用外，必要时还应分配再制造活动的费用，如拆解费用、检测费用、清洗费用和原件再制造费用等。

1）等值分配法。等值分配法是一种最简单的分配方法，其适用于产品各零部件的结构相似、失效率和失效模式相似及预测的再制造难易程度大致相同，也可用在缺少相关再制造性信息时做初步分配。分配的准则是取产品各零部件单元的费用指标相等，即

$$\overline{R}_{mc1}=\overline{R}_{mc2}=\overline{R}_{mc3}=\cdots=\overline{R}_{mcn}=\frac{\overline{R}_{mc}}{n} \tag{2-1}$$

2）按零部件失效率分配法。为了降低再制造费用，对于再制造失效率高的单元原则上要降低其再制造费用，以保证最终再制造费用较低。因此，设计中可取各单元的平均再制造费用$\overline{R}_{mc}$与其失效率 λ 成反比，即

$$\lambda_1\overline{R}_{mc1}=\lambda_2\overline{R}_{mc2}=\cdots=\lambda_n\overline{R}_{mcn}=\frac{\overline{R}_{mc}}{\lambda_n} \tag{2-2}$$

当各单元失效率已知时，即可求得各零部件的指标$\overline{R}_{mci}$。零部件的失效率越高，分配的再制造费用则越少；反之则越多。这样，可以比较有效地达到规定的再制造费用指标。

3）按相对复杂性分配法。在分配指标时，要考虑其实现的可能性，通常就要考虑各单元的复杂性。一般产品结构越简单，其失效率越低，再制造也越简便迅速，再制造性越好；反之，结构越复杂，再制造性越差。因此，可按相对复杂程度分配各单元的再制造费用。取一个复杂性因子 K_i，定义为预计第 i 单元的组件数与系统（上层次）的组件总数的比值，则第 i 单元的再制造费用指标分配值为

$$A_i=A_SK_i \tag{2-3}$$

式中，A_S为系统（上层次）的再制造费用值。

4）按相似零部件分配法。借用已有的相似产品再制造状况提供的信息，作为新研制或改进产品再制造性分配的依据。这种方式适用于有继承性的产品的设计，因此，需要找到适宜的相似产品数据。

已知相似产品零部件的再制造性数据，计算新产品零部件的再制造性指标，可用下式：

$$\overline{R}_{mri}=\frac{\overline{R}'_{mri}}{\overline{R}'_{mr}}\overline{R}_{mr} \tag{2-4}$$

式中，$\overline{R}'_{mr}$和$\overline{R}'_{mri}$分别为相似产品和它的第 i 个单元的平均再制造费用；$\overline{R}_{mr}$和$\overline{R}_{mri}$分别为新产品和它的第 i 个单元的平均再制造费用。

5）按价值率分配法。产品再制造的一个基本条件是要实现核心件的再利用，一般核心件是指产品中价值比较大的零部件。高附加值核心件的应用能够显著地降低再制造总费用，所以在再制造费用指标分配时，可以适当对有故障的高价值率的核心件分配较多的再制造费用。即取一个价值率因子 P_i，定义为第 i 个零部件的价值与产品总价值的比值，则第 i 个零部件的再制造费用指标分配值为

$$C_i=CP_i \tag{2-5}$$

式中，C_i为第 i 个零部件的再制造费用；C 为再制造的总费用。

3. 再制造性预计

（1）概述　再制造性预计是用作再制造性设计评审的一种工具或依据，其目的是预先估计产品的再制造性参数，即根据历史经验和类似产品的再制造数据等估计、测算新产品在给定工作条件下的再制造性参数，了解其是否满足规定的再制造性指标，以便对再制造性工作实施监控。再制造性预计是分析性工作，投入较少，是研制与改进产品过程中针对产品末端再制造的费用效益较好的再制造性工作，利用它可以避免频繁的试验摸底，其效益是很大的。可以在试验之前，或产品制造之前，甚至详细设计完成之前，对产品可能达到的再制造性水平做出估计，以便早日做出决策，避免设计的盲目性，防止完成设计、制成样品试验时才发现不能满足再制造要求，造成无法或难以纠正。

产品研制过程的再制造性预计要尽早开始、逐步深入、适时修正。在方案论证及确认阶段，就要对满足使用要求的系统方案进行再制造性预计，评估这些方案满足再制造性要求的程度，作为选择方案的重要依据。在工程研制阶段，需要针对已做出的设计进行再制造性预计，确定系统的固有再制造性参数值，并做出是否符合要求的估计。在研制过程中，当设计改动时，要做出预计，以评估其是否会对再制造性产生不利影响及影响的程度。

再制造性预计的参数应同规定的指标相一致。最经常预计的是再制造费用及再制造时间指标，包括平均再制造费用、最大再制造费用及平均再制造时间等。再制造性预计的参数通常是系统或设备级的，而要预计出系统或设备级的再制造性参数，必须先求得其组成单元的再制造费用及再制造频率。在此基础上，运用累加或加权和等模型，求得系统或设备级的再制造费用，所以，根据产品设计特征估计各单元的再制造费用及故障频率是预计工作的基础。

（2）再制造性预计的条件及步骤　不同时机、不同再制造性预计方法需要的条件不尽相同。但再制造性预计一般应具有以下条件：

1）现有相似产品的数据，包含产品的结构和再制造性参数值。这些数据用作预计的参照基准。

2）再制造方案、再制造资源（包括人员、物质资源）等约束条件。只有明确了再制造保障条件，才能确定具体产品的再制造费用等参数值。

3）系统各单元的故障率数据，可以是预计值或实际值。

4）再制造工作的流程、时间元素及顺序等。

研制过程各阶段的再制造性预计，适宜用不同的预计方法，其工作程序也有所区别。但一般来说，再制造性预计要遵循以下程序：

1）收集资料。预计是以产品设计或方案设计为依据的。因此，再制造性预计首先要收集并熟悉所预计产品设计或方案设计的资料，包括各种原理、框图、可更换或可拆装单元清单，乃至线路图、草图直至产品图，以及产品及零部件的可能故障模式等。这些数据可能是预计值、试验值或参考值。所要收集的第二类资料，是类似产品的再制造性数据，包括相似零部件的故障模式、故障率、再制造率及再制造费用等信息。

2）再制造职能与功能分析。与再制造性分配相似，在预计前要在分析上述资料基础上，进行系统再制造职能与功能分析。

3）确定设计特征与再制造性参数的关系。再制造性预计归根结底是要由产品设计或方案设计估计其参数。这种估计必须建立在确定出影响再制造性参数的设计特征的基础上。例如，对一个可更换件，其更换费用主要取决于它的新件费用、装配方式、紧固件的形式与数量等。对一台设备来说，其再制造费用则主要取决于设备的复杂程度（可更换件的多少）、故障检测隔离方式、可更换件拆装难易等。因此，要从现有类似产品中找出设计特征与再制造性参数值的关系，为预计做好准备。

4）预计再制造性参数量值。预计再制造性参数量值具有不同的方法，主要可应用推断法、单元对比法、累计图表法、专家预计法等来完成。

2.3 再制造性评价方法

2.3.1 概述

1. 再制造性影响因素分析

再制造性评价包括新产品的再制造性试验评定与废旧产品再制造前的再制造性评价，后者主要根据技术、经济及环境等因素进行综合评价，以确定其再制造性量值，定量确定退役产品的再制造能力。再制造性评价的对象包括废旧产品及其零部件。

废旧产品是指退出服役阶段的产品。退出服役原因主要包括：产品产生不能进行修复的故障（故障报废）、产品使用中费效比过高（经济报废）、产品性能落后（功能报废）、产品的污染不符合环保标准（环境报废）、产品款式等不符合人们的爱好（偏好报废）。

再制造全周期指产品退出服役后所经历的回收、再制造加工及再制造产品的使用直至再制造产品再次退出服役阶段的时间。再制造加工周期指废旧产品进入再制造工厂至加工成再制造产品进入市场前的时间。

由于再制造属于新兴学科，再制造设计是近年来新提出的概念，而且处于新产品的尝试阶段，以往生产的产品大多没有考虑再制造性。当该类废旧产品送至再制造工厂后，首先要对产品的再制造性进行评价，判断其能否进行再制造。国外已经开展了对产品再制造性评价的研究。影响废旧产品的再制造性的因素错综复杂，可归纳为如图 2-3 所示的几个方面。

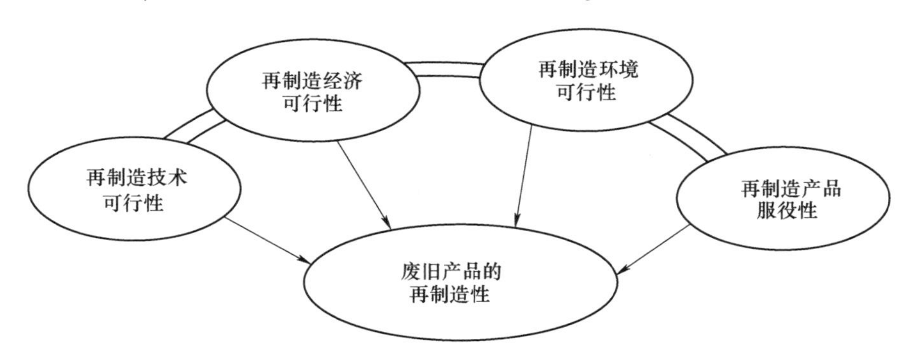

图 2-3　废旧产品的再制造性及其影响因素

由图 2-3 可知，产品再制造的技术可行性、经济可行性、环境可行性、产品服役性等影响因素的综合作用决定了废旧产品的再制造性，而且四者之间也相互产生影响。

再制造性的技术可行性要求废旧产品进行再制造加工在技术及工艺上可行，可以通过对原产品进行恢复或者升级，来达到恢复或提高原产品性能的目的，而不同的技术工艺路线又对再制造的经济性、环境性和产品的服役性产生影响。

再制造性的经济可行性是指进行废旧产品再制造所投入的资金要少于其综合产出效益（包括经济效益、社会效益和环保效益），即确定该类产品进行再制造是否“有利可图”，这是推动某种类废旧产品进行再制造的主要动力。

再制造性的环境可行性是指对废旧产品再制造加工过程本身及加工后的再制造产品在社会上利用后所产生的影响小于原产品生产及使用所造成的环境污染成本。

再制造产品的服役性主要指再制造加工出的再制造产品其本身具有一定的使用性，能够满足相应市场需要，即再制造产品是具有一定时间效用的产品。

通过以上几方面对废旧产品再制造性的评价后，可为再制造加工提供技术、经济和环境综合考虑后的最优方案，并为在产品设计阶段进行面向再制造的产品设计提供技术及数据参考，指导新产品设计阶段的再制造考虑。正确的再制造性评价还可为进行再制造产品决策、增加投资者信心提供科学的依据。

2. 再制造性定性评价

对废旧产品进行再制造，必须符合一定的条件，部分学者从定性的角度对此进行了分析。德国的 Rolf Steinhilper 教授提出以下 8 条标准供再制造性定性评价进行参考：

1）技术标准（废旧产品材料和零件种类以及拆解、清洗、检验和再制造加工的适宜性）。

2）数量标准（回收废旧产品的数量、及时性和可用性）。

3）价值标准（材料、生产和装配所增加的附加值）。

4）时间标准（最大产品使用寿命、一次性使用循环时间等）。

5）更新标准（关于新产品比再制造产品的技术进步特征）。

6）处理标准（采用其他方法进行产品和可能的危险部件的再循环工作和费用）。

7）与新制造产品关系的标准（与原制造商间的竞争或合作关系）。

8）其他标准（市场行为、义务、专利、知识产权等）。

美国的 Lund R. 教授通过对 75 种不同类型的再制造产品进行研究，总结出以下 7 条判断产品可再制造性的准则：

1）产品的功能已丧失。

2）有成熟的恢复产品功能的技术。

3）产品已标准化、零件具有互换性。

4）附加值比较高。

5）相对于其附加值，获得“原料”的费用比较低。

6）产品的技术相对稳定。

7）顾客知道在哪里可以购买再制造产品。

以上的定性评价主要针对已经大量生产、已损坏或报废产品的再制造性。这些产品在设计时一般没有考虑再制造的要求，在退役后主要依靠评估者的再制造经验以定性评价的方式进行。

3. 再制造性的定量评价

废旧产品的再制造性定量评价是一个综合的系统工程，研究其评价体系及方法，建立再制造性评价模型，是科学开展再制造工程的前提。不同种类的废旧产品其再制造性一般不同，即使同类型的废旧产品，因为产品的工作环境及用户不同，其导致废旧产品的方式也多种多样，如部分产品是自然损耗达到了使用寿命而报废，部分产品是因为特殊原因（如火灾、地震及偶然原因）而导致报废，部分产品是因为技术、环境或者拥有者的经济原因而导致报废，不同的报废原因导致了同类产品具有不同的再制造性值。目前废旧产品再制造性定量评估通常可采用以下几种方法来进行：

1）费用-环境-性能评价法：是从费用、环境和再制造产品性能三个方面综合评价各个方案的过程。

2）模糊综合评价法：是通过运用模糊集理论对某一废旧产品再制造性进行综合评价的一种方法。模糊综合评价法是用定量的数学方法处理那些对立或有差异、没有绝对界限的定性概念的较好方法。

3）层次分析法：是一种将再制造性的定性和定量分析相结合的系统方法。层次分析法是分析多目标、多准则的复杂系统的有力工具。

2.3.2 再制造性试验与技术方法

1. 概述

再制造性试验是产品研制、生产乃至使用阶段再制造性工程的重要活动。其总的目的是：考核产品的再制造性，确定其是否满足规定要求；发现和鉴别有关再制造性的设计缺陷，以便采取纠正措施，实现再制造性增长。此外，在再制造性试验与评定的同时，还可对有关再制造的各种保障要素（如再制造计划、备件、工具、设备、技术资料等资源）进行评价。

在产品研制过程中，进行了再制造性设计与分析，采取了各种监控措施，以保证把再制造性设计到产品中去。同时，还用再制造性预计、评审等手段来了解设计中的产品的再制造性状况。但产品的再制造性到底怎样，是否满足使用要求，只有通过再制造实践才能真正检验。试验与评定，正是用较短时间、较少费用及时检验产品再制造性的良好途径。

2. 试验与评定的时机与区分

为了提高试验费用效益，再制造性试验与评定一般应与功能试验、可靠性试验及维修性试验结合进行。必要时，也可单独进行。根据试验与评定的时机、目的，再制造性试验与评定可区分为核查、验证与评定。

（1）再制造性核查　再制造性核查是指承制方为实现产品的再制造性要求，从签订研制合同起，贯穿于从零部件、元器件直到分系统、系统的整个研制过程中，不断进行的再制造性试验与评定工作。核查常常在订购方和再制造方监督下进行。

核查的目的是通过试验与评定，检查修正再制造性分析与验证所用的模型和数据；发现并鉴别设计缺陷，以便采取纠正措施，改进设计保障条件使再制造性得到增长，保证达到规定的再制造性。可见，核查主要是承制方的一种研制活动与手段。

核查的方法灵活多样，可以采取在产品实体模型、样机上进行再制造作业演示，排除模拟（人为制造）的故障或实际故障，测定再制造费用等试验方法。其试验样本量可以少一些，置信度低一些，着重于发现缺陷，探寻改进再制造性的途径。若要求将正式的再制造性验证与后期的核查结合进行，则应按再制造性验证的要求实施。

（2）再制造性验证　再制造性验证是指为确定产品是否达到规定的再制造性要求，由指定的试验机构进行或由订购方、再制造方与承制方联合进行的试验与评定工作。再制造性验证通常在产品定型阶段进行。

验证的目的是全面考核产品是否达到规定要求，其结果作为批准定型的依据之一。因此，再制造性验证试验的各种条件应当与实际再制造生产的条件相一致，包括试验中进行再制造作业的人员、所用的工具、设备、备件、技术文件等均应符合再制造与保障计划的规定。试验要有足够的样本量，在严格的监控下进行实际再制造作业，按规定方法进行数据处理和判决，并应有详细记录。

（3）再制造性评定　再制造性评定是指订购方在承制方配合下，为确定产品在实际再制造条件下的再制造性所进行的试验与评定工作。评定通常在试用或使用阶段进行。

再制造性评定的对象是已退役或需要升级的产品，需要评定的再制造作业重点是在实际使用中经常遇到的再制造工作。主要依靠收集再制造作业中的数据，必要时可补充一些再制造作业试验，以便对实际条件下的再制造性做出评定。

3. 一般程序

再制造性试验与评定的一般程序可分为准备阶段和实施阶段。目前尚未对其实施的要求、方法、管理做出详细规定。此处仅对其准备和实施阶段的工作及要求做简单介绍。

（1）试验与评定的准备　准备阶段的工作，通常包括制定试验计划；选择试验方法；确定受试品；培训试验再制造人员；准备试验环境、设备等条件。试验之前，要根据相关的规定，结合产品的实际情况、试验时机及目的等，制定详细的计划。

选择试验方法与制定试验计划必须同时进行。应根据合同中规定要验证的再制造性指标、再制造率、再制造经费、时间及试验经费、进度等约束，综合考虑选择适当的方法。

再制造性试验的受试品，对核查来说可取研制中的样机，而对验证来说应直接利用定型样机或在提交的等效产品中随机提取。

参试再制造人员要经过训练，达到相应再制造部门的再制造人员的中等技术水平。试验的环境条件、工具、设备、资料、备件等保障资源，都要按实际的再制造生产情况准备。

（2）试验与评定的实施

1）确定再制造作业样本量。因再制造性定量要求是通过参试再制造人员完成再制造作业来考核的，所以为了保证其结果有一定的置信度，减少决策风险，必须进行足够数量的再制造作业，即要达到一定的样本量。但样本量过大，会使试验工作量、费用及时间消耗过大。可以结合维修性验证来进行，一般来说，再制造性一次性抽样检验的样本量要求在30个以上。

2）选择与分配再制造作业样本。为保证试验具有代表性，所选择的再制造作业样本最好与实际使用中进行的再制造作业一致。所以，对恢复性再制造来说，优先选用对物理寿命退役产品进行的再制造作业。试验中把产品在功能试验、可靠性试验、环境试验或其他试验中所使用的样本量，作为再制造性试验的作业样本。当达到自然寿命的时间太长，或者再制造条件不充分时，可用专门的模拟系统来加速寿命试验，快速达到其物理寿命，供再制造人员试验使用。为缩短试验延续时间，也可全部采用虚拟再制造方法。

在虚拟再制造中，再制造作业样本量还要合理地分配到产品各部分、各种故障模式。其原则是按与故障率成正比分配，即用样本量乘某部分、某模式故障率与故障率总和之比作为该部分、该模式故障数。

3）虚拟与现实再制造。对于虚拟或现实的试验中末端产品，可由参试再制造人员进行虚拟再制造或现实再制造，按照技术文件规定的程序和方法，使用规定设备器材等进行再制造试验，同时记录其相关费用、时间等信息。

4）收集、分析与处理试验数据。试验过程要详细记录各种原始数据。对各种数据要加以分析，区分有效与无效数据，特别是要分清哪些费用应计入再制造费用中，然后，按照规定方法计算再制造性参数或预计目标的统计量。

5）评定。根据试验过程及其产生的数据，对产品的再制造性做出定性与定量评定。

定性评定，主要是针对试验、演示中再制造操作情况，着重检查再制造的要求等，并评价各项再制造保障资源是否满足要求。

定量评定，是按试验方法中规定的判决规则，计算确定所测定的再制造作业时间或工时等是否满足规定指标要求。

6）编写试验与评定报告。再制造性试验与评定报告的内容与格式要求应制定详细的规定。

2.3.3 基于模糊层次分析法的再制造性评价

产品的再制造性是一个复杂的系统，涉及因素多，而且数据缺乏，许多处于模糊的定性分析，因此，对其进行综合评价可采用模糊层次分析法。

1. 模糊层次分析法（FAHP）

模糊层次分析法是在传统层次分析方法的基础上，考虑人们对复杂事物判断的模糊性而引入模糊一致矩阵的决策方法，较好地解决了复杂系统多目标综合评价问题，是当前比较先进的评价方法。

对某一事物进行评价，若评价的指标因素有 n 个，分别表示为 u_1，u_2，u_3，…，u_n，则这 n 个评价因素便构成一个评价因素的有限集合 $U=\{u_1,u_2,u_3,\cdots,u_n\}$。若根据实际需要将评语划分为 m 个等级，分别表示为 v_1，v_2，v_3，…，v_m，则又构成一个评语的有限集合 $V=\{v_1,v_2,v_3,\cdots,v_m\}$。模糊层次综合评估模型建立步骤如下：

（1）确定评判因素集 U（论域）　根据目的与要求给出合适的评判因素并将评判因素分类，即

$$U=\{u_1,u_2,u_3,\cdots,u_n\} \tag{2-6}$$

（2）确定评语集 V（论域）　评语集应尽可能地包含事物评论的各个方面，即

$$V=\{v_1,v_2,v_3,\cdots,v_m\} \tag{2-7}$$

（3）确定评价指标权重集　采用层次分析法来确定各指标的权重，步骤如下：

1）构造判断矩阵。以 a_{ij}表示下层指标 i 和下层指标 j 两两比较的结果，那么 a_{ij}的含义为

$$a_{ij}=\frac{i\text{ 指标相对于其所隶属的上层指标的重要性}}{j\text{ 指标相对于其所隶属的上层指标的重要性}} \tag{2-8}$$

a_{ij}的取值可以采用1～9比例标度的方法，见表2-2，其全部的比较结果即构成了一个判断矩阵 $\boldsymbol{A}$，此时判断矩阵 $\boldsymbol{A}$ 应具有性质：$a_{ii}=1$，$a_{ij}=1/a_{ji}$。

表2-2　1～9比例标度方法的标度值

标　度	含　义
1	i 指标与 j 指标同样重要
3	i 指标比 j 指标稍微重要
5	i 指标比 j 指标明显重要
7	i 指标比 j 指标非常重要
9	i 指标比 j 指标绝对重要
2，4，6，8	以上两个相邻判断折衷的标度值
倒数	反比较，即 j 指标与 i 指标比较

2）计算指标权重。根据判断矩阵 $\boldsymbol{A}$，求出其最大特征根 λ_{max}和所对应的特征向量 $\boldsymbol{P}$，特征向量 $\boldsymbol{P}$ 即为各评价指标的重要性排序，再对特征向量 $\boldsymbol{P}$ 进行归一化处理后即可得到各级评价指标的权重向量，其中 $\sum_{i=1}^{n}\boldsymbol{w}_i=1$。

3）一致性检验。检验公式为：$CR=CI/RI$，其中 $CI=(\lambda_{max}-n)/(n-1)$

RI 为判断矩阵的平均随机一致性指标，对于1～7阶判断矩阵，RI 的取值见表2-3。

表 2-3　1~7 阶判断矩阵的 *RI* 值

n	1	2	3	4	5	6	7
RI	0	0	0. 58	0. 90	1. 12	1. 24	1. 32

若计算出的 $CR<0.1$，即可认为判断矩阵的一致性可以接受，否则应对判断矩阵进行适当修改，直到取得满意的一致性。

（4）进行单因素模糊评判，并求得评判矩阵 $\boldsymbol{R}$　对每一个因素 u_i 分别对其在评语集 V 的各方面进行单因素评判，形成单因素评价模糊子集。可以采用专家评判法确定各个指标的隶属度，邀请若干名再制造领域专家组成评估专家组，用打分方式表明各自评价。记 $c_{ij}(i=1,2,\cdots,n;\ j=1,2,\ \cdots,m)$ 为赞成第 i 项因素 u_i 为第 j 种评价 v_j 的票数，r_{ij} 为指标集合 U 中任一指标 u_i 对评语集合 V 中元素的隶属度，有如下关系

$$r_{ij}=\frac{c_{ij}}{\sum_{j=1}^{m}c_{ij}},\ i=1,2,\cdots,n \tag{2-9}$$

式中，$\sum_{j=1}^{m}c_{ij}$ 为专家组人数。可以得出单因素隶属度矩阵 $\boldsymbol{R}_j$ 为

$$\boldsymbol{R}_j=\begin{bmatrix} r_{11} & \cdots & r_{1m} \\ \vdots & & \vdots \\ r_{n1} & \cdots & r_{nm} \end{bmatrix}$$

（5）综合评价矩阵 $\boldsymbol{R}$　设模糊评判矩阵为 $\boldsymbol{R}_j$，权重向量为 $\boldsymbol{w}_i$，采用加权和算法得到一级综合评判结果 $\boldsymbol{B}_i$ 为

$$\boldsymbol{B}_i=\boldsymbol{w}_i\cdot\boldsymbol{R}_j \tag{2-10}$$

（6）做模糊综合评估　将 $\boldsymbol{B}_i$ 作为一级评估的子集，组成模糊评价矩阵 $\boldsymbol{R}=[B_1\quad B_2\quad B_3\quad B_4]^{\mathrm{T}}$，模糊综合评估数学模型为

$$\boldsymbol{B}=\boldsymbol{w}\cdot\boldsymbol{R} \tag{2-11}$$

对于因素众多的情况，可以采取多层次的模型，一般采取两层次模型。

2. 再制造性评估指标体系

评估指标体系的构建是实施科学评估的首要环节。如前所述，再制造性是产品本身的一种重要属性，并在再制造过程中体现出来。再制造性过程受技术、经济、环境、服役四个方面的影响，结合再制造实践分析，首先从技术性、经济性、环境性和服役性四个方面建立一级指标，然后对 4 个一级指标进一步分解，形成 14 个三级指标，构建的产品再制造性评估指标体系见表 2-4。

表 2-4　产品再制造性评估指标体系

目标层	一级指标	二级指标
产品的再制造性（U）	技术性 U_1	模块化程度 U_{11}
		标准化程度 U_{12}
		可拆解性 U_{13}
		资源保障性 U_{14}
		技术成熟度 U_{15}
	经济性 U_2	成本 U_{21}
		利润 U_{22}
		环境效益 U_{23}
	环境性 U_3	材料再用率 U_{31}
		能源节约率 U_{32}
		三废减排量 U_{33}
	服役性 U_4	市场需求率 U_{41}
		服役寿命 U_{42}
		用户满意度 U_{43}

3. 模糊层次综合评判在再制造性评估中的应用

某型产品的再制造性可以采用如下的模糊层次综合评判方法。

（1）确定再制造性　根据前面的分析，该型产品再制造性评估指标因素集可分为一级指标集和二级指标集，见表 2-4。

（2）确定权重集　使用表 2-2 所示的 1～9 比例标度法，结合表 2-4 建立的评估指标层次结构，确定一级指标相对于目标层、二级指标相对一级指标的判断矩阵，见表 2-5～表 2-9。

表 2-5　准则层判断矩阵

U	U_1	U_2	U_3	U_4
U_1	1	4	8	3
U_2	1/4	1	3	1/2
U_3	1/8	1/3	1	1/8
U_4	1/3	2	8	1

表 2-6 技术性（U_1）判断矩阵

U_1	U_{11}	U_{12}	U_{13}	U_{14}	U_{15}
U_{11}	1	2	5	2	4
U_{12}	1/2	1	3	1	2
U_{13}	1/5	1/3	1	1/2	1/2
U_{14}	1/2	1	2	1	1/2
U_{15}	1/4	1/2	2	1/2	1

表 2-7 经济性（U_2）判断矩阵

U_2	U_{21}	U_{22}	U_{23}
U_{21}	1	1/4	1/2
U_{22}	4	1	2
U_{23}	2	1/2	1

表 2-8 环境性（U_3）判断矩阵

U_3	U_{31}	U_{32}	U_{33}
U_{31}	1	3	8
U_{32}	1/3	1	3
U_{33}	1/8	1/3	1

表 2-9 服役性（U_4）判断矩阵

U_4	U_{41}	U_{42}	U_{43}
U_{41}	1	2	1/2
U_{42}	1/2	1	1/4
U_{43}	2	4	1

计算各二级指标和一级指标相对评估目标的权重，并进行一致性验证。

例如，对于判断矩阵，$\boldsymbol{U}=\begin{bmatrix}1 & 4 & 8 & 3\\ 1/4 & 1 & 3 & 1/2\\ 1/8 & 1/3 & 1 & 1/8\\ 1/3 & 2 & 8 & 1\end{bmatrix}$，其计算结果归一化后

$\boldsymbol{W}=[0.5748\ \ 0.1437\ \ 0.0630\ \ 0.2184]$，其最大特征值为 4.0517，$CI=0.0172$，$RI=0.90$，$CR=0.0194<0.10$。

同理，二级指标权重计算及其一致性检验如下：

$\boldsymbol{U}_1=[0.4073\quad 0.2112\quad 0.0748\quad 0.1948\quad 0.1119]$，$\lambda_{max}=5.0415$，$CI=0.0104$，$RI=1.12$，$CR=0.0093<0.10$。

$\boldsymbol{U}_2=[0.1429\quad 0.5714\quad 0.2857]$，$\lambda_{max}=3.0000$，$CI=0.0000$，$RI=0.58$，$CR=0.0000<0.10$。

$\boldsymbol{U}_3=[0.6817\quad 0.2363\quad 0.0819]$，$\lambda_{max}=3.0015$，$CI=0.0008$，$RI=0.58$，$CR=0.0015<0.10$。

$\boldsymbol{U}_4=[0.2857\quad 0.1429\quad 0.5714]$，$\lambda_{max}=3.0000$，$CI=0.0000$，$RI=0.58$，$CR=0.0000<0.10$。

（3）确定评语集　根据经验和现实需求确定评语集为 4 个等级，即

$$V=\{v_1,v_2,v_3,v_4\}=\{\text{优秀，良好，一般，较差}\}$$

邀请长期从事该领域再制造的 20 位专家组成评估专家组，采用投票的方式对该型产品进行再制造性评判，评判结果见表 2-10。

表 2-10　各指标专家评判结果

属性指标	评判结果（人）			
	优　秀	良　好	一　般	较　差
U_{11}	9	8	2	1
U_{12}	5	11	3	1
U_{13}	6	9	3	2
U_{14}	12	6	2	0
U_{15}	14	4	2	0
U_{21}	9	7	3	1
U_{22}	6	9	4	1
U_{23}	12	5	3	0
U_{31}	4	8	3	5
U_{32}	5	7	4	4
U_{33}	4	9	5	2
U_{41}	12	6	2	0
U_{42}	7	6	5	2
U_{43}	8	5	4	3

（4）单因素隶属度矩阵计算　根据相关方法，由表 2-10 可计算出各影响因素的隶属度微量，得到单因素隶属度矩阵。以“技术性”因素为例，得到的隶属度矩阵为

$$\boldsymbol{U}_1=\begin{bmatrix}0.45 & 0.40 & 0.10 & 0.05\\ 0.25 & 0.55 & 0.15 & 0.05\\ 0.30 & 0.45 & 0.15 & 0.10\\ 0.60 & 0.30 & 0.1 & 0\\ 0.70 & 0.20 & 0.10 & 0\end{bmatrix}$$

根据式（2-10），可得

$$\boldsymbol{U}=\boldsymbol{w}_1\cdot\boldsymbol{R}_1=\begin{bmatrix}0.4073\\ 0.2112\\ 0.0748\\ 0.1948\\ 0.1119\end{bmatrix}^{\mathrm{T}}\cdot\begin{bmatrix}0.45 & 0.40 & 0.10 & 0.05\\ 0.25 & 0.55 & 0.15 & 0.05\\ 0.30 & 0.45 & 0.15 & 0.10\\ 0.60 & 0.30 & 0.10 & 0\\ 0.70 & 0.20 & 0.10 & 0\end{bmatrix}=[0.4537\quad 0.3936\quad 0.1143\quad 0.0384]$$

同理可得

$$\boldsymbol{U}_2=\boldsymbol{w}_2\cdot\boldsymbol{R}_2=[0.4071\quad 0.3786\quad 0.1786\quad 0.0357]$$

$$\boldsymbol{U}_3=\boldsymbol{w}_3\cdot\boldsymbol{R}_3=[0.2118\quad 0.3922\quad 0.1700\quad 0.2259]$$

$$U_4 = w_4 \cdot R_4 = [0.4500 \quad 0.2714 \quad 0.1786 \quad 0.1000]$$

（5）综合评判　U 的模糊评价的隶属度矩阵 $U = [U_1 \quad U_2 \quad U_3 \quad U_4]$，则总的评价结果为

$$U = w \cdot R = \begin{bmatrix} 0.5748 \\ 0.1437 \\ 0.0630 \\ 0.2184 \end{bmatrix}^{T} \cdot \begin{bmatrix} 0.4537 & 0.3936 & 0.1143 & 0.0384 \\ 0.4017 & 0.3786 & 0.1786 & 0.0357 \\ 0.2118 & 0.3922 & 0.1700 & 0.2259 \\ 0.4500 & 0.2714 & 0.1786 & 0.1000 \end{bmatrix}$$

$$= [0.4301 \quad 0.3646 \quad 0.1411 \quad 0.0633]$$

为将最后得到的总评语集中的四个等级的权重分配转化为一个总分值，将评判的等级进行量化处理，以百分制为 4 个等级分别赋值，其中：优秀（90 ~ 100 分，取 95 分），良好（80 ~ 89 分，取 85 分），一般（65 ~ 79 分，取 72 分），较差（50 ~ 64 分，取 57 分）。则该型产品的再制造性综合评价值 R_{au} 为

$$R_{au} = 95 \times 0.4301 + 85 \times 0.3646 + 72 \times 0.1411 + 57 \times 0.0633 = 85.6178$$

根据再制造性评判标准，可知该型产品的再制造性处于良好水平，需要根据各评价指标的权重按序改进设计方案，以提高易于再制造的能力。

2.3.4　机械产品再制造性评价技术规范

为了促进再制造生产企业对产品再制造性评价应用，我国制定了国家标准《机械产品再制造性评价技术规范》（GB/T 32811—2016），该标准于 2016 年 8 月发布，于 2017 年 3 月执行，主要确定了机械产品再制造性定性与定量评价规范，适用于再制造企业的机械产品再制造性评价，其设计部门的再制造性设计评价也可参考使用。该标准的主要内容如下：

1. 再制造性评价总则

机械产品再制造性评价的目的是确定退役机械产品及（或）其零部件所具有的实际再制造性；对产品设计时的固有再制造性达标情况进行评估并对所暴露问题进行纠正。

该标准主要是对废旧机械产品及（或）其零部件再制造前的实际再制造性值进行评价。

再制造性评价的对象既可以是产品总成，也可以是产品的零部件。

再制造性评价应依据再制造方案开展，结合再制造商所提供的保障设备、技术手段、再制造后产品性能要求等实际执行时的条件而定。

机械产品的再制造性评价具有个体性，受不同的产品个体服役条件的影响，通常服役时间长、服役工况恶劣的产品，由于失效形式复杂会造成再制造性较差；受再制造生产条件的限制，通常再制造生产技术和保障资源较好的企业开展再制造生产，能够更好地完成产品再制造生产，其厂内废旧产品的再制造性

也会相对较好。

机械产品再制造性评价由定性评价和定量评价两部分组成。

产品的再制造性由再制造时的工艺技术可行性、经济可行性、环境可行性和再制造后的服役性所综合确定。

机械产品再制造的技术性要求对废旧产品进行再制造加工在技术及工艺上可行，可以通过原产品恢复、升级恢复或提高原产品性能，其常用参数指标包括：可拆解率、清洗满足率、故障检测率等。

机械产品再制造的经济可行性要求进行废旧产品再制造所投入的资金成本小于其产出获得的经济效益，其利润率满足企业要求。

机械产品再制造的环境可行性要求废旧产品再制造加工过程及再制造产品使用过程所产生的环境污染影响小于原产品生产及使用过程所造成的环境污染影响。

2. 机械产品再制造性定性评价

对废旧产品进行再制造，应首先进行再制造性的定性评价。再制造性一般应满足功能性、经济性、市场性、环境性等条件。

再制造性定性条件如下：

1）产品具有成熟的再制造恢复或升级技术，能够满足再制造毛坯运输、拆解、清洗、检测、加工、装配等再制造工艺要求。

2）再制造毛坯具有一定的数量和质量，满足再制造生产线的批量化加工需求，能够从该类产品再制造中获得适当的利润。

3）再制造毛坯具有较高的附加值，并且大部分的附加值能够通过再制造实现恢复。

4）再制造毛坯应实现标准化生产，零件具有互换性，备件易于从市场获取。

5）再制造产品具有明确的市场需求。

6）再制造生产应满足国家在知识产权、环境保护等方面的相关规定。

3. 机械产品再制造性定量评价

（1）机械产品再制造技术性评价参数

1）可拆解率。可拆解率（R_d）是指能够无损拆解所获得的零件与全部零件数量的比值。其计算公式为

$$R_d = \frac{Q_{nd}}{Q_{rd}} \times 100\% \tag{2-12}$$

式中，Q_{nd}为无损拆解的零件数量；Q_{rd}为产品含有的零件总数。

可拆解率越大，则表明产品的可拆解性越好，则其再制造性也越好。产品

的可拆解率，需要综合考虑相应的零部件价值、拆解时间、拆解成本、拆解设备等因素，在具体进行拆解分析时可根据情况进行选择，并做出明确说明。

2）清洗满足率。清洗满足率（R_c）是指能够通过清洗满足零件要求的零件数量与所有需清洗零件数量的比值。其计算公式为

$$R_c = \frac{Q_{nc}}{Q_{rc}} \times 100\% \tag{2-13}$$

式中，Q_{nc}为清洗后满足清洁度要求的零件数量；Q_{rc}为产品含有的需清洗零件总数。

清洗满足率越高，则表明能够在再制造生产中使用的废旧产品的零件数量越多，则其再制造性也越好。产品的清洗满足率，需要综合考虑清洗时间、清洗成本、清洗设备、环境影响等因素，在具体进行清洗分析时可根据情况进行选择，并做出明确说明。

3）故障检测率。故障检测率（R_i）是指毛坯在给定的条件下，被测单元在规定的工作时间 T 内，由操作人员和（或）其他专门人员通过直接观察或其他规定的方法正确检测出的故障数与实际发生的故障总数的比值。其计算公式为

$$R_i = \frac{N_D}{N_T} \times 100\% \tag{2-14}$$

式中，N_D为正确检测出的故障数；N_T为实际发生的故障总数。

故障检测率越高，则表明产品再制造的质量越稳定，则其再制造性也越好。产品的故障检测率，需要综合考虑检测时间、检测成本、检测设备等因素，在具体进行检测分析时可根据情况进行选择，并做出明确说明。

（2）机械产品再制造经济性评价参数

1）利润率。利润率（R_e）是单个再制造产品通过销售获得的净利润与投入成本的比值。其计算公式为

$$R_e = \frac{R_b}{R_c} \times 100\% \tag{2-15}$$

式中，R_b为再制造产品通过销售获得的净利润；R_c为产品再制造投入成本。

2）价值回收率。价值回收率（R_{cb}）是指回收的零部件价值与再制造产品总价值的比值。其计算公式为

$$R_{cb} = \frac{R_{rc}}{R_{pc}} \times 100\% \tag{2-16}$$

式中，R_{rc}为回收零部件价值；R_{pc}为再制造产品总价值。

价值回收率衡量再制造的经济效益，与再制造过程中的技术投入及再制造产品的属性有关。

3）环境收益率。环境收益率（R_{ec}）是通过再制造减免的环境污染费用等

直接环境经济效益与因再制造所获得的间接经济效益之和与净利润的比值。其计算公式为

$$R_{ec}=\frac{R_{dc}+R_{jc}}{R_b}\times 100\% \tag{2-17}$$

式中，R_{dc}为直接环境经济效益；R_{jc}为间接环境经济效益；R_b为再制造净利润。

环境收益率衡量再制造所获得的环境经济效益，与再制造过程中的技术投入及再制造产品的属性有关。

4）加工效率。加工效率（R_m）是衡量再制造加工环节的时间性指标，用废旧产品再制造生产时间与新品制造时间的比值来表示。其计算公式为

$$R_m=\frac{T_r}{T_m}\times 100\% \tag{2-18}$$

式中，T_r为废旧产品再制造平均加工时间；T_m为新品制造所需的平均加工时间。

产品的加工效率需要考虑相应的生产设备、产品性能与成本价格等因素，在具体进行加工效率评估时可根据情况进行选择，并做出明确说明。

（3）机械产品再制造环境性评价参数　废旧机械产品整机拆解后的零部件分成再制造件、直接利用件和弃用件。

1）节材率。节材率（R_{ma}）是再制造件和直接利用件质量之和与整机质量的比值。其计算公式为

$$R_{ma}=\frac{W_{rm}+W_{ru}}{W_p}\times 100\% \tag{2-19}$$

式中，W_{rm}为再制造件质量；W_{ru}为直接利用件质量；W_p为整机质量。

通常来说，节材率与再制造技术相关，选用先进的再制造技术，可以提高节材率，进而提高再制造的环境性。

2）节能率。再制造以废旧产品为毛坯进行加工生产，可节约大量能量。通常再制造节材率越高，其节能越多，环境性越好，再制造性越好。

再制造节能率（R_{re}）是再制造节约的能量（即废旧产品报废处理耗能减去再制造耗能）与废旧产品报废处理耗能的比值。其计算公式为

$$R_{re}=\frac{PW_{md}-PW_{rm}}{PW_{md}}\times 100\% \tag{2-20}$$

式中，PW_{rm}为再制造耗能；PW_{md}为废旧产品报废处理耗能。

3）CO_2减排率。与废旧毛坯经回炉成原始材料再加工成零部件相比，再制造大量减少CO_2排放，可用CO_2减排率来表示。再制造所回收材料节材率越高，通常其减少废气排放量越多，则其环境性越好，再制造性越好。

CO_2减排率（R_{rq}）是通过再制造减少的CO_2排放量（即报废处理产生的CO_2排放量与再制造产生的CO_2排放量的差值）与对废旧产品进行报废处理产

生的 CO_2 排放量的比值。其计算公式为

$$R_{rq} = \frac{E_{md} - E_r}{E_{md}} \times 100\% \tag{2-21}$$

式中，E_r为再制造产生的 CO_2排放量；E_{md}为报废处理产生的 CO_2排放量。

4. 机械产品再制造性评价流程

（1）废旧产品的失效模式分析　不同的失效模式，对再制造方案会产生直接的影响，进而影响其再制造性。

废旧产品失效模式分析应考虑以下原因：产品产生不能进行修复的故障（故障报废）、产品使用中费效比过高（经济报废）、产品性能落后（功能报废）、产品的污染不符合环保标准（环境报废）、产品款式等不符合人们的爱好（偏好报废）。

（2）机械产品再制造性影响因素分析　产品再制造的技术可行性、经济可行性、环境可行性、产品服役性等影响因素的综合作用决定了废旧产品的再制造性，四者之间也相互产生影响。

再制造性的技术可行性、经济可行性、环境可行性内容要求参见其评价参数，不同的技术工艺路线又对再制造的经济性、环境性和产品的服役性产生影响。

再制造产品的服役性指再制造产品本身具有一定的使用性能，能够满足相应市场需要。再制造产品的服役性由所采用的再制造技术方案确定，也直接影响着其环境性和经济性。

再制造生产时保障条件的优劣对再制造性产生直接的影响，保障条件包括设备情况、人员技术水平、技术应用情况、生产条件等内容。

根据以上技术性、经济性、环境性确定的需求，通过失效模式预测分析与实物试验相结合的方式，进行各项量化评价参数的确定。

（3）再制造性定量评价流程　废旧产品的再制造性定量评价流程如下：首先根据服役性能要求和失效模式，进行再制造技术方案选择，其次进行再制造方案的经济性和环境性评价，最后通过多次反复评价对比，得出最佳再制造方案。

废旧产品的再制造性具有个体性，不同的失效模式、不同的保障条件，其再制造性具有明显不同。

不同种类的废旧产品其再制造性一般不同，即使同类型的废旧产品，因为产品的工作环境及用户不同，其导致废旧产品的失效退役方式也多种多样，直接导致了同类产品具有不同的再制造性值。

废旧产品的再制造性定量评价是一个系统工程，建立合适的再制造性评价方法，是科学开展再制造工程的前提。

目前废旧产品再制造性定量评估通常可采用费用-环境-性能综合评价法、模糊综合评价法、层次分析法等来完成，具体参见相关资料。

（4）再制造性评价结果的使用　根据评价结果，决策判断是否进行该废旧产品的再制造。

对于具有再制造价值的，利用评价过程中的各因素决策优化因素，制定最优化的再制造方案。

2.4　再制造升级性设计

2.4.1　基本概念

产品再制造升级是指以功能报废产品作为加工对象，通过专业化升级改造的方法来使其性能超过原有新品水平的制造过程。其生产对象主要是功能或性能报废退役的产品，其专业化升级改造方法主要包括先进技术应用、功能模块嵌入或更换、产品结构改造等，其升级后的性能要求要优于原产品的性能，最终可以实现产品自身的可持续发展和多寿命周期升级使用。再制造升级包括在升级过程中所涉及的所有技术、方法、组织、管理等内容。产品再制造升级是产品改造的重要高品质组成部分，是高效益提升旧品性能的最佳途径。

产品再制造升级性设计的基础是现有的设计理论、方法和工具以及先进的设计理念与技术，并综合运用各种先进的设计方法和工具进一步为升级性设计提供了实施的高效和高可靠性保证。再制造升级性设计需要综合考虑产品在再制造升级中的所有活动，力图在产品设计中体现产品在全寿命周期范围内，与再制造升级相关的技术性、经济性和环境协调性的有效统一。例如升级性设计要求产品设计者、企业决策者、再制造专家、技术预测专家、环境分析专家等组成开发团队进行综合考虑，其中，考虑的因素涉及材料、生产设备、零部件供应与约束、产品制造、装配、运输销售、使用维护、再制造流程、技术发展等寿命周期和再制造的各个阶段。

产品再制造升级性是表征产品再制造升级能力的属性，但因其具备的设计与再制造升级的时间跨度、设计指标的不确定性、技术发展的快速性和多变性等特点，都为再制造升级性设计与量化评价带来了难题，使得目前产品设计中大多没有考虑产品的再制造升级性，造成了产品的再制造升级难度大，效益较低。因此，需要通过研究产品再制造升级性特征，构建设计与评价手段，来促进再制造升级性设计与评价的工程应用。再制造升级性设计需要重点开展的研究包括：

一是要研究产品设计中的再制造升级性指标论证、再制造升级性指标解析与分配、再制造升级性指标验证等技术方法，为提高产品再制造升级性设计与验证技术的应用水平及应用方法提供技术支撑，构建产品再制造升级性设计的标准化程序。

二是要研究再制造升级性具有的不确定性，并根据再制造升级技术、生产设备及产品本身服役性能特征来建立多因素的产品再制造升级性评价技术方法与手段，为产品再制造升级生产决策提供直接依据。

三是开展面向产品未来性能预测的主动再制造升级性设计方法研究，解决再制造升级过程中的系统决策及信息管理问题，构建面向产品发展的全过程再制造升级性设计方法平台。

2.4.2 基于 QFD 的产品再制造升级需求评价技术

1. 基于 QFD 的再制造升级需求预测

质量功能展开（Quality Function Deployment，QFD），也就是质量屋（House of Quality，HOQ）形式的信息模型，被用来将用户需求（CRs）转化为设计需求（DRs），于 20 世纪 60 年代末起源于日本，并被三菱重工的神户造船厂成功地应用于船舶设计与制造中，之后被丰田等公司广泛采用，是一种定量地实现顾客满意、取得竞争优势的强有力工具。再制造升级需求预测可以借助 QFD，及时收集“顾客的声音”，了解顾客对再制造升级产品的需求并将其转化为再制造升级产品所具有的工程特性，力求使再制造升级后的产品在市场上取得竞争优势。质量屋结构化方法，首先对产品工作环境、服役状况等进行综合分析，确定对旧品进行再制造升级的必要性；根据综合效益情况，从总体上把握再制造升级实施的基本思路；在此基础上，采用过程-功能映射、质量功能部署及仿真等论证方法，针对已获取的资料信息，从结构化、系统化的角度来归纳、总结、预测产品升级后的使用性能；以此进行决策，确定方案排序、性能之间关系及性能指标。基于质量屋的产品再制造升级需求预测与决策过程如图 2-4 所示。

1）综合分析。根据对旧品现况、使用需求、服役环境、工作条件、技术现状的综合分析，确定旧品再制造升级的基本思路。

2）过程-功能映射。根据产品系统的服役性能需求，采用过程-功能映射技术获取产品的实际使用性能或功能指标。即分析产品使用即将面临的是什么样的工作过程，在工作过程中，怎样才能保证满足使用要求。

3）质量功能展开。QFD 的核心是质量屋的组建和分析。质量屋是一个结构化的交流工具，它领先质量关系矩阵，将产品使用需求用图形的形式表达出来并体系化，揭示它们与产品质量之间的关系。产品使用需求质量屋一般由以下 7 个部分组成：

① 升级后产品服役要求。该要求来自于对升级后产品任务剖面及服役使用

分析，它作为已知部分，是质量屋的输入。

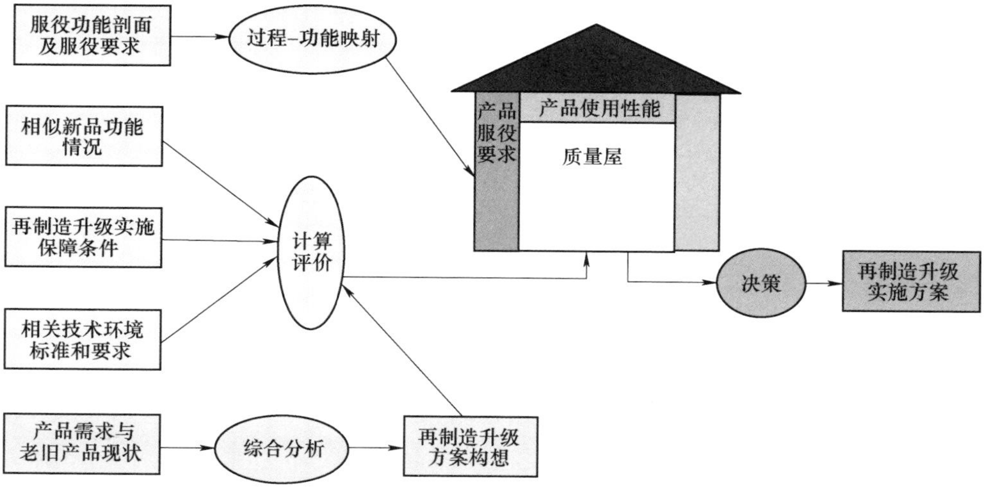

图 2-4　基于质量屋的产品再制造升级需求预测与决策过程

② 产品使用性能。升级后产品使用性能是需求分析人员经分析得出的，是满足产品服役要求的具体体现手段。

③ 产品服役要求的重要性。这是指各种使用要求对于产品服役的重要程度，为产品的性能质量定性、定量要求指出了重点及重要程度排序。

④ 评价矩阵。该矩阵通过对现有旧品的分析，来评价将要升级后的产品。矩阵中包括对于产品结构或模块所需的改进以及每个服役功能要求的得分。

⑤ 服役要求与使用性能之间的关系矩阵。该矩阵中的数值表示产品使用性能对各个服役功能要求的贡献和影响程度。

⑥ 使用性能中各性能之间的关系矩阵。该矩阵用来表示升级后产品使用性能之间的相互影响程度。

⑦ 目标值矩阵。该矩阵用来表示需求分析的结论，它集中体现了质量屋中各因素对使用性能的影响结构。

QFD 结构化论证方法体现了多学科的综合，需要涉及不同领域的人员共同完成，分别对再制造升级产品的升级参数及方案提出论证意见，并且根据再制造升级实施单位及用户的约束，将需求转化为升级后的性能参数，并进而映射出再制造实施过程。

2. 再制造升级产品需求特性评价质量屋构建

通常用户对旧品的再制造升级具有多重升级功能需求，但基于产品本身结构、工况、技术发展、费用、环境等外界情况，一般无法满足用户对产品升级的全部需求，因此，需要建立针对升级产品需求的重要度评价。根据 QFD 的应用方法及相关文献的内容，可以构建基于质量屋的产品升级需要性能重要度的评价方法，并按照重要程度对需求性能特性进行排序，明确升级性能的改进顺序，从而保证再制造升级产品需要性能特性最大程度满足用户要求。基于 QFD 的方法，按照一定的工作程序一步一步地实现“升级需求”和“评价指标”之间的映射，构建再制造升级产品需求性能特性评价质量屋，计算质量屋中诸如系统功能、可靠性、维修性、精度、寿命、成本、资源和环境等需求特性的重要度，指导实施再制造升级重点提升的需求特性，如图 2-5 所示。

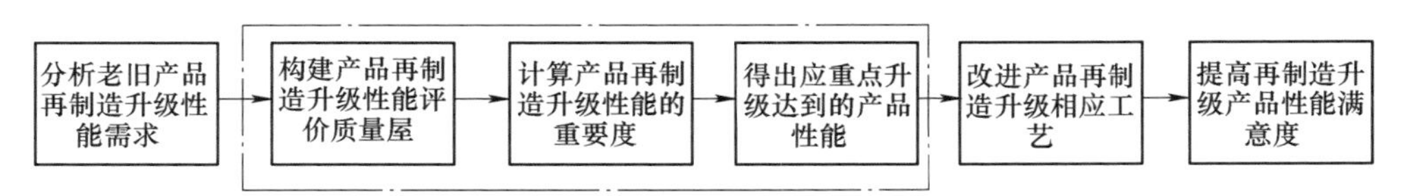

图 2-5　产品再制造升级需求性能重要度评价流程

构建再制造升级产品性能质量特性评价质量屋的步骤如下：

1）获取用户对升级产品性能需求的重要度排序。通过市场调研，获得用户对再制造升级产品性能的需求，并对性能需求的重要程度进行排序，大致划分为五层：非常高（VH）、高（H）、中等（M）、低（L）和非常低（VL）。不同的层次可以用一定的分数表示，如非常高为 9 分，高为 7 分，中等为 5 分，低为 3 分，非常低为 1 分，见表 2-11。

表 2-11　对产品升级后性能需求的重要度

自然语言值	非常高（VH）	高（H）	中等（M）	低（L）	非常低（VL）
对应分数	9	7	5	3	1

2）确定再制造升级产品性能质量特性。一个升级后产品的需求性能可能对应几个性能特性，一个性能特性也可同时对应几项用户需求。

3）表达产品再制造升级性能质量特性的相互关系。它们相互之间的关系可以有以下几种形式：正相关、不相关和负相关。当一个产品性能质量特性变化时，另一个性能质量特性也跟着同向变化，则称为正相关，反之为负相关。该关系可进一步细分为正强相关、正弱相关、负强相关和负弱相关。其对应分数及图形表示方法见表 2-12。

表 2-12　性能质量特性自相关矩阵

自然语言值	负强相关（#）	负弱相关（×）	正弱相关（○）	正强相关（●）
对应分数	-0.3	-0.1	0.1	0.3

4）表示产品性能质量特性和用户性能需求之间的关系。这种关系也可分为三种形式：强相关、中等相关和弱相关。其对应的分数及图形表示方法见表 2-13。

表 2-13 性能质量特性和性能需求相关矩阵

自然语言值	弱相关（▽）	中等相关（▲）	强相关（☆）
对应分数	1	3	9

5）计算各性能质量特性的相对权重和绝对权重。按照上述步骤，构建的产品再制造升级性能质量特性评价质量屋如图 2-6 所示。其中，第①部分反映了用户对产品升级性能的需求及其重要度 v_i（VH、H、M、L 和 VL）；第②部分反映了产品再制造升级后的性能质量特性；第③部分反映了各个性能质量特性间的相互关系，用符号表示；第⑤部分表示计算出的各性能质量特性的绝对权重 ww_j 和相对权重 w_j。

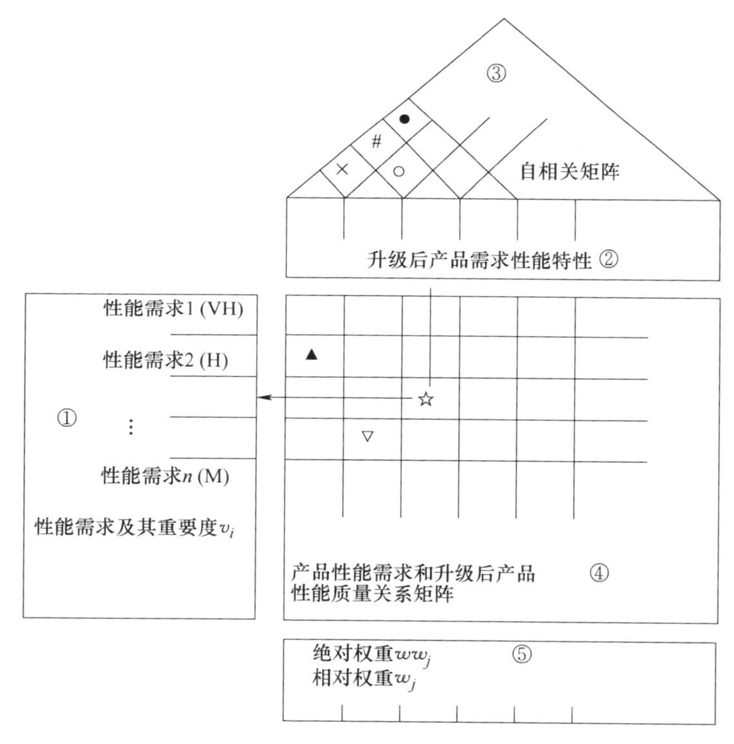

图 2-6 升级产品需求性能特性评价质量屋

3. 产品再制造升级性能需求特性的重要度计算

根据用户对再制造升级产品的需求重要度、再制造升级产品性能需求特性与用户对性能需求的相关关系、再制造升级产品性能需求特性的自相关关系，需要计算再制造升级产品性能需求特性的绝对权重和相对权重，将绝对权重总和进行归一化，得到相对权重，即产品再制造升级性能需求特性重要度。计算步骤如下：

1）计算产品再制造升级性能需求特性的权重重要度 w_j。计算产品再制造升级需求特性与用户对产品性能需求相关程度 r_{ij}和用户需求重要度 v_i乘积的总和，即得到产品再制造升级性能需求特性的权重重要度 w_j为

$$w_j = \sum_{i=1}^{m} (r_{ij} v_i) \tag{2-22}$$

式中，w_j为产品再制造升级性能需求特性的权重重要度；r_{ij}为用户对升级的第 i 个性能需求和第 j 个性能需求特性的相关程度；v_i为用户需求的重要度；m 为用户需求的个数。

2）根据再制造升级产品性能需求特性的自相关关系，计算绝对权重。

升级性能需求特性间的相互关系在一定程度上反映其重要度，一个升级性能需求特性所影响的需求特性越多、越重要，其重要程度也越大，相应的绝对权重值也就越大。绝对权重 ww_j为

$$ww_j = w_j + \sum_{i=1, i \neq j}^{n} w_t \mid u_{ij} \mid \tag{2-23}$$

式中，ww_j为考虑自相关关系时评价指标绝对权重值；u_{ij}为需求特性间的相互关系值；w_j、w_t为需求特性的权重重要度；n 为需求特性的个数。

3）计算再制造升级产品需求特性相对权重，即需求特性的重要度。

将需求特性的绝对权重进行归一化处理，即得到相对权重 w_j为

$$w_j = \frac{ww_j}{\sum_{j=1}^{n} ww_j} \times 100\% \tag{2-24}$$

4）对再制造升级产品的需求特性进行评价。

按照计算出的重要度大小对需求特性进行排序，重要度越大，需求特性越重要，以此可得到相对重要的需求特性，为产品再制造升级设计及各个工艺的改进提供数据参考，保证再制造升级产品需求性能的提高。

4. 基于 QFD 的机床数控化再制造升级需求重要度评价

在老旧机床进行再制造升级前，首先需要了解其升级后性能的需求程度，通过制定科学的再制造升级方案，来满足重要度最高的项目。按照基于 QFD 的再制造升级产品需求特性评价方法，可以机床再制造升级为例计算各用户对待升级产品的各性能需求重要度。首先构建机床再制造升级需求特性评价质量屋。

1）获取用户要求的重要度排序。经过专家分析，质量屋中用户需求包括：数控化（VH）、精度高（VH）、噪声低（VH）、价格适中（H）、可靠度高

（VH）、环境污染小（M）、维修方便（H）、振动小（H）、安全性能高（VH）。

2）列出再制造升级产品需求特性。根据用户需求调查，对应的再制造升级产品的需求特性包括：机床的数控性能、可靠性、机械振动、运动配合、耐磨性、售后服务、耐蚀性、噪声、能源消耗、成本、摩擦副间隙等方面应达到或超过原型新机床。

经过分析，用户需求重要性、质量特性间的相互关系以及需求特性与用户需求间关系如图 2-7 所示。

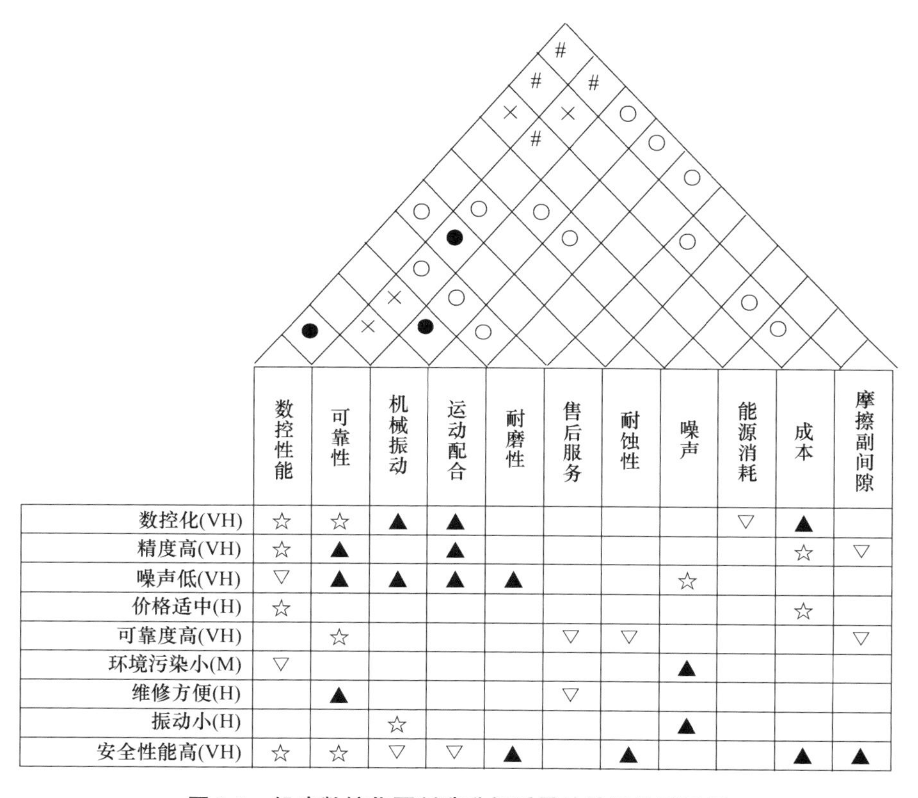

	数控性能	可靠性	机械振动	运动配合	耐磨性	售后服务	耐蚀性	噪声	能源消耗	成本	摩擦副间隙
数控化(VH)	☆	☆	▲	▲					▽	▲	
精度高(VH)	☆	▲		▲						☆	▽
噪声低(VH)	▽	▲	▲	▲	▲			☆			
价格适中(H)	☆									☆	
可靠度高(VH)		☆				▽	▽				▽
环境污染小(M)	▽							▲			
维修方便(H)		▲				▽					
振动小(H)			☆					▲			
安全性能高(VH)	☆	☆	▽	▽	▲		▲			▲	▲

图 2-7 机床数控化再制造升级质量特性评价质量屋

根据上述信息，计算各需求特性的绝对权重 ww_j 和相对权重 w_j。

1）基于用户需求程度和需求特性之间的关系，根据式（2-22）计算升级产品各需求特性的权重重要度。

$w_1 = 9 \times 9 + 9 \times 9 + 9 \times 1 + 7 \times 9 + 5 \times 1 + 9 \times 9 = 320$

$w_2 = 9 \times 9 + 9 \times 3 + 9 \times 3 + 9 \times 9 + 7 \times 3 + 9 \times 9 = 318$

$w_3 = 9 \times 3 + 9 \times 3 + 7 \times 9 + 9 \times 1 = 126$

$w_4 = 9 \times 3 + 9 \times 3 + 9 \times 3 + 9 \times 1 = 90$

$w_5 = 9 \times 3 + 9 \times 3 = 54$

$w_6 = 9 \times 1 + 7 \times 1 = 16$

$w_7 = 9 \times 1 + 9 \times 3 = 36$

$w_8 = 9 \times 9 + 5 \times 3 + 7 \times 3 = 117$

$w_9 = 9 \times 1 = 9$

$w_{10} = 9 \times 3 + 9 \times 9 + 7 \times 9 + 9 \times 3 = 198$

$w_{11} = 9 \times 1 + 9 \times 1 + 9 \times 3 = 45$

2）结合各需求特性的自相关关系，根据式（2-23）分别计算其绝对权重 ww_j。

$$ww_1 = 320 + 318 \times 0.3 + 16 \times 0.1 + 9 \times |-0.1| + 198 \times |-0.3| + 45 \times |-0.3| = 491.1$$

$$ww_2 = 318 + 320 \times 0.3 + 126 \times |-0.1| + 90 \times |-0.1| + 54 \times 0.1 + 16 \times 0.3 + 36 \times 0.1 + 9 \times |-0.3| + 198 \times |-0.1| + 45 \times |-0.3| = 318 + 96 + 12.6 + 9 + 5.4 + 4.8 + 3.6 + 2.7 + 19.8 + 13.5 = 485.4$$

$$ww_3 = 126 + 318 \times |-0.1| + 90 \times 0.3 + 54 \times 0.1 + 117 \times 0.1 + 45 \times 0.1 = 206.4$$

$$ww_4 = 90 + 318 \times |-0.1| + 126 \times 0.3 + 54 \times 0.1 + 117 \times 0.1 + 45 \times 0.1 = 181.2$$

$$ww_5 = 54 + 318 \times 0.1 + 126 \times 0.1 + 90 \times 0.1 + 45 \times 0.1 = 111.9$$

$$ww_6 = 16 + 320 \times 0.1 + 318 \times 0.3 + 198 \times 0.1 = 48 + 95.4 + 19.8 = 163.2$$

$$ww_7 = 36 + 318 \times 0.1 = 67.8$$

$$ww_8 = 117 + 126 \times 0.1 + 90 \times 0.3 = 156.6$$

$$ww_9 = 9 + 320 \times |-0.1| + 318 \times |-0.3| + 198 \times 0.1 = 156.2$$

$$ww_{10} = 198 + 320 \times |-0.3| + 318 \times |-0.1| + 16 \times 0.1 + 117 \times 0.1 + 9 \times 0.1 = 339.4$$

$$ww_{11} = 45 + 320 \times |-0.3| + 318 \times |-0.3| + 126 \times 0.1 + 90 \times 0.1 + 54 \times 0.1 = 263.4$$

$$ww_0 = ww_1 + ww_2 + ww_3 + ww_4 + ww_5 + ww_6 + ww_7 + ww_8 + ww_9 + ww_{10} + ww_{11} = 2622.6$$

3）根据式（2-24）计算各升级需求特性的相对权重 w_j，即重要度。

$w_1 = ww_1/ww_0 \times 100\% = 491.1/2622.6 \times 100\% = 0.1872 = 18.72\%$

$w_2 = ww_2/ww_0 \times 100\% = 485.4/2622.6 \times 100\% = 0.1851 = 18.51\%$

$w_3 = ww_3/ww_0 \times 100\% = 206.4/2622.6 \times 100\% = 0.0787 = 7.87\%$

$w_4 = ww_4/ww_0 \times 100\% = 181.2/2622.6 \times 100\% = 0.0690 = 6.90\%$

$w_5 = ww_5/ww_0 \times 100\% = 111.9/2622.6 \times 100\% = 0.0427 = 4.27\%$

$w_6 = ww_6/ww_0 \times 100\% = 163.2/2622.6 \times 100\% = 0.0654 = 6.22\%$

$w_7 = ww_7/ww_0 \times 100\% = 67.8/2622.6 \times 100\% = 0.0259 = 2.59\%$

$w_8 = ww_8/ww_0 \times 100\% = 156.6/2622.6 \times 100\% = 0.0597 = 5.97\%$

$w_9 = ww_9/ww_0 \times 100\% = 156.2/2622.6 \times 100\% = 0.0596 = 5.96\%$

$w_{10} = ww_{10}/ww_0 \times 100\% = 339.4/2622.6 \times 100\% = 0.1294 = 12.94\%$

$w_{11} = ww_{11}/ww_0 \times 100\% = 263.4/2622.6 \times 100\% = 0.1004 = 10.04\%$

4）评价机床数控化再制造产品重要的需求特性。将计算出的需求特性的重要度按照从大到小进行排序：$w_1 > w_2 > w_{10} > w_{11} > w_3 > w_4 > w_6 > w_8 > w_9 > w_5 > w_7$。重要度越高，需求特性越重要，可得到相对重要的升级需求特性，即老旧机床在再制造升级中，需要按以下顺序考虑其升级的性能：数控加工性能 > 可靠性 > 成本 > 摩擦副间隙 > 机械振动 > 运动配合 > 售后服务 > 噪声 > 能源消耗 > 耐磨性 > 耐蚀性。

根据以上评价结果，可知老旧机床再制造升级要优先依次满足用户对机床数控加工性能、可靠性和升级成本的性能要求，并以此为依据进行再制造升级技术方案制定。

2.4.3 再制造升级性模块化设计方法

面向再制造升级的产品设计需要同时解决这样一些难题：使产品在设计之初，就采用发展的观点，全面考虑该产品在其多寿命周期内的技术性能发展的属性，并在零部件的重复使用性的基础上，无论所选用材料还是产品的结构、连接方法设计都能方便其日后的维修、升级，以及产品废弃后的拆解、回收和处理，同时保证与环境有更好的协调性，实现最优化的再制造升级方式。显然，原有的传统设计方法不能满足这些要求。面向再制造升级的绿色模块化设计方法正是在这种需求下提出来的，绿色模块化设计是提高产品再制造升级性的有效技术方法。

1. 基本概念

模块是模块化产品的基本元素，是一种实体的概念，可以把模块定义为一组同时具有相同功能和相同结合要素，具有不同性能或用途甚至不同结构特征，但能互换的单元。模块化一般是指使用模块的概念对产品或系统进行规划设计和生产组织。模块是产品的子结构，它与产品的功能元素子集有一一对应的关系。产品的模块化设计是在产品设计时，根据原材料属性、产品的结构，以及日后的使用功能、升级、维修，废弃后的回收、拆卸等因素，在对一定范围内的不同功能或相同功能不同性能、不同规格的产品进行功能结构分析的基础上，划分并设计出一系列模块，通过模块的选择和组合可以构成不同的产品，以满足市场不同需求的设计方法。产品的模块化设计可以实现把离散的零件聚合成模块产品的模块化设计，既可以在产品生产时大批量生产模块化的半成品，降低生产成木，获得规模效应，又可以根据用户的个性化需要，将不同功能的模块进行组合，提高产品对市场差异化需求的响应能力。

面向再制造升级的模块化设计方法是将模块化设计和再制造设计进行有机结合，运用于产品的再制造升级性设计阶段中，使产品同时满足易于拆解和装配、易于修复和升级、环境友好性等再制造升级性的指标，着重要求在模块化设计时，考虑产品的再制造升级性，让产品在寿命末端回收之后，能容易地拆卸为不同的模块，并能够快速用新模块进行替换，实现性能升级和资源的回收利用。这种设计方法是一种顺应时代发展的崭新的设计方法，有助于实现制造业的可持续发展。

2. 面向再制造升级的产品模块化设计优点

1）能有效提高产品的易拆解和装配性。再制造加工过程包括前期对回收产品的拆解环节，和后期将再制造后的零部件装配为再制造成品的环节，所以，面向再制造的产品设计一定要考虑零部件的易拆解和装配性，这既影响再制造过程的效率，又影响再制造产品的质量。

再制造的拆解不同于以材料回收为目的的再循环，需要确保拆解过程中尽可能少地损坏零部件。因此，产品结构设计，连接件的数量和类型，以及拆解深度的选择成为面向再制造的产品设计的重点内容。不同的产品结构将导致不同的拆解方法和拆解难度，常见的拆解方法有两种：有损拆解和无损拆解。常见的有损拆解是机械裂解或粉碎。机械产品中常见的连接方式有四种：可拆解连接、活动连接、半永久性连接和永久性连接。前两种连接一般都可以拆解，第四种连接则只能采用有损拆解的方法进行拆解。

产品结构设计时应改变传统的连接方式，零部件之间尽量不采用焊接或粘接的连接方式，而代之以易于拆解的连接方式。扣压和螺钉的方式便于拆解，前者较后者又更容易拆解、更省时。连接件方面，卡式接头和插入式接头更容易拆解和装配，已经有越来越多的企业在产品设计时就采取了这些类型的连接方式。尤其是一些易损零件，由于更换次数较多，在设计其安装结构时就考虑其易拆解性，较多采用插入式结构设计、标准化插口设计等。如计算机主板上的插槽与上面插装线路板的连接方式。

采用绿色模块化设计既能明显简化产品结构，又能大量减少连接件的数量和类型，大大提高产品的易拆解和装配性，并减少产品的破损率，提高产品的拆卸和装配效率。

2）有助于提升产品的易分类性。同一台机器上往往有钢、铁、铝、铜、塑料、木材等不同的材料，它们的表面常常有油漆覆盖，不易区分，应加强标识，便于拆卸和分类存放。同一材质、不同形状和尺寸的零部件，由于加工方式或使用加工机床的不同，也要进行标识和分类，提高总的再制造效率。

采用绿色模块化设计有助于大量减少零部件的数量和种类，使拆解后的零部件更易于分类和识别，将使再制造生产加工时间大为缩短。

3）能显著提升产品的易修复性和升级性。再制造工程包括再制造加工和过时产品的性能升级。前者主要针对报废的产品，把有剩余寿命的废旧零部件作为再制造毛坯，采用表面工程等先进技术使其性能恢复，甚至超过新品；后者对过时的产品通过技术改造改善产品的技术性能，使原产品能跟上时代的要求，所以，对原制造品进行修复和技术升级是再制造过程中的一个重要部分。

实施绿色模块化设计，可以采用易于替换的标准化零部件和可以改造的产品结构并预留模块接口，以备升级之需，在必要时即可通过模块替换或增加模块实现产品修复或升级，减少拆解中的破损，增强再制造加工和产品升级改造的效率。

3. 易于再制造升级产品的模块化特征

再制造升级产品是一个由若干零件、部件、装置，按一定规律和结构形式组成的具有特定功能的复杂系统。作为一个系统，再制造升级产品具有以下基本特性：整体性、相关性、目的性、结构的层次性。对再制造升级产品进行模块化设计正是基于上述特点，按照功能分解原理对结构或系统进行模块的划分和组合。但是由于再制造升级产品的产品结构具有与一般产品不同的特点，其同时具有大量的设备功能模块和结构模块，产品族体系的构成特点与一般产品也不同，因而对其进行模块化设计的难度很大。这主要体现在以下两个方面：

1）设备功能模块规格和变形结构系列化特性明显。这类模块一般具有较为固定的结构形式，其功能和结构易于分解，且结构主参数的分级特性较为明显，因而易于进行模块的划分和产品系列规划。如不同类型汽车的系统功能模块，可以根据主参数进行产品的系列化规划，采用标准尺寸和接口，实现设备、系统的模块化。

2）结构模块无明显的系列化特性。这类模块的结构主参数主要由载荷和使用工况决定，模块结构易于分解，但模块规格难于进行系列化分级，结构模块的通用性不强，属于生产模块设计范畴。这类模块如船体结构、海洋平台等。

由于模块化设计从功能和结构的角度认识产品，原则上再制造升级产品的两种模块都可以用模块化技术进行设计，但现有的模块化设计技术主要适用于设备功能模块的设计，在概念和手段上还不足以支持大型装配结构的模块化设计实施，在实施结构模块的设计时需要新的理论来指导。

4. 面向再制造升级的模块化设计原则

根据再制造升级的特点，产品模块的划分应该遵循以下原则：

1）技术集成原则。采用易于替换的标准化零部件和可以改造的结构并预留模块接口，增加再制造升级的便利性，从而通过模块替换或者增加模块升级再制造产品。

2）寿命集成原则。对于由多种零部件组成的产品来讲，各个零部件的寿命都不可能相同。当产品整体报废以后，有些零部件已经到达其服役寿命，只能进行材料回收或废弃，但仍有相当多的零件还有足够的寿命来继续工作，甚至比整个产品的寿命周期长数倍。倘若不同寿命的零部件不加分类地被混合装配在一起，在产品再制造升级中就必须对其进行深度拆解，这将大大降低再制造升级的效率。而采用寿命集成模块化的产品，在再制造时只需对产品进行简单的拆解，就可以把不能继续使用的零件拆除并替换。

3）材料集成原则。材料相容性原则，减少有害材料使用，减少使用材料的种类等设计原则在面向再制造的设计中占有重要地位。例如，将具有相同特性材料的零件集中设计，在再制造过程中，这类材料的零件可以被一起清洗和进行化学或物理处理，而不会发生相互腐蚀等情况。

4）诊断和检测集成原则。在产品服役周期内，有一些零部件在整个寿命周期中失效的可能性都很小，因此并非需要对每一个废旧零件进行诊断和检测。可根据产品零件在产品报废以后是否需要检测，将其分别集成在不同的模块，从而可以大大减少拆解的工作量，提高产品的检测效率和效果。

5. 面向再制造升级的模块化设计过程

在进行产品的再制造升级性设计时要包含产品材料的合理性、易运输装卸性、易拆解和装配性、易于分类性、易清洗性、易修复和升级性。面向再制造升级的绿色模块化设计方法将绿色设计和模块化设计进行了有机结合，其具体实现步骤归纳如下：

1）进行用户需求分析。面向再制造升级的绿色模块化设计活动首先从分析用户对产品的需求开始。在调查了解用户对产品可能存在的升级后功能、使用寿命、价格、需求量、升级性能等具体要求后，考虑该产品采用绿色模块化设计的可行性，如果经过分析，在满足环境属性的前提下用户对该产品的要求均可满足，则该产品的绿色模块化设计的可行性获得通过，面向再制造升级的绿色模块化设计活动可以进入下一环节。

2）选取合理的产品参数定义范围。面向再制造升级的绿色模块化设计活动的第二步，是选取合理的产品参数定义范围。通常，产品参数分为三类，即动力参数、运动参数和尺寸参数。合理地选取产品的参数定义范围十分重要。如果参数定义范围过高，将造成能源和资源等的浪费，有悖于绿色设计的思想；如果参数定义范围过低，又满足不了用户需求。通常的做法是先定义主参数，然后在参数满足用户需求的基础上实现尽可能高的绿色化和模块化，易于进行再制造升级。

3）确定合理的产品系列型谱。面向再制造升级的绿色模块化设计活动的第三步，是系列型谱的制定，即合理确定绿色模块化设计的产品种类和规格型号，进行必要的技术发展预测。型谱过大过小都不好，如果型谱过大，则产品规格众多，市场适应能力强，环境属性好，模块通用程度高，但工作量也相应增大，人力资源能耗大，成本上升，总体来说效果并不好；反之，则又会走向另一个极端，效果也不好，因此，产品系列型谱的制定至关重要。

4）产品的模块划分与选择。面向再制造升级的绿色模块化设计的第四步是进行模块的划分与选择，这是再制造升级模块化设计的关键，是模块化方法最重要的内容。通常根据产品的功能，将其分为基本功能、次要功能、特殊功能和适应功能等，然后划分相应的模块。模块的划分使得产品的设计过程思路清晰，并有利于产品报废退役后的零部件回收、重新利用或升级换代。

5）绿色模块的组合。面向再制造升级的绿色模块化设计活动的第五步，是模块的组合。划分完模块后，将这些模块按照直接组合、集装式组合或改装后组合等方法组合成系统。组合时要考虑今后的易拆解性、不易损坏性及产品的节能省时等环境友好性特征。

6）对设计好的产品进行分析校验。面向再制造升级的绿色模块化设计活动的第六步，是用机械零件设计软件包、优化设计软件包、有限元软件包等现代设计工具对设计好的产品进行分析、计算和校验，如果分析校验不合要求，就要回到模块选择步骤上进行修改、完善，重新整合模块，直至产品符合要求。

7）产品设计的绿色度与模块度指标评价。面向再制造升级的绿色模块化设计活动的最后步骤，是采用层次分析法（AHP）及模糊综合评价法等数学工具对产品再制造升级设计的绿色度和模块度指标进行计算及评价，再根据计算结果对产品的有关参数加以调整或进行重新设计。

2.5 再制造设计创新发展

2.5.1 再制造设计理论创新发展

再制造在产品寿命周期中的应用，对产品的自身发展模式和内容带来了深刻的变化和影响，一是改变了传统的产品单寿命周期服役模式，二是新增加了产品设计阶段的再制造属性的设计，三是再制造生产过程是一个全新的过程，三者都需要通过再制造设计的理论创新来进行系统考虑。

1. 基于再制造的产品多寿命周期设计理论

传统的产品报废后，就终止了它的寿命周期，属于单寿命周期的产品使用。通过对废旧产品的再制造，可以从总体上实现产品整体的再次循环使用，进而通过产品的多次再制造来实现产品的多寿命服役周期使用。产品的多寿命周期使用是一种全新的产品服役模式，相对于传统的单寿命周期服役模式，存在着许多不同的设计要求。因此，再制造设计需要在产品研发的初次设计中，就考虑产品的多次再制造能力，建立基于再制造的产品多寿命周期理论，综合考虑产品功能属性的可持续发展性、关键零部件的多寿命服役性能或损伤形式的可恢复性，解决产品多寿命周期中的综合评价问题，形成基于再制造的产品最优化服役策略。

2. 产品再制造性设计与评价理论

传统的产品设计主要考虑产品的可靠性、维修性、测试性等设计属性，而为了提高产品末端时易于再制造的能力，需要综合设计产品的再制造性，即在产品设计阶段就需要面向再制造的全过程进行产品属性设计，并及时对设计指标进行评价和验证，提升产品的再制造能力和再制造效率。因此，需要基于产品属性设计的相关理论与方法，建立新产品设计时其再制造性设计与评价理论，形成提升新产品再制造性的设计准则、流程步骤与应用方法。

3. 产品再制造系统设计理论

传统产品的寿命周期包括“设计－制造－使用－报废”，是一个开环的服役过程，而再制造实现了废旧产品个体的再利用，是传统产品寿命周期中未有的全新内容，需要对其生产过程进行系统考虑。废旧产品再制造系统过程包括废旧产品的回收、再制造产品的生产和销售使用三个阶段，是一项系统工程，需要采用工程设计的理论方法，综合设计优化废旧产品的逆向物流、生产方案、产品销售及售后服务模式等，形成最佳的再制造生产保障资源配置方案和再制造生产模式。因此，需要从产品再制造的全系统工程角度进行考虑，综合采用工程设计相关理论与方法，建立面向产品再制造的系统设计理论，形成再制造系统优化设计的方法与步骤。

2.5.2 再制造设计技术创新发展

1. 面向再制造的产品材料创新设计方法

再制造要求能够实现产品的多寿命周期使用，而产品零部件材料在服役中保持性能稳定性是产品实现多寿命周期使用的基础。因此，产品材料的创新设计是面向再制造需要重点考虑的内容，包括以下几个方面：

1）面向再制造的材料长寿命设计。传统的产品材料设计以满足产品的单寿命使用要求为准则，而再制造要实现产品的多寿命周期，需要设计时根据产品的功能属性、零部件服役环境及失效形式，综合设计关键核心件的使用寿命，选用满足多寿命周期服役性能的材料，或者选用的零部件材料在单寿命周期服役失效后便于进行失效恢复。

2）面向再制造的绿色材料设计。再制造目标是实现资源的最大化利用和环境保护，要求在面向再制造进行材料设计时，需要综合考虑选用绿色材料，即在产品多寿命服役过程中或者在再制造过程中，尽量选用对环境无污染、易于资源化再利用或无害化环保处理的材料，促进产品与社会、资源、生态的和谐性。

3）面向再制造的材料反演设计。传统的产品材料设计是由材料性能决定产品功能的正向设计模式，而再制造加工主要是针对失效零件开展的修复工作，首先是根据产品服役性能要求进行材料失效分析，推演出应具有的材料组织结构和成分，其次是选用合适的加工工艺将失效部件修复的过程。通过由服役性能向组织结构、材料成分和再制造加工工艺的反演过程，可以通过再制造关键工艺过程中的材料选择，来改进原产品设计中的材料选择缺陷，实现产品零部件材料性能的改进和服役性能的提升。

4）面向再制造的材料智能化设计。针对产品服役全过程零部件的多模式损伤形式及其损伤时间的不确定性，可以采用材料的智能化设计技术，例如，在材料中通过添加微胶囊来自动感知零件运行过程中产生的微裂纹，并通过释放相应元素来实现裂纹的自愈合，从而实现零件损伤的原位智能不解体恢复，实现面向产品服役过程中的在线再制造。

5）面向再制造的材料个性化设计。产品服役过程中环境条件的变化决定了再制造产品及其零部件损伤的多样化，因此，对于相同的零件其不同的损伤及服役状况，对其材料需要进行个性化设计，减少产品末端时零部件的损伤率。例如，采用个性化的材料来避免不同服役环境下的零部件失效；通过个性化的再制造材料选用可以满足不同形式损伤件服役性能的个性化修复需求。

2. 面向再制造的产品结构创新设计方法

产品再制造生产能力的提高依赖于其结构的诸多特有要求，满足其生产过程中的拆解、清洗、恢复、升级、物流等要求，重点包括以下几个方面：

1）产品结构的易拆解性设计。废旧产品的拆解是产品再制造的首要步骤，通过设计产品的拆解性，可以实现产品的无损和自动化拆解，显著提高老旧产品零件的再利用率和生产效益。而产品的易拆解性与产品的结构密切相关，因此，在新产品设计时，尽量采用可实现无损拆解的产品结构，进行模块化和标准化设计，并在拆解时设计支撑和定位的结构，便于进行产品→部件→组件→零件的拆解过程，实现产品易于拆解的能力。

2）产品结构的易清洗性设计。废旧零件清洗是再制造的重要步骤，也是决定再制造产品质量的重要因素，但通常设计的一些异形面或管路等复杂结构，会造成清洗难度大，费用高，清洁度低。因此，在产品设计时，需要进行易于清洗的产品结构和材料设计，要尽量减少不利于清洗的异形面，例如，减少不易于清洗的管状结构、复杂曲面结构等，有效保证再制造产品质量。

3）产品结构的易恢复性设计。产品零部件在服役过程中将可能存在着各种形式的损伤，其结构的损伤能否恢复，决定着产品的再制造率和再制造能力，因此在进行产品结构设计时，需要预测其结构损伤失效模式，并不断改进结构形式，尽量避免产品零部件的结构性损伤，并在一旦形成损伤的情况下，能够提供便于恢复加工的定位支撑结构，实现零部件结构损伤的可恢复。

4）产品结构的易升级性设计。当前技术发展速度很快，出现了越来越多因功能落后而退役的产品，实现功能退役的产品再制造需要采用再制造升级的方式，即在恢复性能的同时，通过结构改造增加新的功能模块。因此，在产品设计时，需要预测产品末端时的功能发展，采用易于改造的结构设计，便于末端时进行结构改造，嵌入新模块而提升性能。

5）产品结构的易运输性设计。产品再制造的前提是实现老旧产品的收集并便于运输到再制造生产地点，并在生产过程中能够方便地在各工位进行转换。因此，在产品结构设计时，要尽量减小产品体积，提供产品或零部件易于运输的支撑结构，避免在运输过程中有易于损坏的凸出部位等。同时还要考虑产品零部件在再制造加工中各工位转换及储存时的运输性。

3. 面向再制造的产品生产创新设计方法

再制造生产包括拆解、清洗、检测、分类、加工、装配、测试等诸多工艺过程，需要综合进行全生产工程要素考虑来提升再制造效益，主要包括以下内容：

1）再制造零部件分类设计。再制造分类是指对拆解后的废旧零件进行快速检测分类，先按照可直接利用、再制造利用、废弃分类，再将同类的零件进行存放或处理，快速简易的再制造分类能够显著提升再制造生产效率。因此，在产品设计中，需要增加零件结构外形等易于辨识的特征或标识，例如，通过在产品零部件上设计永久性标识或条码，可以实现产品零部件材料类别、服役时间、规格要求等信息的全寿命监控，便于对零件快速分类和性能检测。

2）绿色化再制造生产设计。产品再制造过程应属于绿色制造过程，需要减少再制造过程中的环境影响和资源消耗。因此，在再制造生产设计中，要尽量采用清洁能源和可再生材料，选用节能节材和环保的技术装备，优化应用高效绿色的再制造生产工艺，采用更加宜人的生产环境，使得再制造生产过程使用能源更少，产生污染更少，节约资源更多，促进再制造生产过程为绿色生产过程。

3）标准化再制造生产设计。再制造产品质量是再制造发展的核心，而保证再制造产品质量的管理基础是实现再制造生产的标准化。因此，通过完善建立再制造标准体系，设计实现再制造的标准化生产工艺流程，实现精益化的再制造生产过程，可以形成标准化的质量保证机制。

4）智能化再制造生产设计。当前制造业向着数字化网络化智能化方向发展，再制造属于先进制造的内容，因此，通过系统的再制造生产设计，在再制造过程中也需要不断推进数字化网络化技术设备应用，在再制造生产过程中采用更多的智能化、信息化、自动化生产和管理技术，实现智能化再制造生产，促进再制造效益的最大化。

参考文献

[1] 朱胜，姚巨坤．再制造设计理论及应用［M］．北京：机械工业出版社，2009.

[2] 朱胜，姚巨坤．再制造技术与工艺［M］．北京：机械工业出版社，2011.

[3] 姚巨坤，时小军．废旧产品再制造工艺与技术综述［J］．新技术新工艺，2009（1）：4-6.

[4] 姚巨坤，朱胜，时小军，等．再制造设计的创新理论与方法［J］．中国表面工程，2014，27（2）：1-5.

[5] 徐滨士．装备再制造工程［M］．北京：国防工业出版社，2013.

[6] 姚巨坤，朱胜，崔培枝．再制造管理：产品多寿命周期管理的重要环节［J］．科学技术与工程，2003，3（4）：374-378.

[7] 朱胜，姚巨坤．装备再制造设计及其内容体系［J］．中国表面工程，2011，24（4）：1-6.

[8] 姚巨坤，朱胜，崔培枝．面向再制造的产品设计体系研究［J］．新技术新工艺，2004（5）：22-24.

[9] 姚巨坤，朱胜，崔培枝．面向再制造全过程的再制造设计［J］．机械工程师，2004（1）：27-29.

[10] 朱胜，姚巨坤．装备再制造性工程的内涵研究［J］．中国表面工程，2006，19（5）：61-63.

[11] 朱胜，姚巨坤，时小军．装备再制造性工程及其发展［J］．装甲兵工程学院学报，2008，22（3）：67-69.

[12] 史佩京，徐滨士，刘世参，等．面向装备再制造工程的可拆卸性设计［J］．装甲兵工程学院学报，2007，21（5）：12-15.

[13] 姚巨坤，朱胜，何嘉武．装备再制造性分配研究［J］．装甲兵工程学院学报．2008，22（3）：70-73.

[14] 姚巨坤，朱胜，时小军．装备设计中的再制造性预计方法研究［J］．装甲兵工程学院学报，2009，23（3）：69-72.

第3章

绿色再制造拆装与清洗技术

3.1 概述

3.1.1 基本概念

拆装和清洗包括再制造中的废旧产品拆解和零部件清洗，是产品再制造过程中的重要工序，是对废旧产品及其零部件进行检测、再制造加工和再制造产品使用的前提，也是影响再制造质量、效率和效益的重要因素。

再制造拆解（Remanufacturing Disassembly）是指将再制造毛坯进行拆卸、解体的活动。再制造拆解技术是对废旧产品的拆解工艺过程中所用到的全部工艺技术与方法的统称。科学的再制造拆解工艺技术能够有效地保证再制造产品质量，提高旧件利用率，减少再制造生产时间和费用，提高再制造的环保效益。

再制造清洗（Remanufacturing Cleaning）是指借助清洗设备或清洗液，采用机械、物理、化学或电化学方法，去除废旧零部件表面附着的油脂、锈蚀、泥垢、积炭和其他污染物，使零部件表面达到检测分析、再制造加工及装配所要求的清洁度的过程。

再制造装配就是按再制造产品规定的技术要求和精度，将再制造拆解和加工后性能合格的零件、可直接利用的零件以及其他报废后更换的新零件组装成组件、由组件组装成部件、由部件组装成总成、最后组装成产品，并达到再制造产品所规定的精度和使用性能的整个工艺过程。由于产品的复杂程度不同，零件的组合情况不同，在再制造装配中，需要如产品制造装配一样，根据零件组合的特点，把机械的组成单元加以区分。

绿色再制造拆装与清洗要求在再制造拆装与清洗过程中，要有更高的生产效率，使用更少的资源，产生更少的环境污染，满足环境可持续发展要求。例如在再制造生产中，采用更多的无损拆解、物理清洗、自动化装配等。

3.1.2 作用地位

零部件的无损拆解和表面清洗质量直接影响零部件的分析检测、再制造加工及装配等工艺过程，进而影响再制造产品的成本、质量和性能。再制造拆解和清洗技术是进行再利用、再制造和循环处理的前提，对提高废旧零部件的利用率，提升再制造企业的市场竞争力具有重要意义，相关研究已成为当前再制造产业发展的迫切需求。

再制造拆解技术由传统的拆解工具的开发逐步向产品可拆解性设计与拆解路径规划技术、虚拟拆解技术和自动化深度高效拆解技术与装备的研发等方面转变。清洗技术发展趋势目前已由环境污染较严重的化学清洗方法向更加多元、环保的物理清洗方法转变。目前，尽管不断有新型清洗技术开发应用到再制造过程，但是再制造清洗领域仍然面临着粗放型操作、工序多、难以集成自动化、清洗介质浪费严重和环境污染等问题。德国拜罗伊特大学研究指出，清洗是产品再制造工艺流程中环境污染最为严重的一个环节，因为它会涉及有危害性清洗介质的使用，而且生产企业中的再制造清洗目前还只是停留在经验水平阶段，应该通过优化研究综合考虑清洗力、化学性质、温度和时间等因素，获得耗时短、成本低、清洗效果好的最佳工艺，实现多工序清洗集中进行，避免多级操作，从而节省清洗时间、降低清洗成本。而在再制造拆解技术方面，可拆解性设计尚处于起步阶段，拆解规划仅限于研究单位开展建模、拆解序列生成与优化等研究，缺少有效的自动化深度、无损拆解技术与装备，导致企业再制造过程中拆解效率低、拆解劳动强度大、无损拆解率低，制约了产业的快速发展。

随着再制造研究与应用领域由传统的机械产品逐步向机电复合产品和信息电子产品扩展，产业发展由传统优势的汽车、矿山、工程机械、机床等领域逐步向医疗设备、IT 装备、航空航天装备等高端装备领域拓展，再制造模式由基地再制造向现场再制造发展，再制造拆解和清洗技术面临着新的要求和挑战，未来拆解与清洗技术将逐渐向高效、绿色和智能化方向发展。

3.1.3 市场需求

随着《中国制造 2025》等一系列国家战略和倡议的实施，未来我国在再制造发展方面将面临更多的机遇和挑战。

1. 机械产品拆装与清洗

日益复杂的产品结构、精密的配合要求、多样的材料属性和庞杂的零件种类，对机械产品拆解过程的路径规划设计、拆解深度、无损率和拆解效率提出了更高要求。需要发展拆装路径规划分析技术，开发自动化深度拆解装备，发展适用多种污染物清洗的绿色清洗材料和高效物理清洗设备，实现机械产品零部件表面清洗与预处理一体化，有效提高拆装和清洗效率，降低再制造成本。

2. 电子和机电产品拆装与清洗

目前再制造研究与应用领域主要针对机械产品，未来将进一步拓宽到电子和机电产品，要求再制造拆装技术和设备具有快速识别、检测甚至分类功能，需要研发出针对复杂和精密机电产品的无损拆装技术和具有自动识别功能的智能化拆解装备，提高拆装效率，减少拆装工序；发展高效绿色超声波清洗新材料与装备，以及基于生物技术的新型清洗材料与装备，实现精密电子元器件的高效绿色清洗。

3. 在役装备再制造拆装与清洗

在冶金、发电、核工业和轨道交通等领域，在役装备的再制造潜力巨大，要求根据装备作业环境、使用状态和失效形式，实现在线或运行过程中的快速拆装与清洗处理，发展形成通用在线拆装装备，开发出具有现场作业能力的在线清洗技术与装备，实现在役装备失效零部件的在线、快速、无损拆装和清洗。

3.2 再制造拆解技术

3.2.1 再制造拆解特征与分类

与新品装配过程相比，再制造拆解过程受到更多不确定性因素的影响，因此拆解不单是装配的逆向过程，其复杂程度高于装配。这是因为废旧零件内部存在大量锈蚀、油污和灰尘，从而导致拆解速度降低，拆解也不单是装配的逆向过程，有些装备零件是通过胶粘、铆接、模压、焊接等方式连接的，形成的连接件很难实现其逆向操作，同时，拆解过程中还要对一些不能进行再制造的零件进行鉴别和剔除。如何实现产品高效率、高精度、高经济性地拆解是再制造技术研究和再制造产业发展面临的关键问题之一。

根据不同的标准，拆解有不同的分类方法：

1）按拆解深度分为完全拆解、部分拆解和目标拆解。完全拆解是将一个装配体彻底拆解至每一个最小结构的单独的零件；部分拆解指拆解一个装配体的某一部分零部件；目标零部件拆解是指在装配体中指定了某个零部件作为拆解的对象。从再制造过程中的经济、技术、环境等角度综合考虑，实际拆解过程往往选择停留在某种程度的拆解上，或只对某个特定目标零件进行拆解，因此在产品实际再制造过程中部分拆解和目标拆解的方式比较常见。

2）按拆解损伤程度分为破坏性拆解、部分破坏性拆解和无损拆解。在不产生拆解目标损伤和变形的条件下完成的拆解称为无损拆解；拆解过程中出现零部件局部损伤和变形的拆解称为部分破坏性拆解；零件在拆解时全部被破坏的拆解过程称为破坏性拆解。为了提高零部件的回收拆解利用率，应努力通过产品可拆解性设计、拆解序列规划和拆解工艺优化，以及应用高效的拆解新技术与新装备，提高拆解技术水平，避免破坏性拆解，减少部分破坏性拆解比例，努力实现产品的无损拆解。

3）按拆解工艺分为顺序拆解和并行拆解。顺序拆解指零件按照每次一个的步骤被逐步拆下，而并行拆解指多个零件同时被拆下。此外，根据在对目标零件拆解时其他零件是否需要先拆除来分，可将拆解划分为直接拆解和间接拆解。根据在对目标零件拆解时，是否需要操作其他零件来分，拆解可分为单纯拆解和非单纯拆解。

3.2.2 再制造拆解的要求及规则

1. 再制造拆解要求

再制造拆解是按照一定步骤进行的，而且通常要在不同的再制造生产职能部门将废旧产品完全解体，拆解出所有的零部件。但废旧产品拆解并不是一定要拆解到完全拆解程度，要根据经济性评估来确定，即拆解费用要少于获得的零部件再利用价值。如果拆解费用高于获得的零部件再利用的价值，则可以采取整件更换的方式再制造，或者采用破坏性拆解，只保留相对高附加值的核心件。因此，再制造拆解过程涉及拆解的经济性评估问题。再制造拆解的经济性是由诸多因素决定的，比如随着拆解步骤的增加，获得的零部件数在提高，可再制造的零部件在增多，由此而带来的拆解回收利润在增加。然而对于难以分离的零部件，拆解的难度较高，回收的利润也相应较低，这时拆解的经济性就较差。因而，要对拆解所带来的回收利润与拆解成本相比较，当拆解的经济性逐渐降低的时候就应当停止拆解过程。

2. 再制造拆解规则

再制造拆解的目的是便于零件清洗、检查、再制造。由于废旧产品的构造各有其特点，零部件在重量、结构、精度等各方面存在差异，因此若拆解不当，将使零部件受损，造成不必要的浪费，甚至无法再制造利用。为保证再制造质量，在再制造拆解前必须周密计划，对可能遇到的问题有所估计，做到有步骤地进行拆解。再制造拆解一般应遵循下列原则和要求：

1）拆解前必须先弄清楚废旧产品的构造和工作原理。产品种类繁多，构造各异，应研究设备和部件的装配图，掌握各零件及其之间的结构特点、装配关系、连接和固定方法以及定位销、弹簧垫圈、锁紧螺母与锁紧螺钉的位置及退出方向，对拆解程序及程度要科学设计，并制定详细的工艺路线，切忌粗心大意、盲目乱拆。对不清楚的结构，应查阅有关图样资料，弄清装配关系、配合性质。无法获取图样分析的，要由有经验的人员来完成拆解，并且边分析判断，边试拆，同时还需设计合适的拆解夹具和工具。

2）拆解前做好准备工作，包括拆解场地的选择，对零件的分类及存放，以及拆解过程中的初步检测方案；对易锈蚀的零件进行保护；了解被拆零件间的配合性质和装配间隙，测量出它与有关部件的相对位置，并做出标记和记录；准备好必要的通用和专用工、量具，特别是自制的特殊工、量具；再制造拆解班组做必要的分工，使拆解工作按计划进行。

3）从实际出发，对于确信性能完好的部件内部可不拆的尽量不拆，需要拆的一定要拆。再制造拆解程序与制造装配程序基本相反。在切断电源后，要先拆外部附件，再将整机拆成部件，部件拆成组件，最后拆成零件。为减少拆解工作量和避免破坏配合性质，对于尚能确保再制造产品使用性能的部件可不全部拆解，但需进行必要的试验或诊断，确信无隐蔽缺陷。若不能肯定内部技术状态如何，必须拆解检查，确保再制造质量。

4）使用正确的拆解方法，保证人身和机械设备安全。根据零部件连接形式和规格尺寸，选用合适的拆解工具和拆解方法。例如用锤子敲击零件，应该在零件上垫好衬垫并选择适当位置；在不影响零件完整和不会造成损伤的前提下，在拆解前应做好打印、记号工作；对于精密、稀有及关键设备，拆解时应特别谨慎；对不可拆连接或拆后精度降低的接合件在必须拆解时要注意保护；有的拆解需采取必要的支承和起重措施。拆下的零部件必须有秩序、有规则地放置，不准就地乱扔乱放，特别是还可以继续使用的零件更应该保管好，以防受潮生锈。零件不要一个个地堆积起来，以免互相碰撞、划伤和变形。大型零件（如床身、箱体等）可放在地上或低的平台上；较小的零件（如螺钉、螺母、垫圈、销等）可放在专用箱子内。

5）拆解应为装配创造条件。要坚持再制造拆解服务于再制造装配的原则。如果被拆解设备的技术资料不全，拆解中必须对拆解过程进行记载，以便在安装时遵照“先拆后装”的原则重新装配。拆解精密或结构复杂的部件，应画出再制造装配草图或拆解时做好标记，避免误装。零件拆解后要彻底清洗，涂油防锈、保护加工面，避免丢失和破坏。细长零件要悬挂，注意防止弯曲变形。精密零件要单独存放，以免损坏。细小零件要注意防止丢失。

6）对轴孔装配件应坚持拆与装所用的力相同原则。在拆解轴孔装配件时，通常应坚持用多大的力装配，就用多大的力拆解。若出现异常情况，要查找原因，防止在拆解中将零件碰伤、拉毛，甚至损坏。热装零件需利用加热来拆解，一般情况下不允许进行破坏性拆解。

7）尽量避免破坏性拆解。再制造拆解要能够保证废旧零件的残余价值，尽量避免破坏性拆解，不对失效零件产生损伤，减少再制造加工的工作量。在必须进行破坏性拆解时，要采取保护核心件的原则，即可以破坏拆解掉价值小的零件，从而保全价值比较大的贵重零件，降低再制造费用。

3.2.3 再制造拆解技术方法

再制造过程中的零件拆解过程直接关系到产品的再制造质量，是再制造过程非常重要的工艺步骤。再制造拆解按拆解的方式可分为击卸法、拉卸法、压卸法、温差法及破坏法。在拆解中应根据实际情况选用。

1. 击卸法

击卸法是指利用锤子或其他重物在敲击或撞击零件时产生的冲击能量把零

件拆解分离。它是拆解工作中最常用的一种方法，具有使用工具简单、操作灵活方便、不需特殊工具与设备、适用范围广等优点，但击卸法使用不正确时常会造成零件损伤或破坏。击卸大致分为三类：一是用锤子击卸，在拆解中，由于拆解件是各种各样的，一般都是以就地拆解为多，故使用锤子击卸十分普遍；二是利用零件自重冲击拆解，在某些场合可利用零件自重产生冲击能量来拆解零件，例如锻压设备锤头与锤杆的拆解往往采用这种办法；三是利用其他重物冲击拆解，在拆解接合牢固的大、中型轴类零件时，往往采用重型撞锤。

以锤子击卸为例，拆解时必须注意以下事项：

1）要根据拆解件尺寸大小、重量及接合的牢固程度，选择大小适当的锤子和用力的大小。如果击卸件重量大、配合紧，而选择的锤子太轻，则零件不易击动，且容易将零件打毛。

2）要对击卸件采取保护措施，通常使用铜棒、胶木棒、木棒及木板等保护被击的轴端、套端及轮缘等。

3）要先对击卸件进行试击，目的是考察配合件的接合牢固程度，试探被拆零件的走向。如果听到坚实的声音，要立即停止击卸，检查是否由于走向相反或紧固件漏拆而引起的。发现零件严重锈蚀时，可用煤油加以润滑。

4）要注意安全。击卸前应检查锤柄是否松动，以防猛击时锤头飞出伤人损物。要观察锤子所划过的空间是否有人或其他障碍物。击卸时为了保证安全，如垫块等不宜用手直接扶持时可用抱钳等夹持。

2. 拉卸法

拉卸法是使用专用顶拔器把零件拆解下来的一种静力拆解方法。它具有拆解件不受冲击力、拆解较安全、零件不易损坏等优点，但需要制作专用拉具。该方法适用于拆解精度要求较高、不许敲击或无法敲击的零件。拉卸常用于下列五种场合：

1）轴端零件的拉卸。它是利用各种顶拔器拉卸装于轴端的带轮、齿轮以及轴承等零件。拉卸时，首先将顶拔器拉钩扣紧被拆解件端面，顶拔器螺杆顶在轴端，然后手柄旋转带动螺杆旋转而使带内螺纹的支臂移动，从而带动拉钩移动而将轴端的带轮、齿轮以及轴承等零件拉卸。拉拔时，顶拔器拉钩与拉卸件接触要平整，各拉钩之间应保持平行，否则容易打滑；为了防止打滑，可用具有防滑装置的顶拔器，如图 3-1c 所示。这种顶拔器的螺纹套 3 内孔与螺杆 4 空套。使用时，将螺纹套 3 退出几转，旋转螺杆 4 带动螺母 6 外移，通过防滑板 7 使拉钩 8 将轴承 2 扣紧后，再将螺纹套 3 旋转抵住螺母 6 端面，转动螺杆 4 便可将轴承拉出。

2）轴的拉卸应使用专用顶拔器，如图 3-2 所示。使用时，将有外螺纹的拉杆 7 穿过主轴内孔，旋紧螺母 1，转动手把 6，其上的内螺纹与拉杆 7 外螺纹相对转动，就可将主轴拉出。也常用拔销器拉卸有中心螺纹孔的传动轴，使用中应将连接螺栓拧紧。

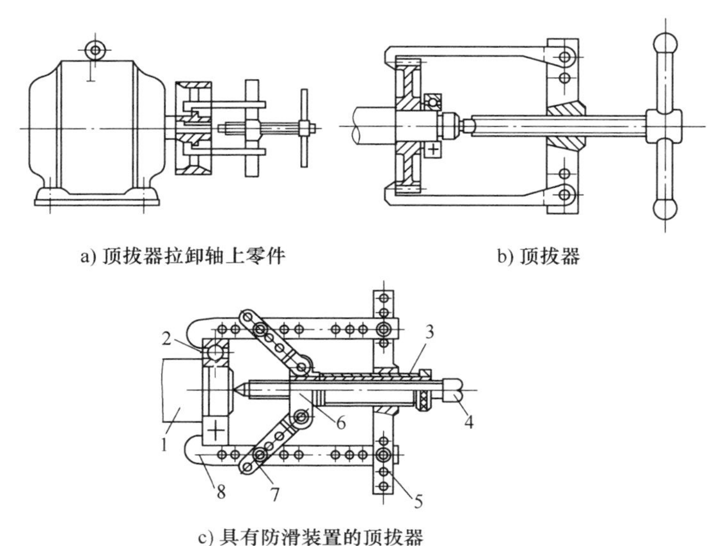

a) 顶拔器拉卸轴上零件　b) 顶拔器

c) 具有防滑装置的顶拔器

图 3-1　轴端零件的拉卸

1—轴　2—轴承　3—螺纹套　4—螺杆　5—支臂　6—螺母　7—防滑板　8—拉钩

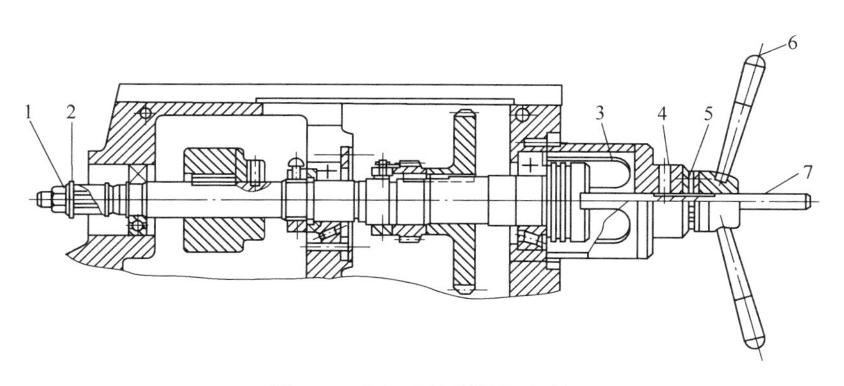

图 3-2　专用顶拔器拉卸主轴

1—螺母　2—垫圈　3—支承体　4—螺钉销　5—推力球轴承　6—手把　7—拉杆

3）套的拉卸需用一种特殊的拉具，可以拉卸一般套，也可拉卸两端孔径不相等的套。

4）钩头键在拉卸时常用锤子、錾子将键挤出，但容易损坏零件，若用专用拉具，拆解较为可靠，且不易损坏零件。

5）绞击拉卸法，适用于某些大型零件的拆解，必要时可以利用起重机、绞车等结合锤击进行拉卸。图 3-3 所示为利用绞车 8 将主轴 5 从叶轮绞车上拆下的情形。

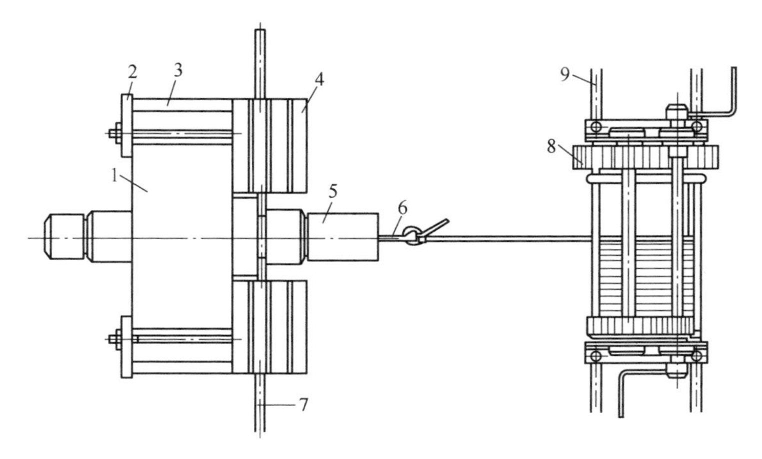

图 3-3 绞击拉卸法

1—叶轮 2—压板 3—垫块 4—工作台 5—主轴 6—吊环 7—走条 8—绞车 9—地面走条

拉卸法广泛应用于轴、套的拆解，在其应用中应注意以下事项：

1）仔细检查轴、套上的定位件、紧固件是否完全拆开。

2）查清轴的拆出方向。拆出方向一般总是轴的大端、孔的大端及外花键的不通端。

3）防止毛刺、污物落入配合孔内卡死零件。

4）不需要更换的套一般不拆解，这样做可避免拆解的零件变形。

5）需要更换的套，拆解时不能任意冲击，防止套端打毛后破坏配合表面。

3. 压卸法

压卸法是利用手压机、液压机进行的一种静力拆解方法，适用于拆解形状简单的过盈配合件。压卸法常使用压力机拆解零件，如图 3-4 所示为用压力机拆解轴承。一般来说这种方法可比较顺利和容易地将零件拆解下来。只要加压的方向、着力点位置选择合适，再加以必要的润滑就可以了。

4. 温差法

温差法是利用材料热胀冷缩的性能，加热包容件，使配合件在温差条件下失去过盈量，实现拆解，常用于拆解尺寸较大的零件和热装的零件。例如液压压力机或千斤顶等设备中尺寸较大、配合过盈量较大、精度较高的配合件或无法用击卸、顶压等方法拆解时，可用温差法拆解。或为了使过盈量较大、精度较高的配合件容易拆解，可用温差法。

在实际应用中，加热或冷却温度一般不宜超过 100℃，以防止零件变形或影响原有的精度。有时，也利用加热和拉卸方法组合进行拆解。图 3-5 所示为在拆解尺寸较大的轴承与轴时，对轴承内圈用热油加热后拆解。在加热前把靠近轴承部分的轴颈用石棉隔离开来，防止轴颈受热膨胀，用顶拔器拉钩扣紧轴承内圈，给轴承施加一定拉力，然后迅速将 100℃左右的热油浇注在轴承内圈上，待轴承内圈受热膨胀后，即可用顶拔器将轴承拉出。

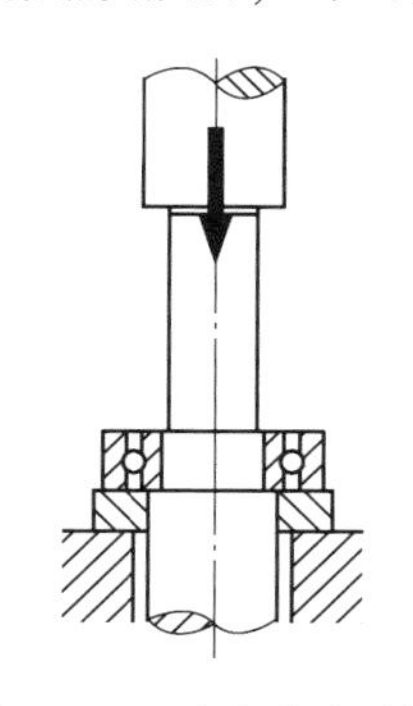

图 3-4　压力机拆解轴承

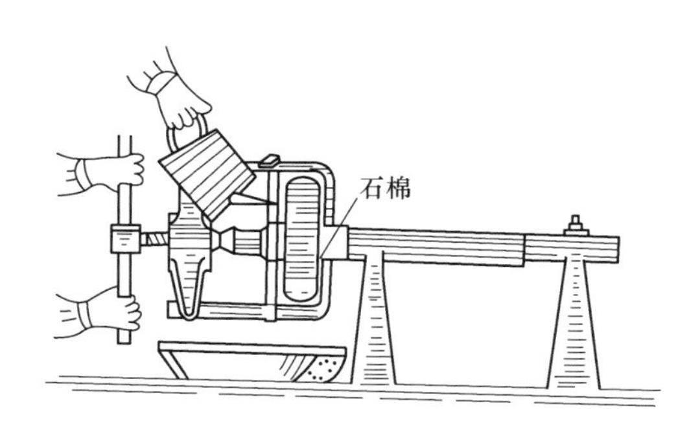

图 3-5　用热油加热轴承内环拉卸法

5. 破坏法

在拆解焊接、铆接等固定连接件时，或轴与套已互相咬死，或为保存核心价值件而必须破坏低价值件时，可采用车、锯、錾、钻、割等方法进行破坏性拆解。这种拆解往往需要注意保证核心价值件或主体部位不受损坏，而对其附件则可采用破坏方法拆离。

3.2.4　再制造拆解技术发展趋势

1. 自动化拆解技术

目前再制造拆解还主要是借助工具及设备进行的手工拆解作业，是再制造过程中劳动密集型工序，存在拆解效率低、费用高、周期长、零部件质量对工人技术要求高等问题，影响了再制造的自动化生产程度。国外已经开发了部分自动拆解设备，如德国的 FAPS 公司一直在研究废旧电路板的自动拆解方法，采用与电路板自动装配方式相反的原则进行拆解，先将废旧电路板放入加热的液体中融化焊剂，再用一种机械装置，根据构件的形状，分检出可用的构件。因此，需要根据不同的对象，利用机器人等自动化技术，开发高效的再制造自动化拆解技术及设备，建立比较完善的废旧产品自动化再制造拆解工作站。

2. 再制造拆解设计技术

在产品设计过程中加强可再制造拆装性设计，能够显著提高废旧产品再制造时的拆装能力，提高其可再制造性，因此，要加强产品设计过程中的可再制造拆装性设计技术研究，提高废旧产品的可拆装性。例如，再制造的拆解要求能够尽可能保证产品零件的完整性，并要求减少产品接头的数量和类型，减少产品的拆解深度，避免使用永固性的接头，考虑接头的拆解时间和效率等。但在产品中使用卡式接头、模块化零件、插入式接头等虽易于拆装，但也容易造成拆装中对零件的损坏，增加再制造费用。因此，在进行易于拆装的产品设计时，要对产品的再制造性影响进行综合考虑。

3. 虚拟再制造拆解技术

虚拟拆装技术是虚拟再制造的重要内容，是实际再制造拆装过程在计算机上的本质实现，指采用计算机仿真与虚拟现实技术，实现再制造产品的虚拟拆装，为现实的再制造拆装提供可靠的拆装序列指导。需要研究建立虚拟环境及虚拟再制造拆装中的人机协同求解模型，建立基于真实动感的典型再制造产品的虚拟拆装仿真。研究数学方法和物理方法相互融合的虚拟拆装技术，实现对再制造拆装中的几何参量、机械参量和物理参量的动态模型拆装。

4. 清洁再制造拆解技术

传统的拆解过程中的不精确，导致工作效率低，能耗高，费用高，污染高。因此，需要研究选用清洁生产技术及理念，制定清洁拆解生产方案，实现清洁拆解过程中的“节能、降耗、减污、增效”的目标。清洁拆解方案包括研究拆解管理与生产过程控制，加强工艺革新和技术改进，实现最佳清洁拆解程序，提高自动化拆解水平；研究在不同再制造方式下，废旧产品的拆解序列、拆解模型的生成及智能控制，形成精确化拆解方案，减少拆解过程的环境污染和能源消耗；加强拆解过程中的物料循环利用和废物回收利用。

3.2.5 发动机再制造拆解典型应用

进行发动机再制造拆解前，拆解人员需要熟悉该款发动机的相关资料，了解发动机的零件安装关系及构造特点，明确拆解要求，掌握拆解注意事项。

废旧发动机到达再制造拆解生产线后，首先要观察发动机的外部构造，进行外部清洗，清除发动机外部的油污，以保证拆解场地的清洁，避免拆解过程中零件受沾污、杂物落入机器内部；其次把发动机提升起来并使发动机靠近拆装翻转架，用螺栓把发动机固定在上面，拆解提升机吊链；然后慢慢地分解发动机，目测每个零部件是否有损坏迹象，检查运动件是否发生过量磨损，检查所有零部件是否有过热、不正常磨损和碎裂的迹象，检查衬垫和密封件是否有泄漏的迹象。废旧发动机主要拆解步骤如下：

1. 拆下进排气歧管、 气缸盖及衬垫

拆解时可用锤子木柄在气缸盖周围轻轻敲击，使其松动。也可以在气缸盖

两端留两个螺栓，将其余的气缸盖螺栓全部取下，此时，扶住发动机转动曲轴，由于气缸内的空气压力作用，可以使衬垫很容易地离开缸体。然后拆下气缸盖和衬垫。

2. 检查离合器与飞轮的记号

将发动机倒放在台架上，检查离合器盖与飞轮上有无记号，若无记号应做记号，然后对称均匀地拆下离合器固定螺栓，取下离合器总成。

3. 拆下油底壳

拆下油底壳、衬垫，以及机油滤清器和油管，同时拆下机油泵。

4. 拆下活塞连杆组

1）将所要拆下的连杆转到下止点，并检查活塞顶、连杆大端处有无记号，若无记号应按顺序在活塞顶、连杆大端做上记号。

2）拆连杆螺母，取下连杆端盖、衬垫和轴承，并按顺序分开放好，以免混乱。

3）用手推连杆，使连杆与轴颈分离。用锤子木柄推出活塞连杆组。

4）取出活塞连杆组后，应将连杆端盖、衬垫、螺栓和螺母按原样装上，以防错乱。

5. 拆下气门组

1）拆下气门室边盖及衬垫，检查气门顶有无记号，若无记号应按顺序在气门顶部用钢字号码或尖冲做上记号。

2）在气门关闭时，用气门弹簧钳将气门弹簧压缩。用螺钉旋具拔下锁片或用尖嘴钳取下锁销，然后放松气门弹簧钳，取出气门、气门弹簧及弹簧座。

6. 拆下起动爪、带轮

拆下起动爪、扭转减振器和曲轴带轮，然后用拉拔器拉出曲轴带轮，不允许用锤子敲击带轮的边缘，以免带轮发生变形或碎裂。

7. 拆下正时齿轮盖

拆下正时齿轮盖及衬垫。

8. 拆凸轮轴及气门挺杆

检查正时齿轮上有无记号，若无记号应在两个齿轮上做出相应的记号，再拆去凸轮轴前、中、后轴颈衬套固定螺栓及衬套，然后平衡地抽出凸轮轴；取出气门挺杆及挺杆架。

9. 将发动机在台架上倒放，拆下曲轴

首先撬开曲轴轴承座固定螺栓上的锁片或拆下锁丝。拆下固定螺栓，取下

轴承盖及衬垫并按顺序放好，抬下曲轴，再将轴承盖及衬垫装回，并将固定螺栓拧紧少许。

10. 拆下飞轮

旋出飞轮固定螺栓，从曲轴凸缘上拆下飞轮。

11. 拆曲轴后端

拆下曲轴后端油封及飞轮壳。

12. 分解活塞连杆组

1）用活塞环装卸钳拆下活塞环。

2）拆下活塞销。首先在活塞顶部检查记号，再将卡环拆下，用活塞销冲子将活塞销冲出，并按顺序放好。

发动机拆解成全部的零件后，可以进行初步的检测，将明显不能再制造的零件报废并登记。将可以利用或可以再制造后利用的零件分类加以清洗，并进入下一道再制造工序。

3.3 再制造清洗技术

3.3.1 再制造清洗概念及要求

产品零部件表面清洗是零件再制造过程中的重要工序，是检测零件表面尺寸精度、形状精度、位置精度、表面粗糙度、表面性能、磨蚀磨损及黏着情况等失效形式的前提，是零件进行再制造的基础。零件表面清洗的质量，直接影响零件性能分析、表面检测、再制造加工及装配，对再制造产品的质量具有全面影响。

1. 基本概念

拆解后的废旧产品零件需根据形状、材料、类别、损坏情况等进行分类，然后采用相应的方法进行清洗。

再制造清洗是指借助于清洗设备将清洗液作用于废旧零部件表面，采用机械、物理、化学或电化学方法，去除废旧零部件表面附着的油脂、锈蚀、泥垢、水垢、积炭等污物，并使废旧零部件表面达到所要求清洁度的过程。产品的清洁度是再制造产品的一项主要质量指标，清洁度不良不但会影响到产品的再制造加工，而且往往能够造成产品的性能下降，容易出现过度磨损、精度下降、寿命缩短等现象。同时良好的产品清洁度，也能够提高用户对再制造产品质量的信心。

与拆解过程一样，清洗过程也不可能直接从普通的制造过程借鉴经验，这就需要再制造商和再制造设备供应商研究新的技术方法，开发新的再制造清洗设备。根据零件清洗的位置、复杂程度和零件材料等不同，在清洗过程中，所使用的清洗技术和方法也会不同，常常需要连续或者同时应用多种清洗方法。

常用的清洗用具有油枪、油壶、油桶、油盘、毛刷、刮具、铜棒、软金属锤、防尘罩、防尘垫、空气压缩机、压缩空气喷头、清洗喷头及擦洗用的棉纱、砂布等。此外，为了完成各道清洗工序，可使用一整套专用的清洗设备，包括：喷淋清洗机、浸浴清洗机、喷枪机、综合清洗机、环流清洗机、专用清洗机等，对设备的选用需要根据再制造的标准、要求、环保、费用以及再制造场所等具体情况来确定。

2. 再制造清洗影响因素

（1）零件的材料性能　如果清洗物体是金属材料，则应考虑到钢铁、不锈钢、铝材、铜材制成的物体在强度、耐化学腐蚀性能上都有很大差别。由木材、皮草、玻璃、塑料、橡胶等非金属材料制成的物体在性能上也有很大差别。因此，在清洗中要充分了解这些材料的性能，有针对性地选用合适的清洗剂与清洗方法。

（2）零件的表面状况　光滑平整的物体表面与粗糙不均匀的物体表面用同样方法清洗，取得的效果是大不相同的。在选择清洗方法时要充分考虑到物体的表面状况。

（3）污垢的情况　对于不同的污垢要采用不同的清洗剂，对于金属表面以油脂为主的污垢，与以水垢、氧化物为主的污垢，所选用的清洗剂及清洗方法大不相同。

（4）清洁度要求　对于普通金属零件和高精度电子元件，由于对表面加工精度要求不同，洗净去污的要求不同，因此选用的方法也不同。随着清洁度要求的提高，生产成本也迅速提高。因此必须兼顾清洁度要求与经济性两方面，选择合适的清洗剂与方法。

（5）清洗设备的选择　使用高级的清洗设备可以取得较好的清洗效果，但也要考虑到实际需要的必要性和经济性。

（6）使用洗涤剂的安全性　在选择洗涤剂时要充分了解洗涤剂的性能，如了解是否易燃易爆，对皮肤、人体有无毒性，以及废水如何处理等，以免在清洗过程中造成不必要的意外事故。

（7）清洗的效率　提高清洗效率是提高再制造生产率的重要方面，如用单纯浸泡的方法去除金属表面的油污耗时较多，而采用循环流动，伴有搅拌、超声波处理或蒸汽清洗时去污时间就可大大缩短。对于大批量工业零件的清洗，采用流水线清洗可以大大提高生产效率。因此要根据实际需要，选择不同的清洗方法，从而提高生产效率。

（8）经济性　在选择清洗方法时，必须考虑生产成本。在保证清洁度的前提下，可选择使用费用最低的清洁方法。

（9）环保性　在选择清洗方法时，也必须考虑清洗的环保性，要求清洗过程产生的环境污染最小，尽量采用物理清洗方法，减少化学清洗剂的使用，增加再制造过程的环境效益。

因此，在考虑清洗方法时，必须对上述有关问题做出全面的综合了解，才能优化组合，得到最合理的再制造清洗方案。

3. 再制造清洗的基本要素

待清洗的废旧零部件都存在于特定的介质环境中，需要考虑 4 个要素，即清洗对象、零件污垢、清洗介质及清洗力。

（1）清洗对象　清洗对象指待清洗的物体，如组成机器及各种设备的零件、电子元件等。而制造这些零件和电子元件等的材料主要有金属材料、陶瓷（含硅化合物）、塑料等，针对不同清洗对象要采取不同的清洗方法。

（2）零件污垢　污垢是指物体受到外界物理、化学或生物作用，在表面上形成的污染层或覆盖层。所谓清洗就是指从物体表面上清除污垢的过程，通常都是指把污垢从固体表面去除掉。

（3）清洗介质　清洗过程中，提供清洗环境的物质称为清洗介质，又称为清洗媒体。清洗媒体在清洗过程中起着重要的作用，一是对清洗力起传输作用，二是防止解离下来的污垢再吸附。

（4）清洗力　清洗对象、污垢及清洗媒体三者间必须存在一种作用力，才能使污垢从清洗对象的表面清除，并将它们稳定地分散在清洗媒体中，从而完成清洗过程，这个作用力就是清洗力。在不同的清洗过程中，起作用的清洗力也有不同，大致可分为以下 6 种：溶解力、分散力；表面活性力；化学反应力；吸附力；物理力；酶力。

4. 再制造清洗阶段及要求

再制造清洗一般包括废旧产品整体外观清洗、拆解后清洗、再制造加工前清洗、装配前清洗、喷涂前清洗等几个阶段。

（1）拆解前的整体外观清洗　拆解前的清洗主要是指拆解前对回收的废旧产品的外部清洗，其主要目的是除去废旧产品外部积存的大量尘土、油污、泥沙等脏物，以便于拆解和初步的鉴定，并避免将尘土、油污等脏物带入厂房工序内部。外部清洗一般采用自来水或高压水冲洗，即用水管将自来水或 1 ~ 10MPa 压力的高压水流接到清洗部位冲洗油污，并用刮刀、刷子配合进行。对于密度较大的厚层污物，可在水中加入适量的化学清洗剂并提高喷射压力和水的温度。常用的外部清洗设备主要有单枪射流清洗机和多喷嘴射流清洗机。前者是靠高压连续射流或气水射流的冲刷作用或射流与清洗剂的化学作用相配合来清除污物，后者有门框移动式和隧道固定式两种，其喷嘴的安装位置和数量，根据设备的用途不同而异。

（2）拆解后零部件的清洗　拆解后零部件的清洗主要是对拆解后零部件表面的油污、锈垢、积炭等脏物进行清洁、整理和用清洗剂洗涤的过程，以便于对零件进行质量性能检测和再制造加工。废旧产品拆解后，由于零件表面油污、锈蚀、水垢等脏物的存在，看不清零件表面磨损的痕迹和其他缺陷，无法对零件的各部分尺寸精度、几何精度做出正确判断，无法制定正确的零部件再制造方案，因此，必须在产品拆解后对零件进行清理和洗涤。

（3）装配前零部件的清洗　装配前零部件的清洗是指再制造装配前，对待装配零件表面的灰尘、油污和杂物等进行的清洁、整理过程。装配前零部件的清洗是直接保证再制造产品装配质量的重要环节。

（4）喷涂前再制造产品的清洗　喷涂前产品的清洗是指对装配后需喷涂的再制造产品表面的油污、杂物等进行的清洗、干燥过程，是保证再制造产品具备一定的涂层防护能力及外形美观的重要影响因素。

无论哪个阶段的清洗，都需要注意以下事项：

1）熟悉产品及其零部件图样和说明书，了解产品的性能及结构。

2）保持再制造清洗场地的清洁。

3）洗涤及转运过程中，注意不要碰伤零件的已加工表面。

4）洗涤后要注意使油路、通道等畅通无阻，不要掉入污物或沉积污物。

5）准备好所需的清洗液及辅助用具。

6）必须重视再用零件或新换件的清理，要清除由于零件在使用中或者加工中产生的毛刺，例如滑移齿轮的圆倒角、孔轴滑动配合件的孔口都必须清理掉零件上的毛刺、毛边。

7）零件清洗并且干燥后，必须涂上润滑油储存，防止零件生锈。

8）清洗设备的各类箱体时，必须清除箱内残存磨屑、漆片、灰砂、油污等。

9）准备好防火用具，时刻注意安全。

5. 再制造清洗内容

拆解后对废旧零部件的清洗主要包括清除油污、水垢、锈蚀、油漆、积炭等内容。

（1）清除油污　凡是和各种油料接触的零件在解体后都要进行清除油污的工作，即除油。油可以分为两类：一是可皂化的油，就是能与强碱起作用生成肥皂的油，如动物油、植物油；二是不可皂化的油，它不能与强碱起作用，如各种矿物油、润滑油、凡士林和石蜡等。这两类油都不溶于水，但根据“物质结构相似者相溶”，即物质在与其结构相似的溶剂中容易溶解的规则，这两类油都可溶于有机溶剂。去除这些油类，主要用化学方法和电化学方法。使用煤油、汽油、柴油等有机溶剂可以溶解各种油、脂，既不损坏零件，又没有特殊要求，也不需要特殊设备，清洗成本低，操作简易。对有特殊要求的贵重仪表、光学零件还可用乙醇、丙酮、乙醚、苯等其他有机溶剂清洗。可以用合成洗涤剂代替传统的洗涤剂，通过浸洗或喷洗对零件进行脱脂。还可以在单一的碱溶液中加入乳化剂后，对零件进行浸洗或喷洗。清洗方式有人工方式和机械方式，包括擦洗、煮洗、喷洗、振动清洗、超声波清洗等。

（2）清除水垢　机械产品的冷却系统经过长期使用硬水或含杂质较多的水后，在冷却器及管道内壁上会沉积一层黄白色的水垢，主要成分是碳酸盐、硫酸盐、硅酸盐等。水垢的形成主要是因天然水中含有矿物盐，在使用中，当其达到饱和后便会结晶析出，水中的矿物盐受热分解，形成了难溶性的沉淀物——水垢。水垢使管道截面面积减小，热导率降低，严重影响冷却效果，影响冷却系统的正常工作，因此，在再制造过程中必须给予清除。目前水垢清除方法有手工除垢、机械除垢和化学除垢三种，但手工除垢效率低，机械除垢容易损伤金属表面，而化学除垢则比较理想。根据水垢在酸中或碱中的溶解情况，化学除垢又分为碱法除垢和酸法除垢，但清除水垢用的化学清除液要根据水垢成分与零件材料慎重选用。碱法除垢常用纯碱法和磷酸钠法。纯碱法对硫酸盐水垢和硅酸盐水垢起作用，而磷酸钠法对碳酸盐水垢起作用。酸法除垢速度较快，适用于碳酸盐和混合型水垢的清洗。对于铝合金零件表面的水垢，可用5%（质量百分数）的硝酸溶液，或10%～15%（质量百分数）的醋酸溶液。

（3）清除锈蚀　锈蚀是因为金属表面与空气中氧、水分子以及酸类物质接触而生成的氧化物，如FeO、Fe_3O_4、Fe_2O_3等，通常称为铁锈。除锈的方法有机械法、化学法和电解法三类。机械法除锈主要是用钢丝刷、刮刀、砂布等工具或用喷砂、电动砂轮等工具，利用机械摩擦、切削等作用清除零件表面锈蚀，常用的方法有刷、磨、抛光、喷砂等。化学法除锈是用酸或碱溶液对金属制品进行强侵蚀处理，使制品表面的锈层通过化学作用和侵蚀过程所产生氢气泡的机械剥离作用而被除去，常用的酸包括盐酸、硫酸、磷酸等。电解法除锈是在酸或碱溶液中对金属制品进行阴极或阳极处理除去锈层。阳极除锈是利用化学溶解、电化学溶解和电极反应析出的氢气泡的机械剥离作用。阴极除锈是利用化学溶解和阴极析出氢气泡的机械剥离作用。在化学除锈的溶液内通以电流，可加快除锈速度，减少基本金属腐蚀及酸消耗量。

（4）清除油漆　拆解后零件表面的原保护涂层都需要全部清除，并经冲洗干净后重新喷涂。对油漆的清除可先借助已配制好的有机溶剂、碱性溶液等作为退漆剂涂刷在零件的涂层上，使之溶解软化，再用手工工具去除涂层。粗加工面的旧涂层可用铲刮的方法来清除。精加工表面的旧涂层可采用布头蘸汽油或香蕉水用力摩擦来清除。对高低不平的加工面上的旧涂层（如齿轮加工面），可采用钢丝刷或钢丝绳头刷清除。

（5）清除积炭　积炭是由于燃料和润滑油在燃烧过程中燃烧不充分，在高温作用下形成的一种由胶质、沥青质、润滑油和炭质等组成的复杂混合物。如发动机中的积炭大部分积聚在气门、活塞、气缸盖等上，这些积炭会影响发动机某些零件散热效果，恶化传热条件，影响其燃烧性，甚至会导致零件过热，形成裂纹。因此，在此类零件再制造过程中，必须将其表面积炭清除干净。积炭的成分与发动机结构、零件部位、燃油、润滑油种类、工作条件以及工作时间长短等有关。清除积炭目前常使用机械法、化学法和电解法等。机械法用金属丝刷与刮刀去除积炭，方法简单，但效率较低，不易清除干净，并易损伤表面；用压缩空气喷射核屑清除积炭能够明显提高效率。化学法指将零件浸入氢氧化钠、碳酸钠等清洗液中，温度达到 80～95℃，使油脂溶解或乳化，积炭变软后再用毛刷刷去并清洗干净。电化学法指将碱溶液作为电解液，工件接于阴极，使其在化学反应和氢气的共同剥离作用力下去除积炭，其去除效率高，但要掌握好清除积炭的规范。

常用的再制造清洗关键技术可以分为物理法清洗和化学法清洗。

3.3.2　物理法再制造清洗技术

1. 热能清洗技术

热能对清洗有较好的促进作用。由于水和有机溶剂对污垢的溶解速度和溶解量随温度升高而提高，所以提高温度有利于溶剂发挥其溶解作用，而且还可以节约水和有机溶剂的用量。同样，清洗后用水冲洗时，较高的水温更有利于去除吸附在清洗对象表面的碱和表面活性剂。

1）热能可使污垢的物理状态发生变化。温度的变化会引起污垢的物理状态变化，使它变得容易去除。例如，附着在汽车底盘下的污垢，常被沥青和矿物油粘接在一起，牢固地粘在车体上，单独依靠使用表面活性剂和溶剂的力量难以清除。使用加压水蒸气喷射到污垢上时，利用水蒸气冷凝时放出的热量，使油垢等黏性固体物质软化，黏结力降低，然后用水压冲洗，这些黏附的污垢就很容易清除了。

另外，油脂和石蜡等固体油污很难被表面活性剂水溶液乳化。但当它们加热液化（60～70℃）后，就比较容易被表面活性剂水溶液乳化分散了。固态油脂的乳化如图 3-6 所示。

2）热能可使清洗对象的物理性质发生变化。温度变化时，清洗对象的物理性质也变化，有利于清洗。当清洗对象与附着的污垢两者热膨胀率存在差别时，常可以利用加热的方法使污垢与清洗对象间的吸附力降低而使污垢易于解离去除。

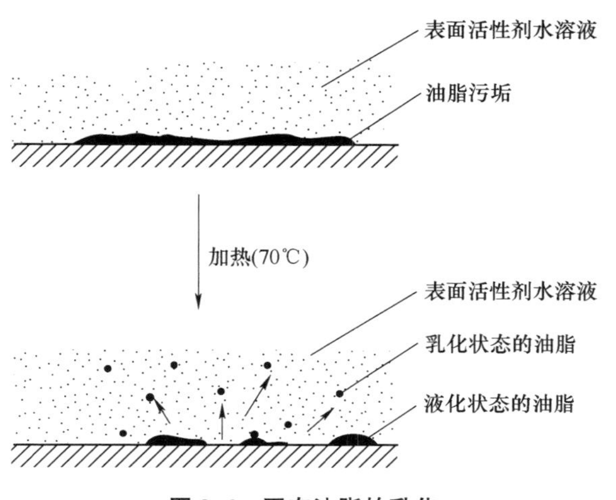

图 3-6　固态油脂的乳化

3）热能可使污垢受热分解。耐热材料表面附着的有机污垢，加热到一定温度后，可能发生热分解变成 CO_2 等气体而去除。

利用热能进行清洗时还经常采用有机溶剂蒸气清洗。溶剂蒸气清洗适合于小型物品的精密清洗。图 3-7 所示是一个有机溶剂蒸气清洗装置的简图。在装置中清洗槽的上部沿槽壁装有冷却水管。把有机溶剂加到清洗槽的下部，并通过一定热源对它进行加热。当槽内溶剂温度达到它的沸点时，溶剂开始沸腾蒸发，槽的上半部充满溶剂蒸气，形成溶剂蒸气相。由于在槽的上部装有冷却水管，蒸气遇冷而凝结液化，从而防止蒸气向槽外逸散损失，使蒸气始终保持在槽内，当把温度低于溶剂蒸气温度的清洗对象安放在蒸气相中时，由于清洗对象与蒸气之间存在温度差，蒸气就在清洗对象表面凝结放热，使清洗对象表面上的污垢溶解并分散到溶剂液体中，在重力的作用下，含有污垢的溶剂从清洗对象的下方落入液相溶剂中，这种方法称为溶剂蒸气清洗。

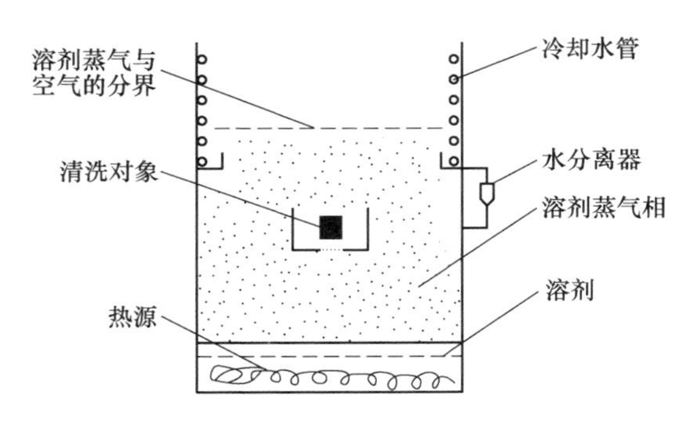

图 3-7　有机溶剂蒸气清洗装置的简图

这种有机溶剂蒸气清洗方法包括以下几个过程：溶剂蒸发、蒸气液化、溶剂溶解污垢。即溶剂蒸发形成其纯净的溶剂蒸气并做气相运动；利用蒸气液化时放出的热量提高溶剂的溶解能力。虽然蒸气也有直接的清洗作用，但主要还是利用液态溶剂的浸泡溶解作用。

2. 浸液清洗技术

（1）浸泡清洗技术　将清洗对象放在洗液中浸泡、湿润而洗净的湿式清洗叫浸泡清洗。在浸泡清洗系统中，清洗和冲洗分别在不同洗槽中进行，分多次进行的浸泡清洗可以得到洁净度很高的表面。因此，浸泡清洗具有清洗效果好的特点，特别适用于对数量多的小型清洗对象进行清洗。

浸泡清洗系统基本上有两种方式。一是清洗槽用溶剂、冲洗槽用清水的方式，即一种在清洗槽中使用表面活性剂水溶液或有机溶剂做洗液，而在后面的冲洗槽中用水作冲洗剂的浸泡清洗系统。二是清洗槽、冲洗槽都使用同一种溶剂的方式，这是适合使用合成有机溶剂和石油类溶剂去除油性污垢为主要目的的清洗方式。浸泡清洗系统由清洗工艺、冲洗工艺、干燥工艺 3 个部分组成。

1）清洗工艺指把污垢从清洗对象表面解离下来并分散到媒液中的工艺。这一工艺中使用的媒液，不仅需要对污垢的溶解、分散能力大，同时还要能使解离下来的污垢在它中间稳定分散。当清洗对象表面存在多种类型的污垢时，清洗工艺应分阶段进行。

2）冲洗工艺是指清洗工艺完成之后，清洗对象表面上附着了一层含有污垢的洗液，用清洁的媒液把含垢洗液从清洗对象表面置换出来的过程。冲洗工艺包括用清洁媒液反复浸泡的方法以及使媒液流动起来的喷射或淋洗方法。

3）干燥工艺是指在冲洗工艺结束之后，洗净的对象表面仍附着一部分媒液，干燥工艺是通过汽化的方法使媒液去除，使湿式清洗最终得以完成。干燥工艺要求媒液沸点低，汽化热小，比热容小，易于挥发去除；表面张力低，易于在物体表面铺展开，即易于蒸发；闪点及燃点高，不易燃易爆，安全性好；毒性小，对工人健康危害小，还要求对环境破坏作用小。

（2）流液清洗技术　零部件清洗时，除了可以把零部件置于洗涤剂中的静态处理外，有时为提高污垢被解离、乳化、分散的效率，还可让洗液在清洗对象表面流动，称流液清洗。

如图 3-8 所示，洗液在清洗对象表面有 3 种流动方向：与清洗对象表面平行方向流动；与清洗对象表面垂直方向流动；与清洗对象表面成一定角度流动。实践表明，第 3 种情况下污垢被解离的效果最好，是喷射清洗中常用的角度。由于零部件通常是多面体等复杂形状，这时需用搅拌的方法使洗液形成湍流以提高清洗

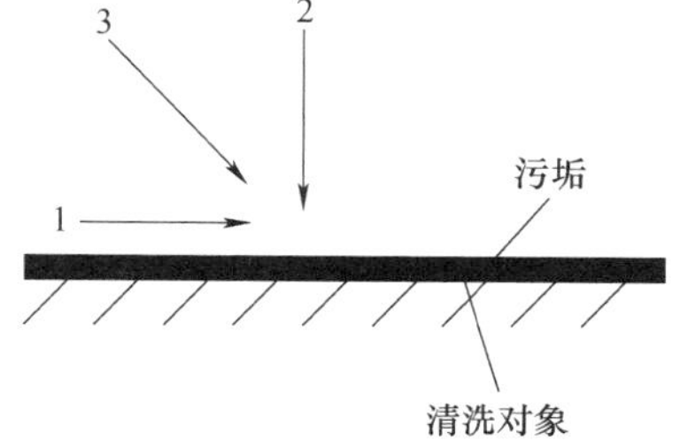

图 3-8　洗液在界面上的流动方向

1—与表面平行　2—与表面垂直
3—与表面成一定角度

效果。

搅拌容易得到使洗液均匀有效地流动的效果，通常有以下 3 种方法：

1）洗液流动。可以采用有轴搅拌方式令洗液流动，如图 3-9 所示。图 3-9a 所示是用搅拌轴带动旋转叶片搅拌的模型。搅拌轴与液槽底面垂直，搅拌使洗液沿垂直方向、平行方向和旋转叶片圆周切线方向流动，这种方式很难在洗槽各个表面形成均匀湍流效果；图 3-9b 所示为在洗槽槽壁放置挡板，使搅拌的液体发生折流运动提高其湍流效果；图 3-9c 所示为让搅拌轴与洗槽底面成倾斜角度，利用搅拌在槽壁形成的反射流获得湍流效果。把搅拌轴伸入洗槽内部，有时会造成清洗操作不便，现多采用无轴搅拌方式，如图 3-10 所示。图 3-10a 所示是把旋转叶片装在洗槽侧壁；图 3-10b 所示为不使用旋转叶片，用外接泵组成循环流动装置；图 3-10c 所示为利用鼓入气泡方式推动洗液流动。

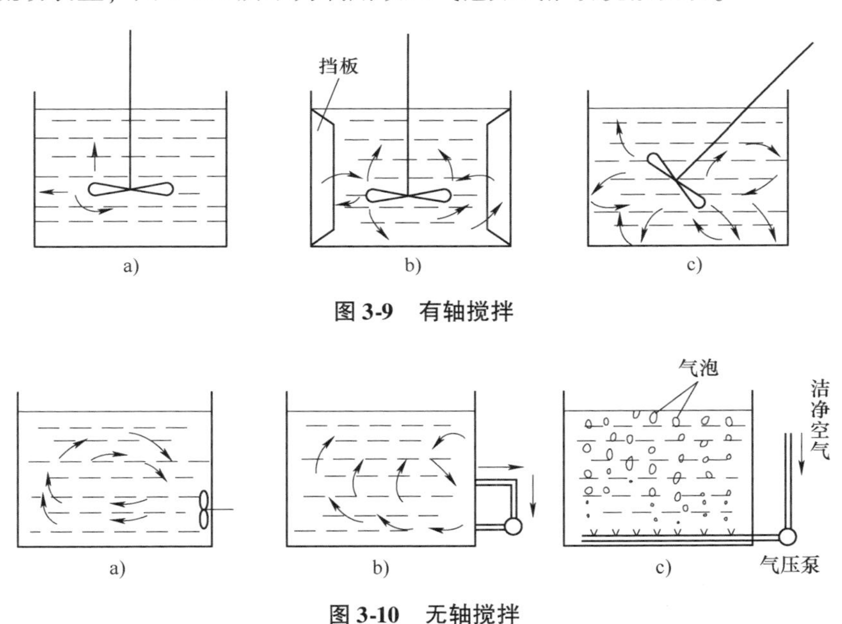

图 3-9 有轴搅拌

图 3-10 无轴搅拌

2）清洗对象运动。小型零部件清洗适合采用这种方式。把许多小型零部件装在一个笼子里放在洗液当中，让笼子沿着竖直和水平方向运动，或做旋转运动。设计这种装置要考虑到清洗对象的差别，根据清洗对象安排不同的放置方式，才能产生良好的界面流动效果。

3）清洗对象和洗液都运动。密度和洗液相近的小型零件适合用这种方法。当洗液激烈流动时，清洗对象在洗液中做漂浮运动而被洗净。

3. 压力清洗技术

使用压力是清洗中常用的手段，应用各种方式的压力，如高压、中压甚至负压、真空等，都能产生很好的清洗力。

（1）喷射清洗原理　通过喷嘴把加压的清洗液喷射出来冲击清洗物表面的清洗方法叫喷射清洗。

1）喷射清洗作用力。湿式喷射清洗过程中的清洗作用力是清洗液本身的清洗力、喷嘴喷出清洗液的压力、流体速度动能的冲击力及流体在清洗对象表面流动等几种作用力的总和。

当洗液种类、温度、液体密度固定时，流体流量越大，喷射流体的速度越高，形成的喷射压力也越大。清洗力与上述各因素及喷射距离等都有关系，喷嘴喷出具有一定动能的洗液，在运动中受到空气阻力，动能逐渐降低，水平方向的运动速度逐渐减小，最后因重力而下落。斜向喷射和竖直喷射都存在最佳清洗效果的位置。清洗力随着喷嘴到清洗对象之间距离的增加呈现先增加，达到最大值后又急剧下降的过程。

2）喷射用洗液。一般喷射用的洗液包括常温的水、热水、酸或碱的水溶液、表面活性剂水溶液。在使用表面活性剂水溶液作喷射洗液时，要注意选用低起泡性的表面活性剂。若用含有水蒸气的高压热水作洗液时叫作蒸气喷射清洗。水蒸气的压力和蒸气液化时放出的大量热能对清洗效果有很大的影响。

用电解得到的含有臭氧的水作洗液时，它的氧化分解能力和洗液中的细微臭氧气泡对微粒状污垢有很强的作用。喷射清洗时，洗液在清洗对象表面停留时间短，清洗能力不能完全发生效用。另外还有废液处理问题。为了提高洗液利用率，宜采用循环系统。图 3-11 所示是一种喷射清洗的循环系统。

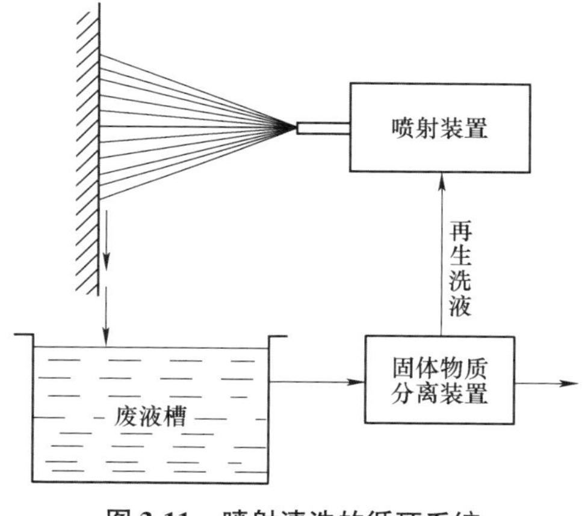

图 3-11　喷射清洗的循环系统

（2）利用持续性泡沫的喷射清洗　在清洗竖直壁面时，有时为充分发挥清洗能力，减少洗液浪费，可使用发泡性强的洗液进行喷射，在被清洗壁的表面形成有一定厚度的稳定性泡沫，延长泡沫与壁面接触时间，使污垢充分分解，然后用清水喷射，提高污垢的清除效果，清除各种产品表面的油污时都适合用这种方法。

（3）高压水射流清洗　高压水射流技术近年来发展很快，应用日益广泛。用 120MPa 以内压力的高压水射流进行清洗，效率高，节能省时。用喷射的液体射流进行清洗时，根据射流压力的大小分为低压射流清洗、中压射流清洗和高压射流清洗 3 种。

低压射流清洗和中压射流清洗是借助清洗液的洗涤与水流冲刷的双重去污作用，达到清洗的目的。高压射流清洗是以水力冲击的清洗作用为主，清洗液所起溶解去污的作用很小。高压射流清洗不污染环境、不腐蚀清洗物体基质，高效节能，在很多场合可用来代替传统人工机械清洗和化学清洗。图 3-12 所示为采用高压射流清洗废旧零件。

图 3-12 高压射流清洗废旧零件

4. 摩擦与研磨清洗技术

（1）摩擦清洗技术 一些不易去除的污垢，使用摩擦清洗的方法往往能取得较好的效果。如在废旧产品自动清洗装置中，向表面喷射清洗液的同时，可以使用合成纤维材料做成的旋转刷子帮助擦拭产品的表面。用喷射清洗液清洗各类产品、大型设备或机器的表面时，配合用刷子擦洗往往可以取得更好的清洗效果。当用各种洗液浸泡清洗金属或玻璃材料之后，有些洗液不易去除的污垢顽渍，可配合用刷子擦洗去除干净，但需要保持工具（如刷子）的清洁，防止对清洗对象的再污染。另外，当清洗对象是不良导体时，应注意消除因摩擦力使清洗对象表面带静电，防止吸附污垢和静电火灾。

（2）研磨清洗技术 研磨清洗是指用机械作用力去除物体表面污垢的方法。研磨使用的方法包括使用研磨粉、砂轮、砂纸以及其他工具对含污垢的清洗对象表面进行研磨、抛光等。研磨清洗的作用力比摩擦清洗作用力大得多。操作方法主要有手工研磨和机械研磨。

（3）磨料喷砂清洗技术 磨料喷砂是把干的或悬浮于液体中的磨料定向喷射到零件或产品表面的清洗方法。磨料喷砂清洗是清洗领域内广泛应用的方法之一，可应用于清除金属表面的锈层、氧化皮、干燥污物、型砂和涂料等污垢。

5. 超声波清洗技术

超声波对附着的污垢有很强的解离分散能力，因此超声波清洗技术越来越多地被应用到清洗领域的各个方面。

（1）超声波清洗装置 超声波清洗装置示意图如图 3-13 所示。超声波清洗机由超声波发生器和清洗箱两部分组成。电磁振荡器产生的单频率简谐电信号

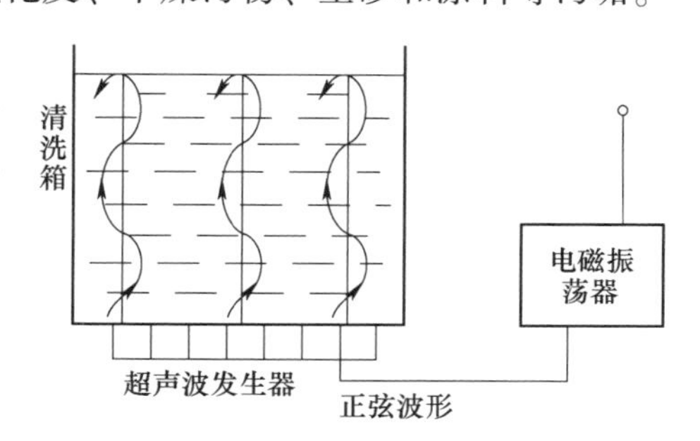

图 3-13 超声波清洗装置示意图

（电磁波）通过超声波发生器转化为同频超声波，通过媒液传递到清洗对象。超声波发生器通常装在清洗槽下部，也可以装在清洗槽侧面，或采用移动式超声波发生器装置。

超声波清洗系统中的关键设备是超声波部分，它分为两大部件，即超声波换能器（或称超声波振头）和超声波发生器。超声波换能器是将超声波发生器提供的电信号转换为机械振动。超声波发生器的种类很多，一般分为两种类型：机械型和电声型。机械型超声波发生器直接用机械方法使物体振动而产生超声波；常见的机械型超声波发生器都是流体动力式的，即利用高压流体为动力来产生超声波，如旋笛、空腔哨、簧片哨等。电声型超声波发生器是通过压电式电声换能器，将电磁能量转换成机械波能量，它应用得更为广泛。

（2）超声波清洗作用原理　超声波作用包括超声波本身具有的能量作用、空穴破坏时释放的能量作用以及超声波对媒液的搅拌流动作用等。

1）超声波的能量作用。超声波具有很高的能量，它在媒液中传播时，把能量传递给媒液质点，再传递给清洗对象表面，使污垢解离分散。超声波是纵波，会沿传播方向形成不断变化的疏密区，形成交替变化的正、负声压，使媒液质点获得动能，产生加速度。

2）空穴破坏时释放的能量作用。空穴又称气穴、空洞。超声波清洗的机理是基于在清洗液中引入超声振动，向清洗液辐射声波，产生超声空化效应，利用这种空化效应清洗零件表面上的各种污物。超声空化效应是指在超声场作用下，达到一定声强和频率时，液体分子时而受拉，时而受压，形成一个个微小真空洞穴，溶解在清洗液中的气体进入空穴形成气泡，即所谓“空化气泡”。这些空化气泡将随超声波振动反复地做生成和闭合运动，即在超声负压时生成，随之在超声正压时闭合。由于空化气泡的内外压力差悬殊，当空化气泡处于完全闭合状态时，会产生自中心向外的微激波，这种微激波的压强可以达到几百个兆帕的程度，能把物体表面的污垢薄膜击破，从而达到去污的目的。

3）超声波对媒液的搅拌流动作用。超声波的搅拌作用可使媒液发生运动，新鲜媒液不断作用于污垢，加速污垢的溶解。由于超声波对清洗对象有作用力，当清洗对象很脆弱时，不宜用超声波清洗。

（3）超声波清洗工艺　超声波清洗工艺参数主要包括振动频率、功率密度、清洗液温度和清洗时间，其具体工艺参数选择可参考表3-1。

表3-1　超声波清洗工艺参数选择

参数名称	选用范围	说明
振动频率/kHz	常用20 高频300～800	工件表面粗糙度值较大或有小孔、狭深凹槽时，建议采用高频。但高频振动衰减较快，作用范围较小，空化作用弱，清洗效率较低

（续）

参数名称	选用范围	说明
功率密度/(W/cm^2)	0.1～1.0	工件形状复杂或具有深孔、盲孔，或油垢较多，清洗液黏度较大，或选用高频振动时，功率密度可取较大值。对铝及铝合金或用乙醇、水为清洗液时，则可取小值
清洗时间/min	2～6	工件形状复杂时取上限，表面粗糙度值大则取下限，还应根据污垢严重程度而变化
清洗液温度/℃	水基清洗液：32～50 三氯乙烯：70 汽油或乙醚：室温	一般通过试验确定合适的温度

超声波清洗工艺要点如下：

1）工件在清洗槽内须正确放置。换能器一般在槽底，槽底面即是超声振动的辐射面，工件应挂于清洗槽内，并将重点清洗部位对准辐射面。如果零件上有盲孔，则应在盲孔内灌满清洗液，并对准辐射面，而且应注意清洗过程中保持清洗液充满。许多微型件和小件常装入盛筐一起清洗，但不得使用小直径网眼盛筐，小直径网眼引起的超声波衰减十分明显，应改用薄板栅条作为盛具。

2）清洗过程中应调节超声波发生器频率与换能器频率一致，此时超声波振动最大，空化效应最充分，在清洗液中可见许多白色聚流，以手伸入清洗液试探，有针刺感觉。

3）经超声波清洗的工件表面一般应色泽均匀，如果有明显白点，则表明工艺不当，原因包括：清洗时间过长；一次清洗工件过多；清洗液使用太久，污染严重；电源电压波动太大。

（4）超声波清洗应注意的问题

1）充分了解温度、压力、洗液流速、洗液中气体含量、清洗对象声学特性等因素对清洗效果的影响。

2）空穴的产生并不均匀，需采取移动清洗对象、改变清洗液深度、使用合成超声波、抑制驻波生成、使用调频超声波等措施加以改善。

3）防止因超声波被反射造成的清洗效果不均匀性。

4）防止空穴对清洗对象的损伤破坏作用。

（5）超声波清洗的应用　各类废旧零部件使用超声波清洗最主要的目的是去除物体表面的油污，此时多使用有机溶剂或表面活性剂洗涤剂水溶液。对几何形状复杂或清洗质量要求严的中小型精密工件，尤其工件上带有各类孔、槽等结构时，用超声波清洗往往能取得较好效果。图3-14所示为采用超声波设备清洗发动机缸盖。超声波清洗也常作为多步清洗中的一个工序，协同其他清洗作用达到清洗目的，超声波清洗在其中起提高清洗效率和质量的关键作用。超声波清洗应用的主要领域见表 3-2。

图 3-14　超声波设备清洗发动机缸盖

表 3-2　超声波清洗应用的主要领域

对　　象	清 洗 对 象
汽车、摩托车	发动机零件、变速器、减振器、轴瓦、油嘴、缸体、阀体
机械工业	精密机械部件、压缩机零件、照相机零件、轴承、五金零件、模具等
电子、电气	各类印制电路板、电子元器件、液晶玻璃、电视机零部件等
电镀、喷涂	不锈钢抛光制品、不锈钢刀具、餐具、刀具的喷涂前处理、电镀前清洗
光学、钟表业	透镜、眼镜框、贵重金属、装饰品、表带、表壳、表针、数字盘
医疗器械	注射器、手术器械、牙科用具、食道镜、气管支镜、直肠镜、显微镜
化纤纺织	喷丝板、橡胶制品、橡胶成型模具、商标、玩具
食品、酿造	瓶、盖、标签去除、酿造
其他	印章、号牌、硬币、高级陶器、银制品、金制品、银行磁卡

6. 电解清洗技术

电解是在电流作用下，物质发生化学分解的过程。电解清洗是利用电解作用将金属表面的污垢去除的清洗方法。根据去除污垢种类不同，分电解脱脂和电解研磨去锈。

(1) 电解脱脂　用电解方法把金属表面的各类油脂污垢加以去除叫电解脱脂。电解脱脂使用的电解槽清洗模型如图 3-15 所示，主要工作原理为：要清洗的金属部件与电解池的电极相连，放入电解槽后，在电解时，金属表面会有细小的氢气气泡或氧气气泡产生，这些小气泡促使污垢从被清洗金属表面剥离下来。

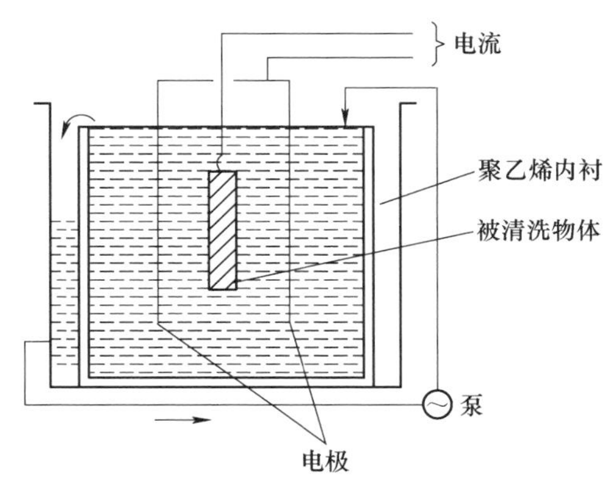

图 3-15　电解槽清洗模型

电解脱脂分为阴极脱脂和阳极脱脂。把被脱脂金属部件放在阴极叫阴极脱脂，相反叫阳极脱脂。电解过程中，阴极产生的氢气是阳极产生的氧气的两倍，效果更好。但铁进行阴极电解脱脂时产生的氢气会被铁吸收造成氢脆，因此钢铁部件宜采用阳极脱脂。

电解脱脂时常使用氢氧化钠、碳酸钠等碱性水溶液来增强去污作用。碱液对脂类油性污垢有乳化分散作用。有时要加入偏硅酸钠和少量表面活性剂，以利矿物油污垢的分散去除，偏硅酸钠还可明显改善金属铝的耐碱蚀性。当铝进行阳极电解脱脂时，在阳极金属铝表面析出无水硅胶覆盖膜，保护铝不被碱腐蚀。钢铁材料电解脱脂时常用氢氧化钠等强碱作电解质，并在高浓度高温下电解。而铜和铜合金一般采用低浓度的碱液。锌和铝等非铁金属耐碱腐蚀性差，多用硅酸钠等弱碱作电解质。

（2）电解研磨去锈　使用电解的方法对金属表面进行腐蚀，并将表面的氧化层及污染层去除的方法叫电解研磨去锈（简称电解研磨）。电解研磨是向电解质溶液中通入电流，使得浸渍在电解液中的金属表面上的微小凸起部位优先溶解去除，从而获得平滑光泽的金属表面的方法。电解研磨通常把处理的金属部件置于阳极，使用酸性或碱性电解液均可。为抑制腐蚀和增加黏度，常在电解液中加入添加剂。电解研磨可以得到与机械研磨不同的加工特性，适用于多种金属单质和合金材料。

3.3.3 化学法再制造清洗技术

1. 基本概念

（1）化学清洗的定义　利用化学药剂与污垢发生化学反应，使污垢从清洗物体表面解离并溶解分散到水中的清洗方法叫化学清洗。它是借助清洗剂对物体表面污染物或覆盖层进行化学转化、溶解、剥离以达到清洗的目的。化学清洗过程一般分为水冲洗、碱煮、酸洗、水冲洗、钝化等几个步骤，根据污垢的不同可以适当调整，其中酸洗是化学清洗的核心过程。

（2）化学清洗液　化学清洗的关键是化学清洗液，包括溶剂、表面活性剂和化学清洗剂。

溶剂包括水、有机溶剂和混合溶剂。水是清洗过程中使用最广泛、用量最大的溶剂或介质。有机溶剂的特点是对油污的溶解速度快，除油效率高，对高聚物的溶解、溶胀作用强，但对无机类污垢基本无溶解作用。有机溶剂常用的有煤油、柴油、工业汽油、乙醇、丙酮、乙醚、苯、四氯化碳等，其中汽油、乙醇、乙醚、苯、四氯化碳的去污、脱脂能力很强，清洗质量好，挥发快，适用于清洗较精密的零件，如光学零件、仪表部件等。煤油、柴油与汽油相比，清洗能力不及汽油，清洗后干燥也慢，但比汽油使用安全。混合溶剂是把两种或两种以上的溶剂混合在一起组成的溶剂，溶解力很高，能够使溶剂的优点得到充分发挥。

表面活性剂又称界面活性剂，是具有在两种物质的界面上聚集，且能显著改变（通常是降低）液体表面张力和两相间的界面性质的一类物质。表面活性剂的分子中同时存在亲水基和疏水基，使其具有在界面上的吸附作用，以及在溶液中的胶团化作用，这是表面活性剂具有清除污垢作用的根本原因。表面活性剂除去污能力外，还有吸附、润湿、渗透、乳化、分散、起泡、增溶等性能。

化学清洗剂是指化学清洗中所使用的化学药剂。常用的化学清洗剂有酸、碱、氧化剂、金属离子螯合剂、杀生剂等。为防止化学药剂与清洗对象发生反应，有时还要在化学清洗剂里加入金属缓蚀剂及钝化剂等。

2. 酸清洗方法

酸是处理金属表面污垢最常用的化学药剂。清洗中常用的酸包括无机酸、有机酸两类。前者包括硫酸、盐酸、硝酸、磷酸等，后者常用的有氨基磺酸、羟基乙酸、柠檬酸、乙二胺四乙酸等。

（1）无机酸清洗

1）硫酸（H_2SO_4）：化学清洗用的硫酸浓度一般小于15%（质量分数）。硫酸对不锈钢和铝合金设备无腐蚀性，适合清洗这些特殊金属设备。硫酸不易挥发，可以通过加热来加快清洗速度。用5%～15%（质量分数）浓度的硫酸作清洗液时，可以加热到50～60℃，以加快清洗速度。但硫酸腐蚀性很强，使用时要注意安全。硫酸清洗金属，易发生氢脆。氢脆是酸与金属反应产生的氢气被金属吸收后引起金属发脆、性能变坏的现象。工业上用硫酸进行清洗时通常加入非离子表面活性剂以提高除锈能力。为了降低硫酸对金属物体的腐蚀性，要在清洗剂中加入适量缓蚀剂。

2）盐酸（HCl）：盐酸是氯化氢气体的水溶液。盐酸与金属反应生成的氯化物，水溶性很好，但盐酸与卤化物对金属有腐蚀作用。使用盐酸作清洗液时，一般使用10%（质量分数）以下浓度并在常温下使用。因大多数氯化物溶于水，所以盐酸常用于清除碳酸盐水垢、铁锈、铜锈、铝锈等。盐酸清洗液适用于碳钢、黄铜、纯铜及其他铜合金材料的设备清洗，不宜用于不锈钢和铝材表面污垢的清洗，对钢铁等多种金属材料有强烈腐蚀性，清洗时需加缓蚀剂。

3）硝酸（HNO_3）：硝酸对贵金属（如金、铂）之外的许多金属有广泛的溶解能力。因此，在清除金属表面污垢时，它既可以把有机污垢氧化分解去除，又可在某些金属表面形成致密的氧化膜保护金属不被腐蚀。用于酸洗的硝酸浓度一般在5%（质量分数）左右，在浓度较低的情况下，硝酸比较稳定，不易分解，氧化性减弱，主要发挥酸性作用。硝酸可用于清除盐酸无法清除的金属氧化物和污垢物，清洗不锈钢为基体的设备时不会导致孔蚀，而且硝酸清洗铜锈效果好。硝酸可以去除水垢和铁锈，对碳酸盐水垢、Fe_2O_3和Fe_3O_4锈垢溶解能力强，去除氧化铁皮、铁垢的速度快，时间短，并对碳钢、不锈钢、铜的腐蚀性低。低浓度硝酸对大多数金属有强腐蚀性，用硝酸作酸洗剂时，应添加缓蚀剂。

4）磷酸（H_3PO_4）：在去除钢铁表面锈污时，通常用质量分数为15%～20%的磷酸溶液，温度控制在40～80℃。酸洗时采用的磷酸浓度为10%～15%（质量分数），温度为40～60℃。高浓度磷酸使用成本高，废液处理困难，只在特定范围内使用。用磷酸清洗生锈的金属表面，在去锈的同时形成磷化保护膜，对金属起保护作用。磷酸不宜用于清除水垢，其铁盐在低浓度磷酸中溶解度低，所以只在特殊情况下才用磷酸作酸洗剂。

（2）有机酸清洗　为了保证再制造零件的表面质量不受损伤，减少再制造过程中的环境污染，还可以采用有机酸来进行再制造清洗。用于酸洗的有机酸很多，常用的有氨基磺酸、羟基乙酸、草酸等。有机酸酸洗与无机酸酸洗相比，有机酸对金属腐蚀性小、无毒、污染小、无“三废”排放，清洗时较安全，清洗效果好，但成本较高，需要在较高温度下操作，清洗耗费时间长。

1）氨基磺酸：其酸性与盐酸、硫酸相似，水溶液不挥发，无臭味，对人体毒性极小。相对湿度大于70%时，氨基磺酸潮解，在高温下会生成硫酸铵和硫酸氢铵。清洗温度要控制在60℃以下，防止水解。氨基磺酸对金属腐蚀性小，常被用来清洗钢铁、铜、铝以及陶瓷等材料制造的设备表面上的铁锈和水垢。氨基磺酸是唯一可用作镀锌金属表面清洗的酸。表3-3列出了3%酸的水溶液的腐蚀数据相对比较值。

表3-3　3%酸的水溶液的腐蚀数据相对比较值（温度为22℃±2℃时）

金　属	氨基磺酸	H_2SO_4	HCl	金　属	氨基磺酸	H_2SO_4	HCl
1010钢	1	2.6	4.2	锌	1	2.2	很快腐蚀
铸铁	1	3.2	3.2	纯铜	1	1.5	6.7
镀锌薄钢板	1	63.0	很快腐蚀	青铜	1	1.5	2.8
锡	1	81.0	23.0	黄铜	1	4.0	7.0
304不锈钢	1	10.0	很快腐蚀	铅	1	0.6	5.3

2）乙酸：俗称醋酸，是一元有机弱酸，熔点为16.7℃。纯醋酸在低温下结晶成固体，又称冰醋酸。常温下为无色有刺激性醋味的液体，与水、乙醇、乙醚可以混溶。醋酸对金属腐蚀性低，对人体毒害作用小，它的盐易溶于水，适合清洗水垢和铁锈等，特别是黄铜和晶间腐蚀敏感的材料适合用乙酸清洗。

3）羟基乙酸：羟基乙酸在水中的溶解性比乙酸好，酸性比乙酸稍强，对锈垢的溶解能力也较大，对钢铁等金属基体的腐蚀性比盐酸、硫酸小得多。国外通常用2%羟基乙酸和1%甲酸的混合液作为清洗剂，在82～104℃温度下循环流动清洗，对铁锈和氧化皮有较好的清洗效果。

4）草酸：草酸是有机酸中较强的酸，为无色结晶状固体，其水溶液遇强酸分解，有还原性。草酸的盐难溶于水，不宜软化硬水，草酸对铁锈有较好的溶解力，可用于去除锈垢，但不能用它去除碳酸钙水垢。草酸对金属有腐蚀作用，如钢铁在常温下能被草酸慢慢腐蚀，但在加热情况下会生成草酸铁保护膜，能阻止腐蚀的进行；铝、镍、铜、不锈钢等材料对草酸的耐蚀性较好，而锡、锌等金属对草酸稀溶液的耐蚀性较好。

3. 碱清洗方法

（1）基本概念　碱清洗方法是一种以碱性物质为主剂的化学清洗方法，比较古老，清洗成本低，被广泛应用。碱性清洗剂可以单独使用，也可以和其他清洗剂交替或混合使用，主要用于清除油脂垢，也可清除无机盐、金属氧化物、有机涂层和蛋白质垢等。

用碱洗除锈、除垢等，比采用酸洗的清洗成本高，除锈、除垢的速度慢。但是，除对两性金属的设备外，碱洗不会造成金属的严重腐蚀，不会引起工件尺寸的明显改变，不存在因清洗过程中析氢而造成对金属的损伤，金属表面在清洗后与钝化前，也不会快速返锈等。

碱清洗的对象及机理主要有：

1）对于动植物油脂垢，通过与动植物油脂垢中的酸性污垢进行皂化反应，生成皂和盐，溶解或分散于水溶液中。

2）对于矿物油垢，应与能产生胶粒的聚磷酸盐、硅酸盐等复合使用，其中强碱使矿物油解离，胶粒则吸附油污，使之稳定地分散在溶液中。

3）对于无机盐垢，如硫酸钙、硅酸钙等难溶于酸和水的无机盐，碱洗可用于酸清洗的预清洗。

4）对于金属锈垢，碱洗主要用于两性金属的锈垢。

5）对于有机涂层，利用强碱的作用，使待清除的旧涂膜膨胀、松软，进而清除。

洗涤过程使用的碱性物质，包括碱类物质和碱性盐类，常用的盐有碳酸钠、磷酸钠和硅酸钠，有时也用它的钾盐，在要求碱性比这些钠盐弱时使用它们的铵盐。

（2）各种碱的性质

1）氢氧化物。常用在清洗过程的有氢氧化钠和氢氧化铵（氨水）。

氢氧化钠（NaOH）：即火碱，是吸湿性强的白色固体。其水溶液常用作低价强碱使用，腐蚀性很强，对皮肤有强烈腐蚀性，会引起皮肤炎症，使用时要十分小心。因氢氧化钠对玻璃有腐蚀性，固体氢氧化钠用塑料瓶贮存。常用的碱洗液是5%（质量分数）的氢氧化钠溶液，有皂化除油润湿清洗表面和转化溶解硫酸盐垢两种作用。

氨水（$NH_3 \cdot H_2O$）：氨水不稳定易挥发，常温下会游离出有强烈刺激臭味的氨气，对人体有刺激性，但氨水反应性能较温和。

2）碳酸盐。碳酸盐的水解产物中含有大量碱性离子，根据其盐中的氢原子数的多少，碱性强弱有所不同，由于碳酸盐的碱蚀性较弱，对人较安全，在清洗领域用途广泛。常用的有碳酸钠、碳酸氢钠、碳酸氢三钠等，主要用于碱洗、碱煮、中和、钝化工艺中。

3）简单磷酸盐。磷酸三钠（Na_3PO_4）是磷酸的正盐，其水溶液 pH 值较高，适合作为强碱性洗涤剂的助洗剂。磷酸氢二钠（Na_2HPO_4）是磷酸的酸式盐，其水溶液 pH 值比磷酸钠低，适合作为弱碱性洗涤剂的助洗剂。磷酸钠作为助洗剂还可以起软化硬水的作用。

4）聚合磷酸盐。焦磷酸钠（$Na_4P_2O_7$）由两分子磷酸氢盐聚合而成，其水溶液 pH 值较高，适合作为强碱性洗涤剂助剂。三聚磷酸钠（$Na_5P_3O_{10}$）由三分子磷酸盐聚合而成，适合作为中性洗涤剂助剂。聚合磷酸盐能起碱剂作用，也能与水中钙、镁离子结合成在水中稳定分散的螯合物。因此常用于软化硬水和洗涤剂助剂，但因含磷，易造成环境污染。

5）硅酸盐。常用的有正硅酸钠和偏硅酸钠。正硅酸钠是透明黏稠半流动物质，偏硅酸钠是白色吸湿性强的粉末。它们是低价格的助剂，在水溶液中水解形成硅酸盐胶体，胶体表面对亲油性污垢有强烈吸引力，使其解离分散下来，而胶体状态的硅酸盐沉积在被清洗金属表面形成保护薄膜，使金属免受溶液中碱性离子腐蚀。另外，硅酸盐有缓冲作用，即在酸性污垢存在时，其 pH 值几乎维持不变。硅酸盐还可以和水中的高价金属离子形成沉淀，可除去水中的铁盐，还能络合钙镁离子，在一定意义上有软化水质的作用。

（3）碱对清洗对象的腐蚀性　在通常情况下，钢铁和铸铁对各种浓度的碱溶液都耐蚀，只在煮沸状态下的高浓度氢氧化钠水溶液中才缓慢腐蚀。18－8 铬镍不锈钢的耐碱蚀性比普通钢稍差。硅铁会被碱液慢慢腐蚀。非铁金属对碱的耐蚀性较差。各种金属耐碱腐蚀的 pH 极限值见表 3-4。

表 3-4　各种金属耐碱腐蚀的 pH 极限值

金　　属	锌	铝	锡	黄　　铜	硅　　铁	钢　　铁
pH 值极限	10.0	10.0	11.0	11.5	13.0	无限

（4）碱对污垢的去除作用　动植物油的主要化学成分是高碳脂肪酸甘油三酯，通常油脂中含有 30%（质量分数）左右的游离脂肪酸，脂肪酸与碱反应时生成有一定水溶性的肥皂（脂肪酸盐），而脂肪酸甘油三酯在强碱性高温情况下

发生皂化生成甘油和肥皂。生成的肥皂有表面活性作用，可将剩余的脂肪酸甘油三酯乳化分散而使油脂污垢从清洗对象表面去除。

矿物油是饱和链烃，无极性，不与碱发生反应，单纯用碱难以使其解离、分散。但硅酸盐碱性物质在水溶液中能形成胶体并对油性污垢有乳化、分散和吸附作用，所以硅酸盐对矿物油有去除作用。

（5）碱性清洗液及应用

1）碱性清洗液的基本组成：碱性清洗液通常是多种碱并用，有时还添加少量表面活性剂、螯合剂、有机溶剂和消泡剂等，是一种复合碱性清洗剂，这种清洗剂可显著提高清洗的效率。碱性清洗液具体的配方应根据不同的污垢种类以及所拟采用的清洗方式和条件进行配制。

2）碱性清洗剂的基本技术要求：良好的清洗性能，满足生产的要求；对被清洗基体的损伤小；使用量小，价格低廉；低毒或无毒性，无异味，废料容易处理，环境污染小。

3）碱性清洗剂的常用方法：碱性清洗剂的常用方法按附加的机械力的不同有浸泡清洗、喷射清洗、滚洗、刷洗和擦洗等；按操作温度的不同有常温清洗和加热清洗。

4）用碱性溶液清洗时的注意事项：当污垢过厚时，应先将其擦除；材料性质不同的工件不宜放在一起清洗；工件清洗后应用水冲洗或漂洗干净，并及时使之干燥，以防残液损伤零件表面；碱溶液清洗的零件干燥后，应涂油保护，防止生锈；非铁金属、精密零件不宜采用强碱溶液浸洗。

4. 氧化剂清洗方法

某些难溶于水溶液的污垢，可以在一定的条件下，用氧化性或还原性物质与之作用发生氧化，使其分子组成、溶解特性、生物活性、颜色等发生转化，变成易于溶解与清除的物质。常用于工业清洗中的这类清洗剂包括硝酸、铬酸、浓硫酸等氧化性酸，还有一些氧化剂和还原剂，其中那些只有在高温熔融、强酸或强碱配合下，才能发挥良好作用的氧化剂和还原剂，被称为熔融剂。

（1）卤素及其化合物　卤素及其含氧酸和含氧酸盐，是氧化清洗中常用的氧化剂。工业中常用5%～15%（质量分数）的次氯酸钠水溶液进行清洗。固体次氯酸钠是白色至苍黄色粉末，极不稳定，宜溶解于水，在碱性环境中比较稳定，但是，在有氨或铵盐存在时，次氯酸钠会迅速分解。次氯酸钠溶于水后，生成氢氧化钠和次氯酸，呈碱性。次氯酸再分解生成氯化氢和新生态的氯。因此，次氯酸钠是很强的氧化剂，在光作用和加热的条件下分解非常迅速。

（2）过氧化物　应用于工业清洗的过氧化物主要有过氧化氢、臭氧、过硼酸钠、过碳酸钠、过硫酸钠和过硫酸钾，它们具有很强的氧化性。

1）过氧化氢（H_2O_2）：俗称双氧水，纯的过氧化氢是无色黏稠液体，相对密度为1.438，熔点为-89℃，沸点为151.4℃。可以和水、乙醇、乙醚以任何比例混合；市售产品的浓度可在90%（质量分数）以上，一般为3%（质量分数）和30%（质量分数）的水溶液。过氧化氢不稳定，光或热的作用、杂质的存在（例如铜铁离子和酶）、pH值的升高都会促使其分解，生成水和氧原子。过氧化氢既有氧化性，又有还原性，因此可作为氧化剂、还原剂、漂白剂、杀菌剂、消毒剂、脱氯剂等。

过氧化氢水溶液是一种弱酸性溶液，对人体皮肤有强烈的腐蚀作用。过氧化氢的强氧化性，可使有机污垢分解，而且，在其发生氧化作用时，生成氧化气泡的作用有利于污垢脱离物体表面，因此主要用于清除有机污垢。

2）臭氧（O_3）：氧的同素异形体，厚的气态臭氧层呈蓝色，有特殊的臭味，高浓度时和氯气气味相似，相对密度为1.658。液态臭氧呈深蓝色，密度为1.71g/cm^3（-183℃），沸点为-112℃。固态臭氧是紫黑色，熔点为-251℃。液态臭氧容易爆炸，在室温下缓慢分解，在高温下迅速分解生成氧气，撞击、摩擦会引起爆炸分解。臭氧在分解时产生氧气和新生态的氧原子，因此具有很强的氧化性。化学清洗中，臭氧可使有机污垢发生氧化、分解、脱离。可以采用臭氧的水溶液，也可以用臭氧气体。在干法清洗中，可使用气态臭氧清除污垢。

3）过硼酸钠（$NaBO_2 \cdot H_2O_2 \cdot 3H_2O$）：是偏硼酸钠（$NaBO_2$）和过氧化氢（$H_2O_2$）的复合体，白色单斜晶体或粉末，有咸味。其熔点为63℃，在130～150℃失去结晶水。可溶解于酸、碱和甘油中，微溶于水，溶液呈碱性，pH值为10～11，水溶液不稳定，极易分解出活性氧。在干、冷的空气中，纯度较高的过硼酸钠比较稳定。但在40℃以上或潮湿的空气或游离碱的条件下，分解并产生氧气，可作为固体温和型的氧化剂。在水溶液中加热也可慢慢放出氧气，呈氧化性。过硼酸钠与稀酸作用，产生过氧化氢；用浓硫酸处理时，放出氧和臭氧。过硼酸钠可被氧化铜、氧化铅、氧化钴、二氧化锰、硝酸银、高锰酸钾等催化分解。常用作洗涤剂、氧化剂、漂白剂、杀菌剂、脱臭剂等。

4）过碳酸钠（$2NaCO_3 \cdot 3H_2O_2$）：是过氧化氢与碳酸钠结合得到的过氧化物，为白色粒状晶体，无臭。过碳酸钠不稳定，在110～150℃时分解。由于过碳酸钠含有较多的活性氧，故被称为固体形式的过氧化氢。在水溶液中过碳酸钠不太稳定，会分解出过氧化氢而起氧化、漂白和洗涤作用。其作用受温度、pH值、浓度和机械作用强弱等因素的影响。在30℃时质量分数为1%的过碳酸钠水溶液pH值为10.5，此时，过碳酸钠的漂白性最强。再过强的碱性则有损漂白性，而机械作用有利于增强漂白效果。

5）过硫酸盐：如过硫酸钠（$Na_2S_2O_8$）、过硫酸钾（$K_2S_2O_8$）等，是强氧化剂，能把Cl^-氧化为Cl_2，把H_2O_2氧化为O_2。在清洗中，过硫酸盐能在低温时发挥作用；和活性氯的化合物配合使用有优异的杀菌、漂白作用；和过氧化氢配合使用，能降低过氧化氢的使用温度；和含氧的漂白剂配合使用，具有协同效果。当过氧化物和单过硫酸盐配合使用时，有充分的漂白作用，两者比例为3∶7～9∶1时，被清洗漂白的材料不发生变色和褪色现象。

5. 金属离子螯合剂清洗

金属离子螯合剂是清洗过程中用到的一类重要的化合物。在清洗金属时，用螯合剂清洗可以去除金属表面的水垢和锈垢。在锅炉用水和循环冷却水中加入螯合剂，可以防止水垢的生成。在已结垢的系统中加入螯合剂，可以通过螯合剂的螯合作用使水垢松散而去除。

由一个简单正离子（称为中心离子）和几个中性粒子或离子（称为配位体）结合而成的复杂离子叫配离子（又称络离子），含有配离子的化合物叫配位化合物。有些配位体分子中含有两个以上的配位原子，而且这两个配位原子之间相隔2～3个其他非配位体原子时，这个配位体就可与中心离子（或原子）同时形成两个以上的配位键，并形成一个包括两个配位键的五元环或六元环的特殊结构，把这种具有环状结构的配合物叫作螯合物。把能够形成螯合物的配位体称为螯合剂。当生成的螯环是五环或六环时，螯合效应通常是最大的。而生成的螯环数目越多，则螯合物越稳定。螯合物比一般的配合物更为稳定。

（1）无机金属离子螯合剂

1）氨：在化学清洗中，氨主要用作水冲洗时的缓蚀剂、脱脂清洗时的pH值调整剂、酸洗时的配合剂、铜垢清洗剂以及中和剂等。

2）聚合磷酸盐：常用的聚合磷酸盐包括三聚磷酸钠、六偏磷酸钠。聚合磷酸盐的螯合能力受pH值的影响较大，一般只适合在碱性条件下作为螯合剂，但由于含磷，会导致水体富营养化的加剧，因此出于环保要求，它们的使用受到很大的限制。

（2）有机金属离子螯合剂　能与金属离子起螯合作用的有机化合物很多，可分为羧酸类、有机多元磷酸类、聚羧酸类。螯合物清洗剂是利用其自身的酸性和所带活性基团优异的螯合能力，再加上表面活性剂、缓蚀剂、渗透剂的作用，将附着在金属表面的氧化层和盐垢剥离、浸润、分散、螯合至清洗液中，以达到清洗的目的。工业中常用的有机螯合剂包括：

1）柠檬酸：柠檬酸与氨形成柠檬酸单氨，与铁离子螯合，分别形成溶解度较大的柠檬酸亚铁铵和柠檬酸铁铵，进行铁锈的清洗。柠檬酸可用于两种情况：①当设备结构复杂、清洗液难以彻底排放，或在结构材料中含有某些因残留氯离子可能引起应力腐蚀开裂的材质时，不能使用无机酸清洗，这时可用柠檬酸清洗；②主要用在酸洗结束之后，作为中和预处理剂或者漂洗剂。

2）乙二胺四乙酸（$C_{10}H_{16}O_8N_2$）：乙二胺四乙酸为白色、无味、无臭的结晶性粉末，不溶于水、乙醇、乙醚及其他溶剂，能溶于5%（质量分数）以上的无机酸。可与氢氧化钠中和反应。它可提供形成配位键的电子对，与钙、镁等金属离子形成含6个配位键的五元环螯合物。化学清洗时常用乙二胺四乙酸的钠盐或铵盐。乙二胺四乙酸可用于核工业、电力、石油化工、轻工等工业设备的清洗。

（3）其他有机螯合剂　次氮基三乙酸（$C_6H_9NO_6$）斜方晶系。作为清洗剂，次氮基三乙酸斜方晶系价格便宜，虽然对金属的螯合能力稍差，但由于相对分子质量小，相同质量的次氮基三乙酸可以螯合更多质量的金属离子，次氮基三乙酸可以代替乙二胺四乙酸，同时，作为螯合剂使用，具有生物可分解的能力强。聚丙烯酸常用于工业循环冷却水中作阻垢剂；羟基亚乙基二磷酸有优异的螯合性能及一定的缓蚀能力，是常用的阻垢缓蚀剂。

3.3.4　再制造清洗技术典型应用

1. 钢件和铜件的化学清洗

钢件和铜件是机械设备中最常使用的零件材料，是再制造中的主要清洗对象，通常可采用化学清洗方法对其进行清洗，以除去其表面油脂。但因各种金属如钢铁材料、非铁金属及某些轻金属的性质不同，清洗规范和操作方法也各有差异。常用的清洗规范和操作方法有以下几种：

（1）钢铁材料的清洗规范　一般的钢铁材料可采用以氢氧化钠和碳酸钠为主的清洗规范，如：氢氧化钠（NaOH）40～70g/L；碳酸钠（Na_2CO_3）20～45g/L；磷酸三钠（$Na_3PO_4 \cdot 12H_2O$）10～20g/L；水玻璃（Na_2SiO_3）5～13g/L；乳化剂（OP-10）1～3g/L；温度80～90℃；时间至油除尽。

（2）非铁金属的清洗规范　铜及铜合金易被强碱腐蚀，采用以碳酸钠和磷酸三钠为主的清洗规范为：氢氧化钠（NaOH）7～13g/L；碳酸钠（Na_2CO_3）40～70g/L；磷酸三钠（$Na_3PO_4 \cdot 12H_2O$）55～80g/L；水玻璃（Na_2SiO_3）4～8g/L；焦磷酸钠（$Na_4PO_7 \cdot 10H_2O$）10～15g/L；乳化剂（OP-10）1～3g/L；pH值9～10；温度80～90℃；时间至油除尽。

（3）工艺要点

1）以氢氧化钠为主组成的清洗溶液，不但有很强的皂化能力，而且具有一定的乳化性能，除油效率较高，它适用于钢制品的除油，但不适用于铸铁制品，因铸铁表面不可避免地存在不同程度的疏松、砂眼等疵病，若用这种溶液清洗铸铁制品，溶液中的碱性物质随之进入铸铁的疏松或砂眼里去，不易清洗出来。久而久之，为加速铸铁腐蚀创造了条件，随着时间的延长，腐蚀程度不断扩大，顶破油漆涂装层而堆积成明显的铁锈，所以铸铁制品不宜采用这种方法清洗除油。在氢氧化钠含量大的溶液中清洗除油，所生成的皂化物（肥皂）难以溶解，因此氢氧化钠含量一般不超过80g/L。

2）在铜及铜合金的清洗除油中，氢氧化钠对铜及铜合金有一定的氧化和腐蚀作用，不宜采用。应采用以碳酸钠和磷酸三钠为主配成的溶液。在有些情况下，为了加速去油的速度，也可在配方中加入少量的氢氧化钠，但要控制溶液的pH值在9～10的范围内。

3）所有的清洗除油溶液的组分中，一般都含有OP表面活性剂。这种表面活性剂的去油效果较好，但是不易用水把它从制品表面上洗掉，若清洗不净会影响油漆层对基体金属的结合力。因此，在除油溶液中，OP表面活性剂的含量不宜过高，一般不宜超过3g/L。经过含OP表面活性剂溶液除油后的制品，要立即用40～50℃的温水清洗，然后再用流动冷水仔细洗涤，否则制品表面要产生流痕。特别是含铜量较高的铜合金表面，因为有铜的氧化物存在，若清洗不好，会形成黑色挂灰。

4）提高除油溶液的温度，会使碱性盐的水解增加，同时也加速了油脂的皂化和乳化过程。在高温下，除油溶液界面的表面张力降低，较易润湿。因此，提高除油溶液温度，可以大大加速除油过程。但温度过高，会恶化施工环境，铝、锌等与碱液容易反应的金属，在高的温度下容易遭到腐蚀。

5）制品除油要按规定的温度和时间进行。温度过高、时间过长，会使制品尺寸减小，厚度变薄，引起制品超差，甚至报废。采用上述几种溶液清洗除油时，包铝板材进行双面腐蚀时，每分钟可减少2～5μm。对厚度0.50mm以下钣金制品清洗除油，经半分钟后要进行检查，若油未除尽，可再重复除油半分钟。

2. 发动机缸体的清洗流程

1）高温分解。将零件装入高温分解炉中，封严炉门，按分解炉操作规程高温烘烤，使零件表面上的油漆、油污高温分解或焚烧。

2）清理表面。将经过高温分解的零件冷却后，用水枪将表面浮尘吹掉，并立即进行清洗。

3）去碗形塞。通常可用錾子将缸体的碗形塞取出。对不易拆解油道口碗形塞，可将长约50mm M8螺栓头的一端焊在碗形塞的内凹面上（注意不能焊到缸体端面上），通过拉拔螺栓将碗形塞取出。

4）碱洗脱脂。将零件装入清洗筐或直接吊入清洗液中浸泡，使底面朝下，将零件表面的水垢和氧化物除掉；清洗完毕，尽量将缸体等零件上的酸液晾干。

5）漂洗。按超声波作业指导书要求用清水漂洗干净零件表面及孔内的酸液。当pH值≥9时必须换水。

6）酸洗除锈除垢。按超声波作业指导书要求将零件吊入酸洗箱中浸泡，清洗完毕尽量将零件上的残液晾干。

7）漂洗。按超声波作业指导书要求用清水漂洗干净零件表面及孔内的残液。当 pH 值≤5 时必须换水。

8）防锈处理。将零件吊入防锈箱中浸泡。

9）吹干、打磨。吹干表面液滴。用手持式打磨机对零件表面、螺钉孔、油道、水道进行打磨，使零件表面上的残留锈迹打磨干净。

10）喷漆。对缸体、飞轮壳和齿轮室的加工表面进行防护，将零件非加工表面喷上底漆，应使漆膜均匀，色泽一致。

11）整理、储存。将缸体、飞轮和齿轮室加工表面上的油漆打磨干净，清理表面上的残余锈迹，使缸体和齿轮室表面干净，光洁，无锈迹和油污等浮着物。对齿轮室和飞轮壳螺孔，要去除螺孔内油污，对损坏的螺孔用红笔标出。入库储存备用。

3. 发动机缸盖清洗流程

1）高温分解。将零件装入高温分解炉中，封严炉门，按分解炉操作规程高温烘烤，使零件表面的油漆、油污高温分解或焚烧。

2）抛丸。将零件挂到抛丸机吊具工装上，挂好零件的工装放入抛丸机进行抛丸处理。为防止划伤精度要求高的表面，在精度要求高的表面上面安装防护。

3）清丸。将零件挂到清丸机工装上并放入清丸机进行清丸处理。进行完清丸处理的零件拆下安装的防护。

4）打磨。用手持式打磨机对零件表面、螺钉孔、气道、水道进行打磨，使零件表面上的残留锈迹打磨干净。

5）加热清洗。将处理完的缸盖放入清洗机中加热清洗。

4. 发动机油底壳的清洗流程

1）高温分解。将待清洗油底壳装入高温分解炉中，封严炉门，按高温分解炉的操作规程在适当的温度下进行高温烘烤若干小时，使零件表面上的油漆、油污高温分解或焚烧。

2）抛丸处理。将烘烤后零件挂到抛丸机吊具工装上，并放入抛丸机进行抛丸处理。

3）整形处理。检查并对外形有凹陷、磕碰等变形的油底壳进行整形处理。

4）喷漆。对零件的加工表面进行防护，对未加工表面喷上底漆，应使漆膜均匀，色泽一致（油底壳只对外表面喷漆）。

5）整理。将零件加工表面上的油漆打磨干净，清理表面的残余锈迹，使表面干净、光洁，无锈迹和油污等附着物。

6）试漏。将适量的煤油倒入油底壳，保持静止状态数十分钟后看有无渗漏现象。无渗漏转入下一工步；若有渗漏则焊补后再试漏；损坏严重无法再制造的报废处理。

3.3.5 再制造清洗技术发展趋势

1. 环保型清洗

消耗臭氧层的物质（ODS）（如氟氯烃类物质）作为清洗溶剂，在清洗行业的用量非常大，它们已经被列为淘汰项目，而研究它们的替代产品就成为清洗技术的发展趋势。替代产品的选择原则为：无毒，无公害，不影响工人安全和健康；优良的溶解与清洗能力；良好的性价比。因此，对环境影响较大的化学清洗方法会逐渐为物理清洗方法所替代。

2. 自动化清洗

再制造清洗过程是劳动密集型岗位，需要大量的劳动力。随着再制造规模的扩大和对生产效率的要求越来越高，对低运行成本的清洗系统的需求不断增加，促进了半自动和自动化技术在清洗行业的应用。国外和国内已经有很多自动化清洗技术的应用实例，这种技术的集中应用表现在清洗生产线、清洗机器人的开发和研制。因此，清洗的自动化已经成为清洗技术发展的趋势。

3. 生物工程清洗

再制造清洗所具有的污染性已经制约了它的工程发展应用，而生物工程作为一种环保的清洗技术，它的应用正逐渐成为一种趋势。生物工程就是要控制活的生物体的力量，使某些生物和化学过程更加容易、迅速和有效的发生。生物工程清洗的典型应用是生物降解技术、生物酶清洗等。

3.4 再制造装配技术

3.4.1 再制造装配特点及类型

再制造装配是产品再制造的重要环节，其工作的好坏，对再制造产品的性能、再制造工期和再制造成本等起着非常重要的作用。做好充分周密的准备工作以及正确选择与遵守装配工艺规程是再制造装配的两个基本要求。再制造装配中把直接使用的旧品件、再加工后的零件及更换的新品件这三类零件装配成组件，或把零件和组件装配成部件，以及把零件、组件和部件装配成最终产品的过程可以按照制造过程的模式分别称为组装、部装和总装。再制造装配顺序一般是先组件、部件装配，最后是总装配。图3-16a、b、c分别给出了组装、部装和总装的装配工作系统图。

再制造企业的生产纲领决定了再制造生产类型，并对应不同的再制造装配组织形式、装配方法、工艺装备等。由对比分析可知，不同再制造生产类型的装配特点见表3-5。

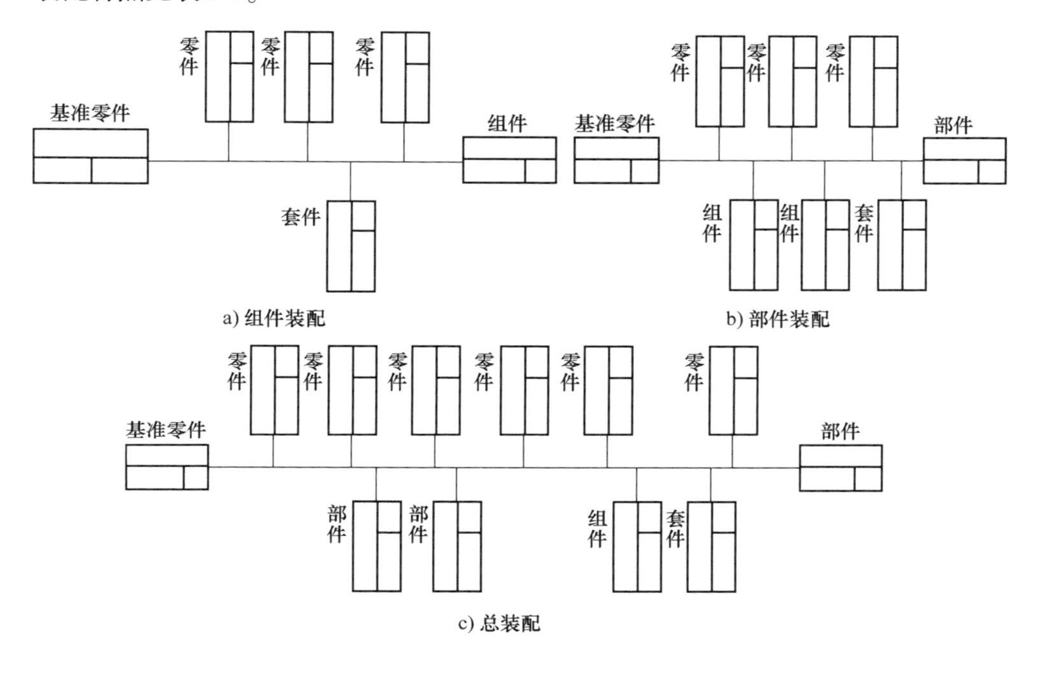

图3-16 再制造装配工艺顺序系统图

表3-5 不同再制造生产类型的装配特点

再制造装配特点	再制造生产类型		
	大批量生产	成批生产	单件、小批生产
组织形式	多采用流水线装配	批量小时采用半自动流水线装配，批量较大时采用自动化流水线装配	多采用固定装配或固定式流水装配进行总装
装配方法	多采用互换法装配，允许少量调整	主要采用互换法装配，部分采用调整法、修配法装配	以修配法及调整法为主
工艺过程	装配工艺过程划分很细	划分依批量大小而定	一般不制定详细工艺文件，工序可适当调整
工艺装备	专业化程度高，采用专用装备，易实现自动化	通用设备较多，也有部分专用设备	一般为通用设备及工夹量具
手工操作要求	手工操作少，熟练程度易提高	手工操作较多，技术要求较高	手工操作多，要求工人技术熟练

3.4.2 再制造装配的工作内容及精度要求

1. 再制造装配的工作内容

再制造装配不但是决定再制造产品质量的重要环节，而且还可以发现废旧零部件再制造加工等再制造过程中存在的问题，为改进和提高再制造产品质量提供依据。再制造装配的工作包括零部件清洗、尺寸和重量分选等，以及再制造装配过程中的零件装入、连接、部装、总装以及检验、调整、试验和装配后的试运转、涂装和包装等，从宏观上来讲都是再制造装配工作的主要内容。而再制造装配前的准备工作包括研究和熟悉产品装配图、工艺文件及技术要求，了解产品的结构、零件的作用以及相互的连接关系，并对装配零部件配套零件的品种及其数量加以检查；确定装配的方法、顺序和准备所需的工具；对装配零件进行清洗和清理，去掉零件上的毛刺、锈蚀、油污及其他脏物，以获得所需的清洁度；对有些零部件还需进行刮削等修配工作，有的要进行平衡试验、渗漏试验和气密性试验等。

装配工作量在产品再制造过程中占有较大的比例，尤其对于因无法大量获得废旧毛坯而采用小批量再制造产品的生产中，再制造装配工时往往占再制造加工工时的一半左右；在大批量生产中，再制造装配工时也占有较大的比例。因再制造尚属我国新兴的发展企业，而且其毛坯的获取往往还会受到相应法规的限制，所以相对制造企业来讲，再制造企业普遍存在生产规模小，再制造装配工作大部分靠手工劳动完成，所以研究再制造装配工艺，不断提高装配效率更为重要。选择合适的装配方法、制定合理的装配工艺规程，不仅是保证产品质量的重要手段，也是提高劳动生产率、降低制造成本的有力措施。

2. 再制造装配的精度要求

再制造产品是在原废旧产品的基础上进行的性能恢复或提升工作，所以其质量保证主要取决于再制造工艺中废旧零件再制造加工后的质量和再制造装配的精度，即再制造产品性能最终由再制造装配精度给予直接保证。

再制造产品的装配精度是指装配后再制造产品质量与技术规格的符合程度，即装配后几何参数实际达到的精度，一般包括距离精度、相互位置精度、相对运动精度、配合表面的配合精度和接触精度等。距离精度是指为保证一定的间隙、配合质量、尺寸要求等，相关零件、部件间距离尺寸的准确程度；相互位置精度是指相关零件间的平行度、垂直度和同轴度等；相对运动精度是指产品中相对运动的零部件间在运动方向上的平行度和垂直度，以及相对速度上传动的准确程度；配合表面的配合精度是指两个配合零件间的间隙或过盈的程度；接触精度是指配合表面或连接表面间接触面积的大小和接触点的分布状况，如齿轮啮合、锥体配合以及导轨之间的接触精度等。

再制造装配精度的要求都是通过再制造装配工艺保证的。影响再制造装配精度的主要因素是：零件本身加工或再制造后质量的好坏；装配过程中的选配和加工质量；装配后的调整与质量检验。一般来说，各相关零件的误差的累积将反映于装配精度，零件的精度高，装配精度也会相应地高。因此，产品的装配精度首先受到零件（特别是关键零件）的加工精度的影响。零件间的配合与接触质量影响到整个产品的精度，尤其是刚度及抗振性，因此，提高零件间配合面的接触刚度也有利于提高产品装配精度。但生产实际表明，即使零件精度较高，若装配工艺不合理，也达不到较高的装配精度。所以，在再制造产品的装配工作中，零件精度是影响产品装配精度的首要因素，而产品装配中装配方法的选用对装配精度也有很大的影响，产品的再制造装配精度依靠相关零件的加工精度和合理的装配方法共同保证。

3.4.3 再制造装配工艺方法

根据再制造生产特点和具体生产情况，并借鉴产品制造过程中的装配方法，再制造的装配方法可以分为互换法、选配法、修配法、调整法和温差法五类。

1. 互换法

互换法再制造装配是采用控制再制造零件的加工误差或购置零件的误差来保证装配精度的装配方法。按互换的程度不同，可分为完全互换法与部分互换法。

完全互换法指再制造产品在装配过程中每个待装配零件不需挑选、修配和调整，直接抽取装配后就能达到装配精度要求。此类装配工作较为简单，生产率高，有利于组织生产协作和流水作业，对工人技术要求较低。

部分互换法是指将各相关需要装配的再制造零件、新制备或购买的零件公差适当放大，使装配件经济和容易制造，又能保证装配后的绝大多数再制造产品达到装配要求。部分互换法是以概率论为基础的，可以将再制造装配中可能出现的废品控制在一个极小的比例之内。

2. 选配法

选配法再制造装配就是当再制造产品的装配精度要求极高、零件公差限制很严时，将再制造中零件的加工公差放大到经济可行的程度，然后在批量再制造产品装配中选配合适的零件进行装配，以保证再制造装配精度。根据选配方式不同，又可分为直接选配法、分组装配法和复合选配法。

直接选配法是指废旧零件按经济精度再制造加工，凭工人经验直接从待装的再制造零件中，选配合适的零件进行装配。这种方法简单，装配质量与装配工时在很大程度上取决于工人的技术水平，装配工时不稳定。一般用于装配精度要求相对不高、装配节奏要求不严的小批量生产的装配中。例如，发动机再制造中的活塞与活塞环的装配。装配时需注意检查装配质量，不能达到要求时应重新选配。该方法适用于零件多、生产周期较长的中小批量生产。

分组选配法是指对于公差要求很严的互配零件，将其公差放大到经济再制造精度，然后进行测量并按互配零件的原配合公差分组，再按同组零件分别装配。分组选配法配合精度高，零件加工公差较大，经济性好，但增加了对零件的测量分组工作，并需加强零件的储存和管理，而且各组的配合零件数不可能相同，为避免库存积压，加工中应注意采取适当的调整措施。分组选配时，分组数目不宜过大，一般为 2 ~4 组。分组选配法适用于成批大量生产中装配精度要求较高、零件数很少又不便于采用调整装置的情况。

复合选配法是上述两种方法的复合。先将零件测量分组，装配时再在各对应组内凭工人的经验直接选择装配。这种装配方法的特点是配合公差可以不等，其装配质量高，速度较快，能满足一定生产节拍的要求。

3. 修配法

修配法再制造装配是指预先选定某个零件为修配对象，并预留修配量，在装配过程中，根据实测结果，用锉、刮、研等方法，修去多余的金属，使装配精度达到要求。修配法能利用较低的零件加工精度来获得很高的装配精度，但增加了一道修配工序，工作量大，费工费时，且大多需要技术熟练的工人，不适合流水线生产。此法主要适用于小批量的再制造生产中装配精度要求高且组成环数较多的情况。实际再制造生产中，利用修配法原理来达到装配精度的具体方法有按件修配法、合并加工修配法等。按件修配法是指进行再制造装配时，对于预定的修配零件，采用去除金属材料的办法改变其尺寸，以达到装配要求的方法。合并加工修配法是将两个或多个零件装配在一起后，进行合并加工修配，以减少累积误差，减少修配工作量。

选择用于修配的组成环时应注意：要便于装卸；形状简单，修配面积小，有足够的且尽可能小的修配余量；一般不选公共环为修配环，以免保证了一个尺寸链的精度而同时又破坏了另一尺寸链的精度。采用修配法时，包括修配环在内的各组成环公差可按零件加工的经济精度确定。各组成环累积误差相对封闭环公差的超出部分，可通过对修配环的修配来消除。

4. 调整法

调整法再制造装配是指用一个可调整零件，装配时或者调整它在机器中的位置，或者增加一个定尺寸零件（如垫片、套筒等），以达到装配精度的方法。用来起调整作用的零件，可起到补偿装配累积误差的作用，称为补偿件。

常用的调整法有两种：第一种是可动调整法，即采用移动调整件位置来保证装配精度，调整过程中不需拆解调整件，比较方便；第二种是固定调整法，即选定某一零件为调整件，根据装配要求来确定该调整件的尺寸，以达到装配精度。无论采用哪种方法，一定要保证装配后产品的质量，满足寿命周期的使用要求，否则就要采用尺寸恢复法来恢复零件尺寸公差要求。

5. 温差法

如拆解一样，再制造的温差法装配也是利用材料热胀冷缩的性能，加热包容件，或冷却被包容件，使配合件在温差条件下失去过盈量，实现装配，常用于装配尺寸较大的零件。对于薄壁套筒类零件的连接，条件具备时常采用冷却轴的方法进行装配。常用冷却剂有：干冰、液态空气、液态氮、氨等。温差法装配中常用的加热方法有：油中加热，可达 90℃左右；水中加热，可达近 100℃；电与电器加热，主要方法有电炉加热、电阻法加热以及感应电流法加热等，温度可控制在 75～200℃之间。

3.4.4 再制造装配工艺的制定

再制造装配工艺是指将合理的装配工艺过程按一定的格式编写成的书面文件，是再制造过程中组织装配工作、指导装配作业、设计或改建装配车间的基本依据之一。

1. 装配工艺规程的制定原则

1）确保再制造产品的装配质量。再制造装配是产品再制造过程的最后一个环节，不准确的装配，即使是高质量的零件，也会装出质量不高的产品。所以准确细致地完成清洗、去毛刺等辅助工作，并按规范进行再制造装配，才能达到预定的质量要求，并且还可以争取得到较大的精度储备，以延长再制造产品的使用寿命。

2）尽量降低手工劳动的比例。例如，做到合理安排再制造作业计划与装配顺序，采用机械化、自动化手段进行再制造装配等。

3）尽可能缩短装配周期。再制造装配周期缩短对加快再制造企业资金周转、再制造产品服务市场十分重要。

4）提高再制造装配的工作场地面积利用率。例如大量生产的再制造发动机企业，可以组织部件、组件平行装配，总装在有一定移动的流水线上按严格的工序进行，可以提高装配效率，节约工作场地面积。

2. 装配工艺规程的制定步骤

制定再制造装配工艺规程可参照产品制造过程的装配工艺，按以下步骤进行：

1）再制造产品分析。再制造产品是原产品的再创造，应根据再制造方式的不同对再制造产品进行分析，必要时会同设计人员共同进行。

2）产品图样分析。通过分析图样，熟悉再制造装配的技术要求和验收标准。

3）对产品的结构进行尺寸分析和工艺分析。尺寸分析指进行再制造装配尺寸链的分析和计算，确定保证装配精度的装配工艺方法；工艺分析指对产品装配结构的工艺性进行分析，确定产品结构是否便于装配。在审图中，如果发现属于设计结构上的问题或有更好的改进设计意见，应及时会同再制造设计人员加以解决。

4）“装配单元”分解方案。一般情况下再制造装配单元可划分为五个等级：零件、合件、组件、部件和产品，以便组织平行、流水作业。表示装配单元划分的方案，称为装配单元系统示意图。同一级的装配单元在进入总装前互相独立，可以同时平行装配。各级单元之间可以流水作业，这对组织装配、安排计划、提高效率和保证质量十分有利。

5）确定装配的组织形式。装配的组织形式根据产品的批量、尺寸和重量的大小分固定式和移动式两种。单件小批、尺寸大、重量重的再制造产品用固定装配的组织形式，其余用移动式装配。再制造产品的装配方式、工作点分布、工序的分散与集中以及每道工序的具体内容都要根据装配的组织形式而确定。

6）拟定装配工艺过程。装配单元划分后，各装配单元的装配顺序应当以理想的顺序进行。这一步中需要考虑确定装配工作的具体内容；确定装配工艺方法及设备；确定装配顺序；确定工时定额及工人的技术等级。

7）编写工艺文件。指装配工艺规程设计完成后，将其内容固定下来的工艺文件，主要包括装配图（产品设计的装配总图）、装配工艺系统图、装配工艺过程卡片或装配工序卡片、装配工艺设计说明书等。其编写要求可以参考制造过程中的装配工艺规程编写要求进行。

3.4.5 再制造装配技术发展趋势

再制造过程的装配与制造过程的装配具有很大的相似性，结合制造过程中的装配技术发展，再制造装配也在向着智能化的方向发展，重点有以下几个方面：

1. 虚拟再制造装配技术

虚拟再制造装配技术是将面向装配的设计（DFA）技术与虚拟现实（VR）技术相结合，建立一个与实际再制造装配生产环境相一致的虚拟再制造装配环境，使装配人员通过虚拟现实的交互手段进入虚拟装配环境（VAE），利用人的智慧，直觉地进行产品的装配操作，用计算机来记录人的操作过程以确定产品的装配顺序和路径。虚拟再制造装配可以借用虚拟制造装配的技术场景来实现，对于再制造升级中进行结构改造的部位，可以重新对其虚拟装配过程进行专项开发。虚拟再制造装配可以用于再制造装备路径验证与评估，以及再制造装配人员培训。

2. 柔性再制造装配技术

柔性再制造装配技术是集激光跟踪测量技术、全闭环控制技术、多轴协调运动控制技术、系统集成控制系统、测量系统和软件等部分组成的对接系统。目前再制造装配面临着产品种类多、结构复杂、装配质量要求高的问题，要保证装配精度和效率有一定困难。针对再制造装配结构的特点，在装配时采用数字化柔性装配技术，可以有效解决品种多、小批量的生产现状，同时减少产品改型带来的资金投入。柔性再制造装配技术主要包含数字化对接技术、精加工技术、精确检测技术、集成控制技术等。

3. 数字化装配技术

数字化装配技术是数字化装配工艺技术、数字化柔性装配工装技术、光学检测与反馈技术、数字化钻铆技术及数字化的集成控制技术等多种先进技术的综合应用。数字化装配是一种能适应快速研制和生产及低成本制造要求的技术，它实质上是数字化技术在产品设计制造过程中更深层次的应用及其延伸。数字化装配技术在再制造装配过程中可以实现再制造装配的数字化、柔性化、信息化、模块化和自动化，将传统的依靠手工或专用型架夹具的装配方式转变为数字化的装配方式，将传统装配模式下的模拟量传递模式改为数字量传递模式，提高再制造装配效率和质量。

3.4.6 再制造发动机装配工艺

再制造发动机装配工艺过程的安排必须根据发动机自身的构造、特点、工具设备、技术条件和劳动组合等来安排，但也不是千篇一律的。发动机中每一个零件都属于一定的装配级别，低级别零件一般都是在流水线外进行分装，把低级别零件组合成为总成零件，总成零件再组成为高一级别的零件，如进气管总成、活塞总成、缸盖总成。高级别零件和总成零件在流水线上进行装配。在开始装配发动机前，应细致地检查和彻底地清洗气缸体和各油道，然后按照顺序将零件清洗擦拭干净，检查后进行装配。一般可按下列顺序进行再制造发动机的总装配。

1. 安装曲轴

将气缸体倒置在工作台上，把主油道堵头螺塞涂漆拧紧；装上飞轮壳；将主轴承各上片放入轴承座内，涂上清洁润滑油；将装好飞轮的曲轴放在轴承内；

将原有垫片和各轴承盖装在各轴颈上，并涂上清洁润滑油，按规定扭矩依次旋紧主轴承螺栓，每上紧一道轴承时，转动曲轴几圈，可及时察觉有何变化，当全部轴承拧紧后，用手扳动飞轮或曲轴臂时，应能转动，曲轴轴向间隙应符合要求，然后用钢丝将螺栓锁住。

2. 安装活塞连杆组

将气缸体侧放，使凸轮轴轴承孔的一端向上，将不带活塞环的活塞连杆组与气缸装合，检查活塞偏缸情况，并注意装好轴承、按规定扭矩拧紧连杆螺母，检查活塞头部前后两方在上、下止点中部与缸壁的配合间隙，允许相差不大于0.10mm，否则应校正连杆。检查后，将活塞连杆抽出，安装活塞环，有内切角的气环为第一环，切角面向上。第二环和第三环有外切角的一面向下。装入气缸前，在活塞外圆、销孔、活塞环槽、气缸壁和轴承表面，均涂以清洁润滑油。然后将环的开口在圆周上按120°均匀错开。用活塞环箍压紧活塞环，用锤子木柄推入气缸。按规定扭矩拧紧连杆螺母，扭矩为118～128N·m。装好防松装置；装好后，用锤子沿曲轴轴线前后轻敲轴承盖时连杆能轻微移动，全部装合后转动曲轴，应松紧适度。

3. 安装凸轮轴

先将隔圈、止推凸缘及正时齿轮装配在凸轮轴上。安装凸轮轴时，将凸轮轴各道轴颈涂上润滑油，装入凸轮轴轴承。装上凸轮轴后，应与轴上的正时齿轮记号对正，然后拧紧凸轮止推凸缘紧固螺栓，并检查正时齿轮啮合间隙。

4. 安装正时齿轮盖

先将主油道减压阀装好，出油门应朝向正时齿轮。再装上正时齿轮旁盖。将正时齿轮衬垫和已装好油封的正时齿轮盖装上。再装上发动机支架（平面朝前），装好带轮和起动爪，然后均匀对称地将正时齿轮盖拧紧。

5. 安装润滑油泵和油底壳

将发动机倒置，装好润滑油泵（泵内灌满润滑油）和集滤器。装好分电器传动轴，凹槽应与曲轴平行。清洁曲轴箱下平面，在衬垫上涂以润滑脂或胶黏剂，扣上油底壳，均匀对称地拧紧全部螺栓。放油塞应重新拧紧一次。

6. 安装气缸盖

安装顶置式气门的发动机装气缸盖之前，先将气门、气门弹簧等装好。然后装上气缸垫和气缸盖，按规定顺序和扭矩拧紧螺栓。然后将气门摇臂和摇臂轴装入摇臂轴座，并一起装在气缸盖上。装上气门挺杆和推杆，调整气门间隙，装上气门室盖。在装配气门、摇臂及摇臂轴时，均应涂上清洁润滑油。安装侧置式气门发动机缸盖时，气缸垫光滑的一面向着气缸体平面，转动曲轴，检查确认活塞不碰气缸垫后，再装上气缸盖。最后按规定顺序分两步按规定扭矩拧紧气缸盖螺栓（螺母）。

7. 安装进、排气歧管和离合器

装上衬垫（光滑面向进、排气歧管）和进、排气歧管。将飞轮、离合器压盘、中间压盘工作面和摩擦片擦拭干净。用变速器第一轴作为导杆，套上离合器总成（两个从动盘的短毂相对），然后均匀拧紧螺栓，将离合器固定在飞轮上。

8. 安装电气设备及附件

1）安装水泵、发电机、空气压缩机、风扇传动带并调整其松紧度；安装节温器及气缸盖出水管；安装水温表传感器。

2）安装润滑油滤清器（粗、细）；安装润滑油压力表传感器。

3）安装起动机。

4）安装分电器、火花塞和高压线，并按发动机工作顺序，校正点火正时，接好点火系线路（如冷磨可暂时不接）。

5）安装汽油泵、化油器、空气滤清器及其连接管。

6）安装曲轴箱加油管，插入检查油尺。

7）安装并固定在试验台架上，加注润滑油、冷却水，并进行检查，准备冷磨和热试。

参考文献

[1] 朱胜，姚巨坤．再制造技术与工艺［M］．北京：机械工业出版社，2011.

[2] 姚巨坤，时小军．废旧产品再制造工艺与技术综述［J］．新技术新工艺，2009（1）：4-6.

[3] 时小军，姚巨坤．再制造拆装工艺与技术［J］．新技术新工艺，2009（2）：33-35.

[4] 崔培枝，姚巨坤．再制造清洗工艺与技术［J］．新技术新工艺，2009（3）：25-28.

[5] 张耀辉．装备维修技术［M］．北京：国防工业出版社，2008.

第4章

再制造检测与寿命评估技术

4.1 再制造检测技术方法

4.1.1 再制造检测技术基本概念

各种零件经过长期使用后，其原有尺寸、形状、表面质量会发生变化，无法在再制造装配时满足互换性要求，这就需要通过各种检查、试验和测量、计算，来鉴定废旧零件的技术状况以及磨损、变形程度，并根据几何参数标准值、使用极限值、允许不加工值，将零件分为直接可用、需再制造加工、报废处理三类。拆解后废旧零件的鉴定与检测工作是产品再制造过程的重要环节，是保证再制造产品质量的重要步骤，应给予高度的重视。同样，废旧件的再制造检测方法也可以在再制造加工后生产出的再制造零件检测中进行应用。

再制造检测是指在再制造过程中，借助于各种检测技术和工具，确定拆解后废旧零件或再制造加工后再制造零件的表面几何参数及功能状态等，以决定其是否达到原装配要求的过程。废旧零件的损伤，不管是外观形状还是内在质量，都要经过仔细地检测，并根据检测结果，进行再制造性综合评价，决定该零件在技术上和经济上进行再制造的可行性。再制造检测不但能决定废旧零件的使用方案，还能帮助决策可再制造加工的废旧零件（再制造毛坯）的再制造加工方式，是再制造过程中一项至关重要的工作，直接影响着再制造成本和再制造产品质量的稳定性。再制造检测的要求和作用包括：

1）在保证质量的前提下，尽量缩短再制造时间，节约原材料、新品零件、工时，提高毛坯的再制造度和再制造率，降低再制造成本。

2）充分利用先进的无损检测技术，提高毛坯检测质量的准确性和完好率，尽量减少或消除误差，建立科学的检测程序和制度。

3）严格掌握检测技术要求和操作规范，结合再制造性评估，正确区分直接再利用件、需再制造件、可材料再循环件及环保处理件的界限，从技术、经济、环保、资源利用等方面综合考虑，使得环保处理量最小化、再利用和再制造量最大化。

4）根据检测结果和再制造经验，对检测后毛坯进行分类，并对需再制造的零件提供信息支持。

与新零件的检测相比，废旧毛坯件的再制造检测具有以下特点：

1）设计制造检测中的对象是新的零部件，而再制造检测的对象一般都是磨损或损坏了的零部件，因此，再制造检测时要分析零件磨损或损坏的原因，并采取合理的措施加以改进。

2）设计制造检测的尺寸是公称尺寸，而再制造检测的尺寸是实际尺寸。再制造检测的尺寸要保证相配零件的配合精度，对于应该配作的尺寸需做恰当的分析，否则容易造成废品。

3）再制造检测技术人员不仅要提供再制造加工或替换件的可靠图样，还要分析产品故障原因，找出故障规律，提出对原产品再制造的改进方案。

4.1.2 再制造毛坯检测的内容

用于再制造的废旧零件要根据经验和要求进行全面的质量检测，同时根据具体需要，各有侧重，一般包括以下几个方面的内容：

1. 几何精度

几何精度包括零件的尺寸、形状和表面相互位置精度等。通常需要检测零件尺寸、圆柱度、圆度、平面度、直线度、同轴度、垂直度、跳动等。产品摩擦副的失效形式主要是磨损，因此，要根据再制造产品寿命周期要求，正确检测判断毛坯件的磨损程度，并预测其再使用时的情况和服役寿命等。根据再制造产品的特点及质量要求，对零件装配后的配合精度要求，也要在检测中给予关注。

2. 表面质量

废旧零件表面经常会产生各种不同的缺陷，如表面粗糙、腐蚀、磨损、擦伤、裂纹、剥落、烧损等，零件产生的这些缺陷会影响零件工作性能和使用寿命。如气门存在麻点、凹坑，会影响密封性，引起漏气；齿轮表面疲劳剥落，会影响啮合关系，使工作时发出异常的响声。因此，废旧零件拆解清洗后，需要对这些缺陷零件表面、表面材料与基本金属的结合强度等进行检测，并判断存在缺陷的零件是否可以再制造，为选择再制造方案提供依据。

3. 理化特性

零件的理化特性包括金属毛坯的合金成分、材料的均匀性、强度、硬度、热物理性能、硬化层深度、应力状态、弹性、刚度等，橡胶件和塑料件的变硬、变脆、老化等，都应作为检测内容。这些特性的改变也影响设备的使用性能，出现不正常现象。如油封老化会产生漏油现象，活塞环弹性减弱会影响密封性。但对于不可再制造的件，可以直接丢弃，而不用安排检测工序，例如部分老化并无法进行性能恢复的高分子材料件。

4. 潜在缺陷

对铸件等废旧毛坯内部的夹渣、气孔、疏松、空洞等缺陷及微观裂纹等进行检测，防止再制造件发生渗漏、断裂等故障。

5. 零件的重量差和平衡

如活塞、活塞连杆组的重量差和静平衡需要检查。高速转动的零件，零件不平衡将引起机器的振动，并将给零件本身和轴承造成附加载荷，从而加速零件的磨损和其他损伤。一些高速转动的零部件，如曲轴飞轮组、汽车传动轴以及汽车的车轮等，需要进行动平衡和振动状况检查。动平衡需要在专门的动平衡机上进行，如曲轴动平衡机、汽车车轮动平衡机等。

4.1.3 再制造检测技术方法

1. 感官检测法

感官检测法是指不借助于量具和仪器，只凭检测人员的经验和感觉来鉴别毛坯技术状况的方法。这类方法精度不高，只适于分辨缺陷明显（如断裂等）或精度要求低的毛坯，并要求检测人员具有丰富的实践检测经验和技术。具体方法有：

（1）目测　用眼睛或借助于放大镜鉴定零件外表损坏和磨损的情况，以及零件表面材料性质的明显恶化。如连杆、螺栓或曲轴等折断、弯曲、扭曲，缸体或缸盖的变形、裂纹，气门的严重烧蚀，齿轮的表面剥落等。

（2）听测　借助于敲击毛坯时的声响判断零件技术状态。有些零件凭运转时发出的响声或用小锤子敲击时发出的声音可以判断零件是否破裂，连接是否紧固，以及啮合的大致情况。一般完好的零件敲击时的声音连续、清脆、音调高，而有缺陷和破裂的零件发音嘶哑、音调低。如缸套有裂纹，敲击时发出嘶哑的破碎声。根据齿轮组发出的声音，可以大致判断其啮合情况。用这种方法还可以鉴定曲轴、连杆裂纹及配合轴径的磨损情况。听声音可以进行初步的检测，对重点件还需要进行精确检测。

（3）触测　用手与被检测的毛坯接触，可判断零件表面温度高低和表面粗糙程度、明显裂纹等。使配合件做相对运动，可判断配合间隙的大小，过大过小的间隙不必用量具测量。如可晃动气门杆凭松旷情况感觉出气门导管与气门杆的磨损程度；也可凭晃动和转动连杆时的感觉判断出活塞销和连杆小头铜套的磨损情况；检查缸套的磨损程度时，用手触摸活塞在上止点时第一道活塞环对应的部位有无明显的凸肩产生，根据凸肩的高低决定是否需要更换。

（4）色测　简便操作的色测方法是将零件浸入煤油、苯等渗透率强的带色溶液中，由于毛细作用，溶剂渗入零件上有裂纹的部位。稍停几分钟后，擦净表面油迹，立即涂上一层白粉，用小锤子轻敲零件，浸入缺陷的带色溶剂就会渗出，可明确显示出缺陷部位，这种方法适宜于检查零件的表面裂纹、气孔。一般可查出宽度 >0.01mm、深度 >0.03mm 的裂纹。

2. 测量工具检测法

测量工具检测法是指借助于测量工具和仪器，较为精确地对零件的表面尺寸精度和性能等技术状况进行检测的方法。这类方法相对简单，操作方便，费用较低，一般均可达到检测精度要求，所以在再制造毛坯检测中应用广泛。主要检测内容包括：

1）用各种通用测量工具和仪器进行检测。如应用卡钳、钢直尺、游标卡尺、百分尺、千分尺或百分表、千分表、塞规、量块、齿轮规等，进行毛坯的几何尺寸、形状、相互位置精度等内容的检验。

2）用专用仪器、设备对毛坯的应力、强度、硬度、冲击韧度等力学性能进行检测。

3）用平衡试验机对高速运转的零件做静、动平衡检测。

4）用弹簧检测仪检测弹簧弹力和刚度。

5）对承受内部介质压力并须防泄漏的零部件，需在专用设备上进行密封性能检测。

在必要时还可以借助金相显微镜来检测毛坯的金属组织、晶粒形状及尺寸、显微缺陷、化学成分等。根据快速再制造和复杂曲面再制造的要求，快速三维扫描测量系统也在再制造检测中得到了初步应用，能够进行曲面模型的快速重构，并用于再制造加工建模。

3. 无损检测法

无损检测法是在不损伤被检测对象的前提下，利用再制造毛坯材料内部结构异常或缺陷存在所引起的对热、声、光、电、磁等反应的物理量变化，来探测各种工程材料、零部件、结构件等的内部和表面缺陷，并对缺陷的类型、性质、数量、形状、位置、尺寸、分布及其变化做出判断和评价。无损检测是保证质量的重要手段，可用来检查再制造毛坯是否存在裂纹、孔隙、强应力集中点等影响再制造后零件使用性能的内部缺陷。因这类方法不会对毛坯本体造成破坏、分离和损伤，是先进高效的再制造检测方法，也是提高再制造毛坯质量检测精度和科学性的前沿手段。

虽然目前感官检测法和测量工具检测法在再制造中属于主要应用的方法，但要科学了解废旧零部件的剩余寿命，还需要广泛地对无损检测法进行研究，保证能够正确检测评价出废旧零部件的剩余使用寿命，确保再制造产品质量。

4.1.4 典型箱体类零件再制造检测

箱体是传动系统中支承各传动零件、形成密闭内环境的重要零件。箱体在工作中主要是支承孔的磨损、变形等原因造成的几何尺寸的变化，因此在拆解后，应对其进行以下检测：

1. 箱体接合面平面度的检测

检测时可将两个相互接合的零件（如变速器上、下箱体）扣合在一起或将零件平面向下放在平台上。当呈稳定接触时，用塞尺沿四周进行测量，如图 4-1

所示。此时测得的最大间隙就是表面的平面度。如果不是稳定接触时，最大间隙与该部位摆动时的间隙变动量的半值之差为平面度误差。

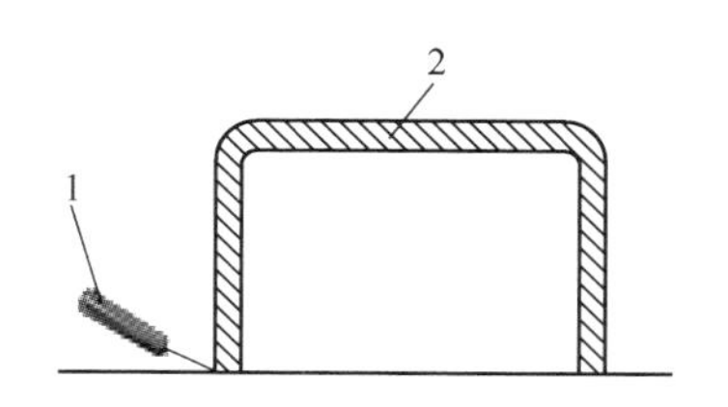

图 4-1　箱体接合面的平面度检测

1—塞尺　2—箱体

2. 箱体轴承座孔变形与磨损的检测

退役后的箱体，存在轴承座孔局部过度磨损或尺寸变大以及座孔变形失圆等失效情况。测量箱体轴承座孔的最大直径和椭圆度可反映轴承座孔的变形和磨损情况。用内径百分表检查轴承座孔的直径，如果超过制造时的尺寸公差，则要求通过热喷涂或刷镀等恢复其原来的尺寸公差范围。在允许的情况下，也可以采用尺寸修复法，即通过刮削轴承座孔，消除失圆，并选配与其配合的轴承外圈。

随零件工作条件的不同，轴承座孔的检测项目也不同。轴承座孔的椭圆度是在垂直于其轴线的截面上所测得的最大与最小直径之差，如图 4-2 中 a 与 b 之差的绝对值；而内锥度是在轴线方向的一定长度内，两个横截面上的直径之差与该长度之比，如图 4-2 所示。对于箱体类零件上的孔（如变速器轴承固定套座孔、轮毂轴承座孔等），由于长度较短，只需测量其最大直径和椭圆度，可不测量其内锥度。

测量轴承座孔应采用内径千分尺、游标卡尺或塞规。图 4-3 所示是鉴定轴承座孔用的塞规，其一端塞规用于鉴定前滚动轴承座孔，另一端塞规用于鉴定后滚动轴承座孔。对于磨损后出现台阶的孔不宜采用塞规。

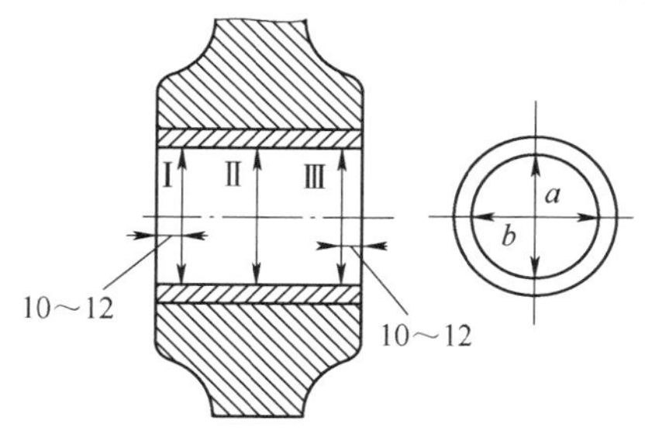

图 4-2　椭圆度的测量

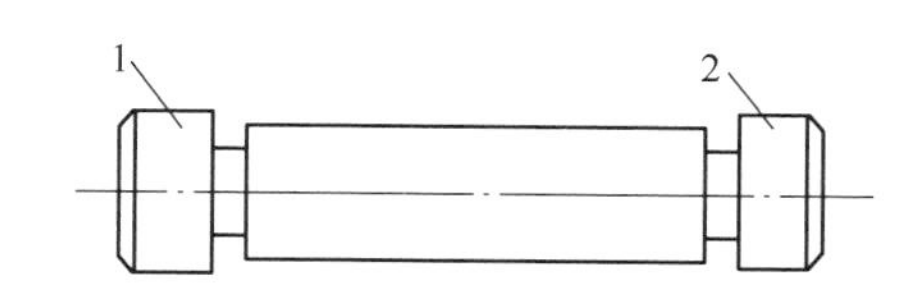

图 4-3　鉴定轴承座孔用的塞规

1—前座孔塞规　2—后座孔塞规

3. 座孔配合面积的检测

对于箱体上的轴承座孔，通常要求轴承、轴承固定套能与箱体紧密接合。常用印油法进行贴合度鉴定。方法是，清理干净座孔表面后，在与座孔配合的零件外表面均匀地涂上一层印油，然后将其安装到相应的座孔上，适当转动零件，再将配合件取走，测量座孔内表面沾有印油的面积与总面积的百分比。一般来说，这个比例应大于 65%。

4. 座孔平行度的检测

座孔平行度包括座孔之间的平行度和座孔与接合面之间的平行度。座孔与接合面平行度的测量如图4-4所示。测量前，应先检查壳体平面是否符合技术要求，然后将平面部分放在平台上，在被测箱体的座孔中装上定心套和测量轴，用百分表测量出同一测量轴两端的高度差，即为轴承座孔与箱体平面的平行度。座孔之间平行度的测量如图4-5所示。测量前，在被测箱体的座孔中装上定心套和测量轴，用外径千分尺测出两轴间的距离，其距离的差值，就是两座孔中心线在全长上的平行度。

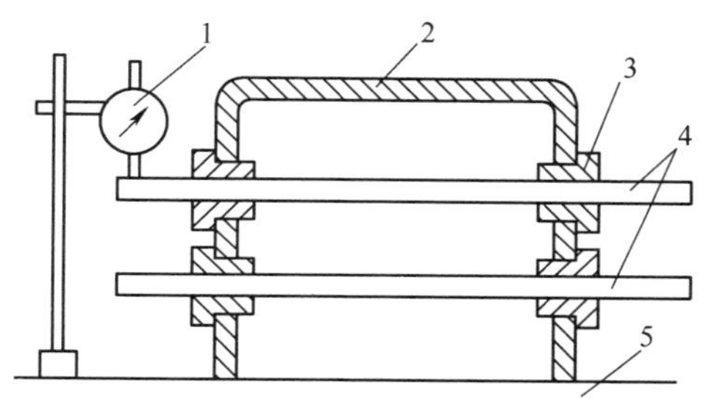

图4-4 座孔与接合面平行度的测量

1—百分表 2—被测箱体 3—衬套
4—测量轴 5—平板

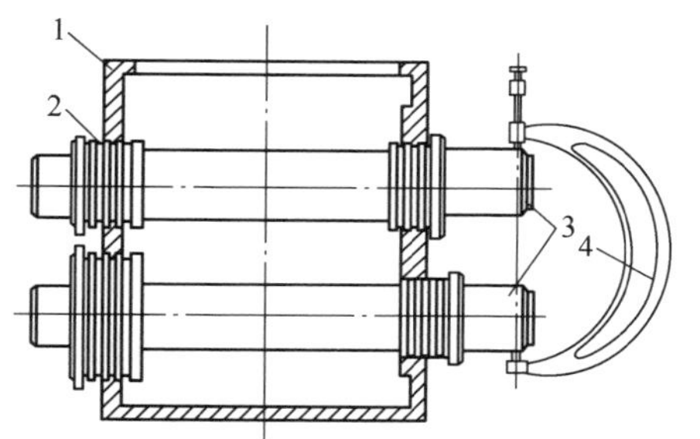

图4-5 座孔之间平行度的测量

1—被测箱体 2—定位套
3—测量轴 4—外径千分尺

5. 座孔垂直度的检测

对于含有锥齿轮对的箱体，相互垂直的两个传动轴的座孔垂直度是影响锥齿轮装配质量的重要因素，在箱体鉴定中应进行鉴定。检测两轴孔中心线是否垂直以及是否在同一平面的方法如图4-6所示，将检验棒1、2分别插入箱体3的座孔中，检验棒2的小轴颈能顺利地穿入检验棒1的横孔，说明两孔中心线垂直并且处在同一平面内。锥齿轮中心线夹角的正确性，可用图4-7所示的方法检测。将检验棒3和检验样板2放好，用塞尺检测样板 a、b 两点与检验棒3之间的间隙，如果两处间隙一致，则两孔的中心线垂直。

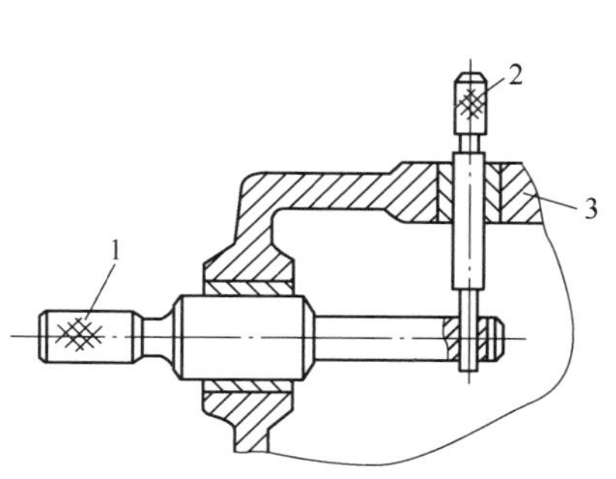

图4-6 垂直座孔中心线垂直度的测量

1、2—检验棒 3—箱体

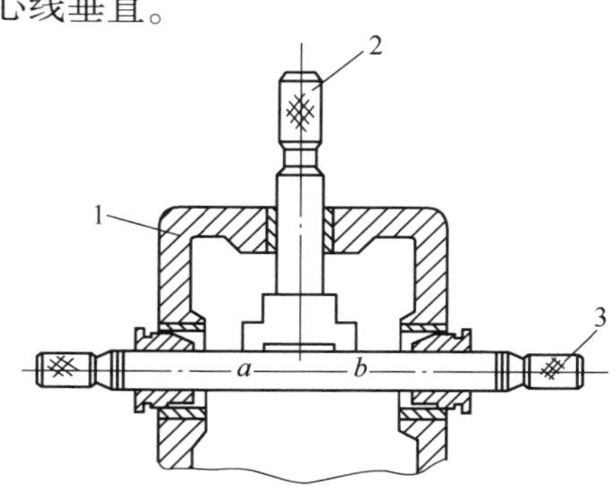

图4-7 垂直座孔中心线夹角的测量

1—箱体 2—检验样板 3—检验棒

4.2 再制造无损检测技术

4.2.1 概述

1. 基本内容

零部件内部的损伤或缺陷，从外观上很难进行定量的检测，主要使用无损检测技术来鉴定。无损检测在再制造生产领域获得了广泛应用，成为控制再制造产品生产质量的重要技术手段。无损检测的目的是定量掌握缺陷与材料性能的关系，评价构件的允许负荷、寿命或剩余寿命；检测设备（构件）的结构不完整性及缺陷情况，以便改进制造工艺，提高产品质量，及时发现故障，保证设备安全、高效、可靠地运行。

无损检测方法很多，最常用的是射线检测、超声检测、磁粉检测、渗透检测、涡流检测、声发射检测、红外线检测等。合理地选择无损检测方法十分重要，选择不同的检测方法，主要基于经济、技术及产品质量要求三方面的考虑。

2. 无损检测技术特点

1）无损检测不会对构件造成任何损伤。无损检测是在不破坏构件的前提下，利用材料物理性质的变化来判断构件内部和表面是否存在缺陷，不会对材料、工件和设备造成任何损伤。

2）无损检测技术为查找缺陷提供了一种有效方法。任何部件、设备在加工和使用过程中，由于其内、外部各种因素的影响，不可避免地会产生缺陷。使用人员有时不但要知道部件、设备是否有缺陷，还要确定缺陷的位置、大小及其危害程度，并对缺陷发展进行预测和预报，无损检测诊断技术为此提供了一种有效方法。

3）无损检测技术能够对产品质量实施监控。产品在加工和成形过程中，如何保证质量及其可靠性非常关键。无损检测技术能够在铸、锻、冲压、焊接、切削加工等各工序中，检查工件是否符合要求，可避免无效的加工量，从而降低产品成本，提高产品质量和可靠性，实现对产品质量的监控。

4）无损检测诊断技术能够防止因产品失效引起的灾难性后果。机械零部件、装置或系统，在制造或服役过程中丧失其规定功能而不能工作，或不能继续可靠地完成其预定功能称为失效。

5）无损检测技术的应用范围广阔。无论金属材料（磁性和非磁性，放射性和非放射性），还是非金属材料（水泥、塑料、炸药等）；无论锻件、铸件、焊件，还是板材、棒材、管材；无论内部缺陷，还是表面缺陷，都可以应用无损检测技术进行缺陷检测。因此，无损检测技术广泛应用于各种设备、压力容器、机械零部件等的检测诊断，受到工业界的普遍重视。

4.2.2 无损检测关键技术

1. 渗透检测技术

（1）基本原理　渗透检测就是把受检验零件表面处理干净以后，敷以专用的渗透液，由于表面细微裂纹缺陷的毛细作用将渗透液吸入其中，然后把零件表面残存的渗透液清洗掉，再涂敷显像剂把缺陷中的渗透液吸出，从而显现缺陷图像。

渗透检验分为荧光法和着色法两大类。荧光法是将含有荧光染料的渗透液涂敷在零件表面，使其渗入表面缺陷中，然后除去表面多余的渗透液。将表面吹干后，施加显像剂，将缺陷中的渗透液吸附到零件表面，在暗室中紫外线照射下，会发出明亮的荧光，将缺陷的图像显示出来。着色法和荧光法相似，只是渗透液内不加荧光染料，一般加入红色颜料，缺陷在白色显像剂衬托下显色，可以在白光或日光下进行检查。

（2）渗透检测材料　渗透检测材料主要包括渗透液、去除剂和显像剂三大类。

渗透液是一种具有很强渗透能力的溶液，并且含有着色染料或荧光染料。它能渗入表面开口的缺陷并被显像剂吸附出来，从而显示缺陷的痕迹。渗透液是渗透检测中关键的材料，直接影响渗透检测的灵敏度。渗透液分为荧光渗透液和着色渗透液两类，其中着色渗透液分为水洗型、后乳化型和溶剂去除型三种。

去除剂是用来除去被检测零件表面多余渗透液的溶剂。对水洗型渗透液，水就是去除剂。对后乳化型渗透液，去除剂是乳化剂和水。对溶剂去除型渗透液，常用煤油、乙醇、丙酮、三氯乙烯等作为去除剂。

显像剂用于将缺陷中的渗透液吸附到零件表面，形成缺陷显示，并将形成的缺陷显示在被检件表面上横向扩展，放大至可用肉眼能观察到。常用的显像剂分为干式、湿式等几种。

（3）渗透检测流程　渗透检测的基本流程包括四个阶段（图 4-8）：

1）渗透过程。把被检测零件的表面处理干净（预清洗）之后，让荧光渗透液或着色渗透液与零件接触，使渗透液渗入零件表面裂纹缺陷中去的过程（图 4-8a）。

2）清洗过程。用水或溶剂清洗零件表面所附着的残存渗透液（图 4-8b、c）。

3）显像过程。清洗过的零件经干燥后，施加显像剂（白色粉末），使渗入缺陷中的渗透液吸出到零件的表面（图 4-8d）。

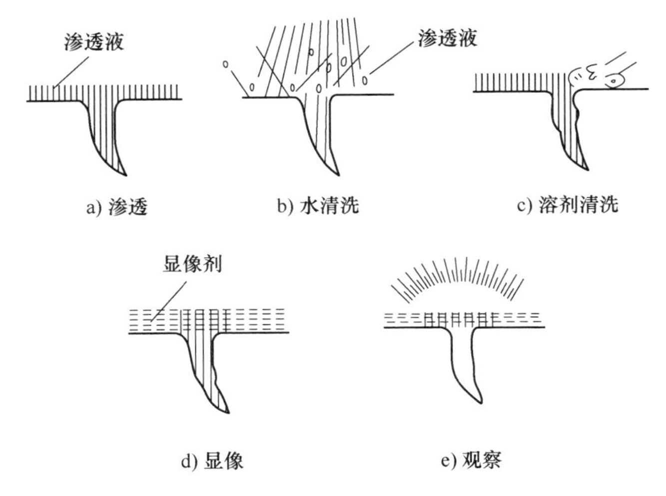

图 4-8 渗透检测的基本流程

4）观察过程。被吸出的渗透液在紫外线的照射下发出明亮的荧光，或在白光（或自然光）照射下显出颜色和缺陷的图像（图 4-8e）。

在操作过程中，首先，为使渗透液尽可能多地渗入缺陷中并且防止对渗透液的污染以致降低灵敏度，零件表面必须清除干净。其次，在清洗零件表面残存渗透液时，既要将残液清除干净，又要防止吸入缺陷中的渗透液流失，影响检测灵敏度。

渗透检测几乎不受材料的组织或化学成分的限制，在最佳检验条件下，能发现的缺陷宽度约为 0.3μm，能有效地检查出各种表面开口的裂纹、折叠、气孔、疏松等缺陷。

2. 磁粉检测技术

（1）磁粉检测基本原理　磁粉检测就是利用磁化后的试件材料在缺陷处会吸附磁粉，以此来显示缺陷存在的一种检测方法。磁粉检验能比较灵敏地查出铁磁性材料（铁、钴、镍）以及它们的合金（奥氏体不锈钢除外）的表面裂纹、夹杂等缺陷。对于表面下的近表缺陷（2～5mm 内）在一定条件下也可查出。在最佳检验条件下可以检出长度为 1mm 以上、深度为 0.3mm 以上的表面裂纹，能检查出的裂纹最小宽度约为 0.1μm。

磁粉检测时，必须先将被检零件磁化，零件表面或近表面有裂纹等缺陷时，若缺陷的方向与磁力线垂直或成一定角度，缺陷中因空气等非磁物质的存在，其导磁能力大大降低，使得磁力线在缺陷处不易通过，产生干扰，迫使部分磁力线外泄，在缺陷边缘处形成漏磁。若将磁粉（高磁导率、低矫顽力的氧化铁粉末）撒到零件表面，磁粉就被漏磁场吸引聚集在零件表面缺陷边缘或附近，根据磁粉聚集的情况，就可以判断缺陷的位置和分布情况。图 4-9 所示为磁粉检测原理。

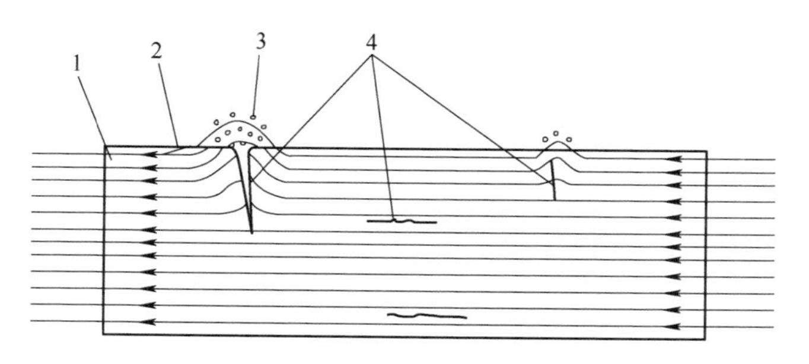

图 4-9　磁粉检测原理

1—零件　2—磁力线　3—磁粉　4—缺陷（裂纹）

（2）磁粉检测基本步骤　磁粉检测由预处理、磁化、施加磁粉、观察与记录以及后处理等几个基本步骤组成。

1）预处理。用溶剂等把试件表面的油脂、涂料以及铁锈等去掉，以免妨碍磁粉附着在缺陷上。用干磁粉时还要使试件的表面干燥。组装的部件要一件件拆开后再进行检测。

2）磁化。磁化是磁粉检测的关键步骤。首先应根据缺陷特性与试件形状选定磁化方法，但一般来说，因为缺陷的方向不能预料，所以要采用能取得互相垂直的磁场的复合磁化方法。其次还应根据磁化方法、磁粉、试件的材质、形状、尺寸等确定磁化电流值，使得试件的表面有效磁场的磁通密度达到试件材料饱和磁通密度的 80% ~90% 。

3）施加磁粉。磁粉是用几微米至几十微米的铁粉等材料制成的，分白色磁粉和黑色磁粉、非荧光磁粉和荧光磁粉。荧光磁粉是附着有荧光材料的铁粉，由于它在紫外线下能取得很明显的对比度，而适用于微细缺陷的检测。磁粉还分为干磁粉和湿磁粉两种。干磁粉是在空气中分散地撒上，湿磁粉是把磁粉调匀在水或无色透明的煤油中作为磁悬液来使用的。磁悬液的磁粉浓度通常用调和液中所含磁粉重量来表示。把粉或磁悬液撒在磁化的试件上叫作施加磁粉，它分连续法和剩磁法两种。连续法是在试件加有磁场的状态下施加磁粉，且磁场一直持续到施加完成为止；而剩磁法则是在磁化过后施加磁粉，可以用于工具钢等矫顽力较大的材料。

4）观察与记录。磁粉痕迹的观察是在施加磁粉后进行的。用非荧光磁粉时，在光线明亮的地方进行观察；而用荧光磁粉时，则在暗室等暗处用紫外灯进行观察。

应该注意：在材质改变的界面处和截面大小突然变化的部位，即使没有缺陷，有时也会出现磁粉痕迹，此即假痕迹。要确认磁粉痕迹是不是缺陷，需用其他检测方法重新进行检测才能确定。

5）后处理。检测完成后，按需要进行退磁、除去磁粉和防锈处理。进行退磁是因为如果试件有剩磁就会吸引铁粉，这样就可能成为运动中磨损的原因，以致引发故障。退磁时，一边使磁场反向，一边降低磁场强度。退磁有直流法和交流法两种。

（3）磁粉检测的特点与适用范围　磁粉检测适用于检测钢铁材料的裂纹等表面缺陷，如铸件、锻件、焊缝和机械加工的零件等的表面缺陷，其主要特点有：特别适宜对钢铁等强磁性材料的表面缺陷进行检测；对于深度很浅的裂纹也可以探测出来；不适用于奥氏体不锈钢等非磁性材料的检测；能知道缺陷的位置和表面的长度，但不能知道缺陷的深度；此外，对内部缺陷的检测还有困难。

3. 超声检测技术

（1）超声检测基本概念　声波的频带很宽广，可在数赫兹到数千兆赫兹的范围内变化。频率高于 20000Hz 的声波称为超声波。超声检测是利用超声波探头产生超声波脉冲，超声波射入被检工件后在工件中传播，如果工件内部有缺陷，则一部分入射的超声波在缺陷处被反射，由探头接收并在示波器上表现出来，根据反射波的特点来判断缺陷的部位及其大小。

在无损检测中之所以使用频率高的超声波，是因为其指向性好，能形成窄的波束；波长短，小的缺陷也能很好地反射；距离的分辨能力好，缺陷的分辨率高。用于检测的超声波，频率一般为 0.4～25MHz，其中用得最多的是 1～5MHz，因为对常见缺陷不会发生绕射漏检。

（2）超声检测工作原理　超声检测大致分为两种：一种是将声波发射到被检零件，接收从缺陷反射回来的声波；另一种是测定声波在零件中的衰减。目前生产中应用最多的是脉冲 A 型反射显示法。它是用荧光屏上反射波的波高来确定缺陷大小，用反射波在横轴（称为距离轴）上的位置来确定缺陷的位置；根据探头扫描范围来决定缺陷面积等。

图 4-10 所示为超声检测 A 型反射显示原理。检测时将探头放到零件表面上，为了更好地传播声波，用润滑油、凡士林或水作为耦合剂。探头发出的超声波进入并穿过零件，然后在底面反射后，再穿过零件，又回到同时作为接收用的探头。在仪器荧光屏上与发射脉冲 S 相距一定的距离内出现了所谓底面反射波 R。发射脉冲和底面反射波之间的距离与声波穿过零件的时间是相应的。根据零件中存在缺陷的大小，相应的缺陷反射波 F 直接在缺陷处返回，而不能到达底面。缺陷的反射波位于底面的反射波和发射脉冲之间的位置，和缺陷在零件中检测面和底面之间的位置是相对应的，因此可以很容易地算出缺陷在深度方向

的位置。

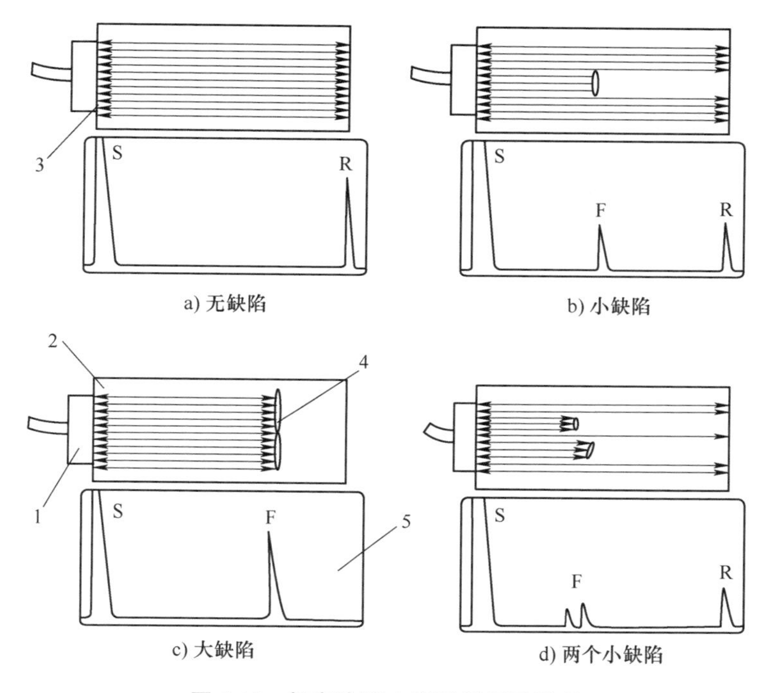

图 4-10 超声检测 A 型反射显示原理

1—探头 2—被检零件 3—声波示意 4—缺陷 5—荧光屏

(3) 超声检测的适用范围 超声检测的适用范围如图 4-11 所示，主要可应用于厚板、圆钢、锻件、铸件、管子、焊缝、薄板、腐蚀部分厚度及表面缺陷等各种被测工件的检测。检测时要注意选择探头和扫描方法，使得超声波尽量能垂直地射向缺陷面。根据被测工件的制造方法，一般都可以估计得出缺陷的方向性和部位，因此事先应研究如何选择合适的检测方法。

金属的组织对超声检测有不同程度的不利影响。金属是小晶粒的集合体，随着结晶方向的不同，在其中的声速也有所不同，所以当超声波射到各个晶粒时，会引起微小的反射和散射，这些反射波在观察时就呈现为草状回波。此外，反射还造成被测工件中传播的超声波的衰减，并减少多次反射的脉冲次数。如图 4-12 所示，金属的晶粒越大，这种衰减和草状回波就越显著，从而引起信噪比下降，有时甚至完全不能出现缺陷回波。遇到这种情况，可以降低频率，使波长加大，来改善信噪比，但这种办法并非都能完全解决问题，如不锈钢铸件和焊缝、大型铸钢件等就是由于这种草状回波和衰减给检测带来困难，甚至不能检测。

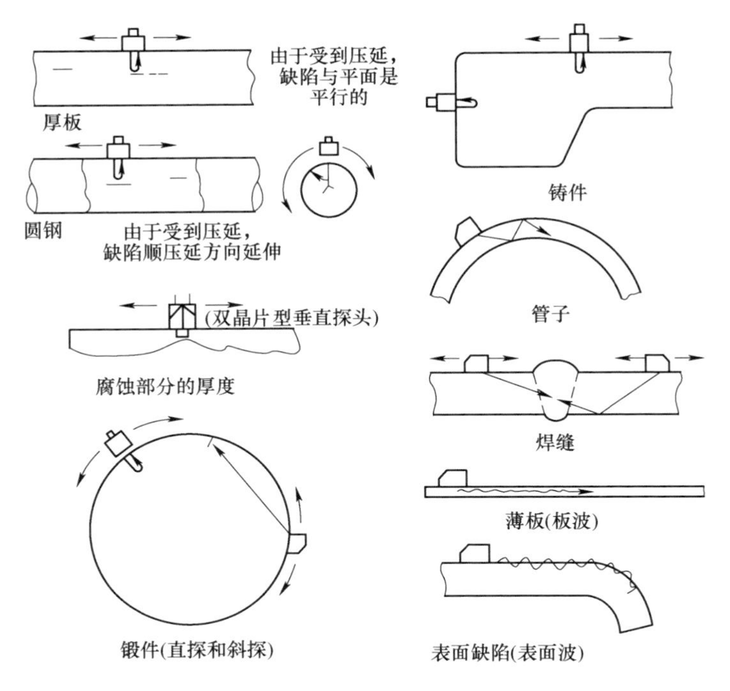

图 4-11　超声检测的适用范围

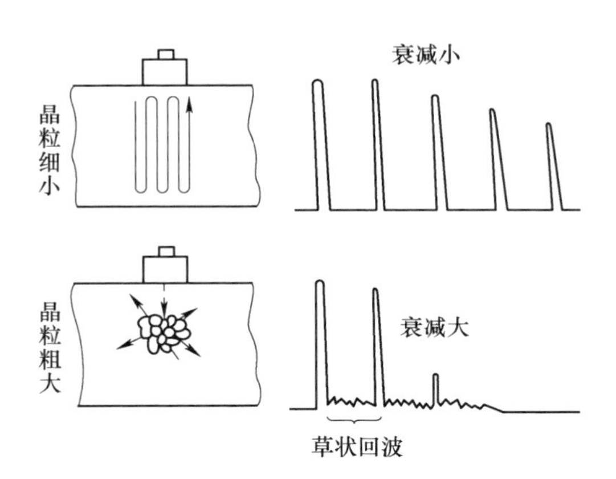

图 4-12　金属组织对超声检测的影响

超声检测对于平面状缺陷，不管其厚度如何薄，只要超声波是垂直地射向它，就可以取得很高的缺陷回波。另外，对球形缺陷，假如缺陷不是相当大，或者不是较密集，就不能得到足够的缺陷回波。因此，超声波对钢板的层叠、分层和裂纹的检测分辨率是很高的，而对单个气孔的检测分辨率则很低。

超声检验主要用于探测内部缺陷，也可用于检查表面裂纹、材料强度、材料的晶粒度及应力等。假如被测工件的金属组织较细，超声波可以传到相当远的距离，因此对直径为几米的大型锻件也可以进行内部检测。超声检测的缺点是没有明确的记录，对缺陷种类的判断需要有非常熟练的技术。

4. 涡流检测技术

（1）涡流检测基本原理　如图4-13所示，在线圈中通以交变电流，就会产生交变磁场H_p。若将试件（导体）放在线圈磁场附近，或放在线圈中，试件在线圈产生的交变磁场作用下，就会在其表面感应出旋涡状的电流，称为涡流。涡流又产生一交变反磁场H_s。根据楞次定律，H_s的方向与原有激励磁场H_p的方向相反。H_p与H_s两个交变磁场叠加形成一个合成磁场，使线圈内磁场发生了变化，因而流经线圈的电流I也跟着变化。如果加于线圈两端的电压U恒定，则电流I随线圈阻抗Z的变化而变化。

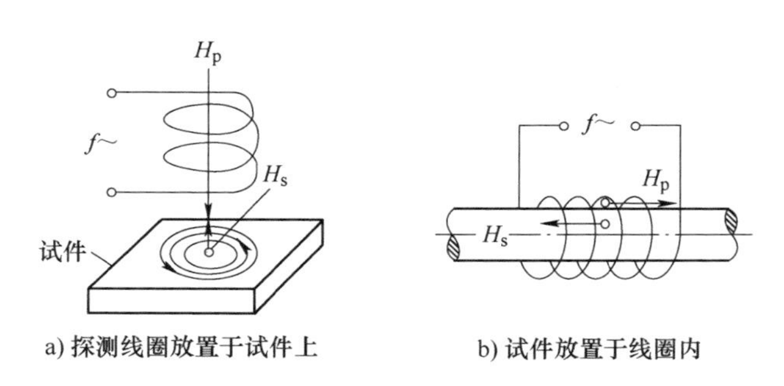

a) 探测线圈放置于试件上　　b) 试件放置于线圈内

图4-13　探测线圈与试件放置图

磁场的改变导致了探测线圈阻抗改变，涡流磁场的大小与试件电导率σ、试件直径d、磁导率μ，以及试件中的缺陷（裂纹或气孔等）有关。由此可见，涡流磁场能直接反映出材料内部性能的信息，只要测量出线圈阻抗的变化也就可以测量出材料有关信息（如电导率、磁导率和缺陷等信息）。但涡流探测线圈测出的阻抗变化是各种信息的综合，若需要测出材料内部某一特定信息（如裂纹）时，就必须依靠线圈的设计以及仪器的合理组成，抑制掉不需要的干扰信息，突出所需检测的信息。一般是将探测线圈接收到的信号变成电信号输入到涡流仪中，进行不同的信号处理，在示波器或记录仪上显示出来，以表示材料中是否有缺陷。如试件表面有裂纹，会阻碍涡流流过或使它流过的途径发生扭曲，最终影响涡流磁场。使用探测线圈便可把这些变化情况检测出来。

（2）涡流检测特点　涡流检测的主要优点有：

1）涡流检测适用范围广。涡流检测特别适合导电材料表面（或近表面）检测，灵敏度高，可自动显示、报警、标记、记录，并常用于材料分选、电导率测定、膜厚测定、尺寸测定等。

2）探测效率高。涡流检测不用耦合剂，探头可以不接触零件。因此，可以实现高速度、高效率自动检测。目前管材、棒材、线材成批生产中涡流检测速度已高达2500m/min以上。

3）可用于高温检测。涡流检测使用的是电磁场信号，电磁场传播不受材料温度变化的限制，因此可用于高温检测。

4）可适应特殊场合要求。例如可对复杂型面的汽轮机叶片裂纹和内孔表面裂纹进行检测，对细小的钨丝、薄皮管材也可用涡流检测其缺陷。

5）涡流检测还可根据显示器或记录器的指示，估算出缺陷的位置和大小。

涡流检测的缺点有：

1）由于涡流表面的趋肤效应，距表面较深的缺陷难以检测出来。

2）影响涡流的因素多，如检测缺陷时其指示往往受材质变化和传送装置振动等干扰因素影响，必须采用信息处理方法将干扰信号抑制掉，才能显示出需要的缺陷（如裂纹）信号。

3）要准确判断缺陷的种类、形状和大小是困难的，需做模拟试验或做标准试块予以对比，因此对检测人员要求具有一定水平的专业知识和实践经验。

4）涡流对形状复杂的零件存在边界效应，检测时较困难，一般复杂零件很少采用此法。

5. 磁记忆检测技术

（1）磁记忆检测原理　由于铁磁性金属部件存在着磁机械效应，故其表面上的磁场分布与部件应力载荷有一定的对应关系，因此可通过检测部件表面的磁场分布状况间接地对部件缺陷和（或）应力集中位置进行诊断，这就是磁记忆检测的基本原理。

如图4-14所示，处于地磁环境下的铁磁性工件受到载荷的作用时，在应力与变形集中区形成最大的漏磁场 H_p 的变化，即磁场的切向分量 $H_p(x)$ 具有最大值，法向分量 $H_p(y)$ 改变符号且具有零值点。这种磁状态的不可逆变化在工作载荷消除后仍会继续保留，因此通过漏磁场法向分量 $H_p(y)$ 的测定，便可以准确地推断工件的应力集中部位（微缺陷集中区域），从而确定部件将要产生缺陷的危险区域。

（2）磁记忆检测特点　与现有的无损检测方法相比较，磁记忆检测技术具有突出的优点。

1）常规的无损检测方法如射线检测、超声检测、涡流检测、磁粉检测、渗透检测等技术都只能检测到已形成的宏观缺陷，而

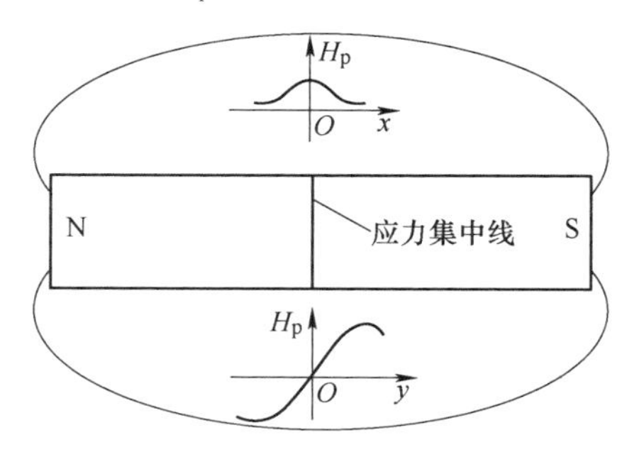

图4-14　磁记忆检测原理示意图

磁记忆检测方法不仅能检测缺陷而且能反映出部件上的应力集中区域。因为在腐蚀、疲劳、蠕变过程中，应力集中区域最易出现微观缺陷而成为构件的危险部位，因此，检测出这些部位从而进行针对性地预防，具有重要的实际意义。

2）与其他漏磁检测方法相比，金属磁记忆检测技术检测的是铁磁部件在地磁场环境中服役时的自发磁化信号，不需要专门的激励磁场。因此，检测设备体积小，操作方便。

3）磁记忆检测方法检测时探头可采用非接触方法，不需要对铁磁材料表面进行清理，构件表面的铁锈、油污、镀层等不会影响检测效果，很适于现场检测。

4）磁记忆检测设备检测灵敏度高于其他磁性方法，测试结果重复性和可靠性好，检测速度快。

（3）磁记忆检测技术的应用　汽车零部件中，除箱体类零件使用铝合金材料外，绝大部分零部件，特别是一些重要零部件均使用铁磁性材料，对这些零部件剩余寿命的评估就可以使用磁记忆检测技术。例如在发动机再制造中，通过利用该技术对曲轴、连杆、凸轮轴等重要零部件进行了检测，检测结果出现三种不同的情况。第一种是绝大部分零部件磁记忆信号正常，即仍然具有再制造的价值；第二种是在两个连杆上发现有异常信号，而且信号强度很大，说明这两个连杆的局部区域有应力集中处，不能对其进行再制造，要结合其他分析方法对其进行深入研究；第三种是在曲轴上发现有轻微的异常信号，说明该部件仍然可以进行再制造，但在再制造后的使用过程中要密切关注该部件的运行状况。

6. 射线检测技术

X 射线、γ 射线和中子射线因易于穿透物质而在产品质量检测中获得了应用。它们的作用原理为：射线在穿过物质的过程中，由于受到物质的散射和吸收作用而使其强度降低，强度降低的程度取决于物体材料的种类、射线种类及其穿透距离。这样，当把强度均匀的射线照射到物体（如平板）上的一个侧面，通过在物体的另一侧检测射线在穿过物体后的强度变化，就可检测出物体表面或内部的缺陷，包括缺陷的种类、大小和分布状况，如图 4-15 所示。

射线检测所用射线包括 X 射线、γ 射线和中子射线三种。对射线穿过物质后的强度检测方法有直接照相法、间接照相法和透视法等多种。其中，对微小缺陷的检测以 X 射线和 γ 射线的直接照相法最为理想，如图 4-15 所示。其典型操作的简单过程为：把被检物安放在离 X 射线装置或 γ 射线装置 0.5～1m 的地方（将被检物按射线穿透厚度为最小的方向放置），把胶片盒紧贴在被检物的背后，让 X 射线或 γ 射线照射适当的时间（几分钟至几十分钟不等）进行充分曝光。把曝光后的胶片在暗室中进行显影、定影、水洗和干燥。将干燥的底片放在显示屏的观察灯上观察，根据底片的黑度和图像来判断缺陷的种类、大小和数量，随后按通行的要求和标准对缺陷进行等级分类。

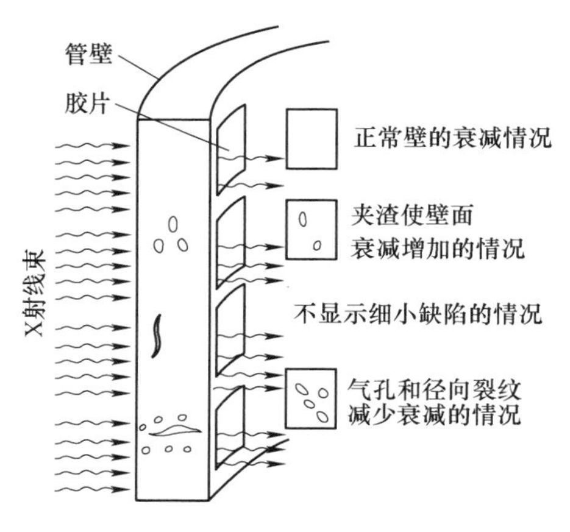

图 4-15　X 射线直接照相法检测

对厚的被检测物，可使用硬 X 射线或 γ 射线；对薄的被检物则使用软 X 射线。射线穿透物质的最大厚度是：钢铁约为 450mm、铜约为 350mm、铝约为 1200mm。

对于气孔、夹渣和铸造孔洞等缺陷，在 X 射线透射方向有较明显的厚度差别，即使很小的缺陷也较容易检查出来。而对于如裂纹等虽有一定的投影面积但厚度很薄的一类缺陷，只有用与裂纹方向平行的 X 射线照射时，才能够检查出来，而用与裂纹面几乎垂直的射线照射时就很难查出。因此，有时要改变照射方向来进行照相。

随着再制造工程的迅速发展，促进了再制造先进检测技术的发展，除了上述提到的先进检测技术外，还有激光全息照相检测、声阻法检测、红外无损检测、声发射检测、工业内窥镜检测等先进检测技术，为提高再制造生产效率和质量提供了有效保证。

4.2.3　再制造损伤评价与寿命评估技术

1. 基本概念

再制造损伤评价与寿命评估技术是指定量评价再制造毛坯、涂覆层及界面的具有宏观尺度的缺陷或以应力集中为表征的隐性损伤程度，以此为基础评价再制造毛坯的剩余寿命与再制造涂覆层的服役寿命，给出再制造毛坯能否再制造和再制造涂覆层能否承担下一轮服役周期任务的评价技术。

再制造利用制造业产生的工业废弃物为坯料，即以废旧产品作为毛坯进行生产。通过采用再制造关键技术，形成再制造产品，其质量可以达到甚至超过原型新品性能。

再制造生产与制造生产相比具有很大的不确定性，这主要是由再制造生产对象的特殊性所决定。再制造对象服役工况、损伤程度及失效模式具有随机性和个体差异性，非常复杂，因此，不同行业领域开展再制造生产时，为保证再制造产品质量，必须采用损伤评价技术，无损检测和评价再制造产品的宏观缺陷或隐性损伤，评价损伤程度，给出寿命预测结果，据此建立特定再制造产品的质量评价准则。

国外再制造模式与我国不同，它们采用换件法和尺寸修理法，通过直接更换新件或者将减小配合面的尺寸再配以非标准的对磨件来进行再制造。国外再制造生产直接采用新品的检测评价标准，无需对再制造毛坯进行损伤评价和寿命评估。

我国的再制造模式采用尺寸恢复、性能提升法，采用表面工程技术修复零件缺损部位的尺寸并通过形成的强化涂覆层来提升零件的性能。由于引入不同于基体的涂覆层材料和结合界面，我国的再制造产品要实现质量控制必须进行再制造毛坯的损伤评估和寿命预测，这是保障再制造产品质量必需的技术途径。

我国的再制造模式下，再制造损伤评价与寿命评估技术包括针对再制造毛坯开展的表面及内部损伤评价及剩余寿命预测技术；针对再制造涂覆层开展的涂层缺陷、残余应力、结合强度等损伤评价及服役寿命评估技术；针对再制造毛坯与涂覆层界面开展的界面脱粘、界面裂纹等损伤评价技术，以及针对逆向增材再制造获得的再制造产品，研究重新服役过程中实时健康监测技术。

2. 宏观缺陷评价及寿命评估技术

目前国内外普遍采用射线检测、超声检测、磁粉检测、涡流检测、渗透检测等五大类常规无损检测技术对再制造毛坯表面或内部形成的宏观缺陷进行定量评价。宏观缺陷指在三维空间上达到一定尺度的缺陷，如气孔、裂纹等。随着科学技术的发展进步，非常规的无损评价方法也越来越多引入再制造毛坯检测之中，如红外热像、激光全息、工业内窥镜等，以适应再制造毛坯不同的质量控制要求。

再制造寿命评估和制造新品的寿命评估具有不同的目标。再制造寿命评估是为了充分挖掘废旧产品中材料的潜力，使废旧产品获得“新生”，为节省能源、节省材料、保护环境服务。它建立在宏观缺陷的定量化基础之上。进行再制造寿命评估除使用新品寿命评估中采用的技术手段外，无损检测技术，特别是先进的无损检测技术更成为再制造寿命评估的重要支撑技术。将无损检测技术，特别是先进无损检测技术与再制造寿命评估相结合，探索无损检测新技术在再制造寿命评估领域应用的可行性和技术途径，寻求准确、便捷的无损寿命评估新方法，这是再制造寿命评估领域的前沿课题。

再制造毛坯宏观缺陷评价及寿命评估主要面临着两个方面的挑战：

一是高端装备主动再制造对无损评价技术提出的挑战。目前高端装备的服役环境越来越苛刻，高速、重载、高压、高温、高真空、风沙、强光照等极端服役条件，导致关键部件多种失效模式耦合，寿命劣化特征参量提取困难，这对损伤评价设备在极端工况条件下运行的可靠性以及主动再制造评估提出了新的挑战。

二是微小裂纹定量检测对无损评价技术提出的挑战。宏观缺陷都是由微小裂纹发展而来的。微小裂纹的定量化是毛坯可再制造性评价的基础。目前工程界能够发现的小裂纹极限尺寸定位在0.1mm，在微米尺度内小裂纹的定量评估受到损伤评价技术的局限。

为了推进再制造毛坯宏观缺陷评价及寿命评估技术的发展，需要重点研发新型物理参量传感检测的先进无损检测理论与方法，建立再制造毛坯极端工况下高可靠度的再制造性评价方法；建立典型再制造毛坯件剩余寿命评估技术规范和标准，研发再制造毛坯剩余寿命评估设备，推动产业化应用。

3. 隐性损伤评价及寿命评估技术

隐性损伤是指尚未形成可辨别的宏观尺度缺陷的早期损伤。隐性损伤具有更微观和细观的特点，隐性损伤发展到宏观缺陷的时间占据了构件寿命的绝大部分时间，其对构件宏观力学行为及性能的影响非常重要。然而，由于隐性损伤不具有可辨识的物理参量的改变，常规无损检测方法都无法实施。目前仅有金属磁记忆检测技术、非线性超声检测技术等为数很少的无损评价方法能够用于早期损伤评价，但这些技术尚处于实验室探索阶段，未形成再制造工程应用的标准规范。

隐性损伤评价及寿命评估面临着两个方面的挑战：

一是隐性损伤的产生机制的确定。在构件的早期损伤阶段，其内部结构状态的变化非常复杂和微弱，既有微观位错结构的变化，又有原子、分子水平的微裂纹萌生，揭示隐性损伤产生机制与原理，是开展再制造毛坯隐性损伤评价和寿命评估的前提和基础，解决这一问题面临很大挑战。

二是隐性损伤的磁、声等物理特征信号的采集及辨识。隐性损伤具有微观和细观特性，损伤累积引起的物理参量的变化非常微弱。采集构件材料中的这些物理参量的变化依然十分困难，在微弱的信号中辨识出能够表征隐性损伤的特征参量面临巨大挑战。

为促进再制造毛坯隐性损伤评价及寿命评估技术，需要重点进行两个方面的研究：①揭示再制造毛坯隐性损伤生成及累积的物理机制，建立再制造毛坯隐性损伤评价方法与标准；②针对特定再制造毛坯构件的失效形式与服役工况特点，研发再制造毛坯隐性损伤检测评估的专用设备。

4. 多信息融合损伤评价与寿命评估技术

常规的无损评价方法都是利用单一的物理量进行检测，如超声检测、射线检测、涡流检测、磁粉检测、渗透检测等，这些单一检测方法获得的信息是不全面的，难以满足现代机械装备越来越复杂苛刻的诊断要求，需要引入多传感器来采集多种物理参量的变化信息，经过综合处理后进行数据层、特征层和决策层的融合，以获得准确可靠的评价结果。

现有的信息融合系统结构分为分布式传感器结构、集中式传感器结构及混合组网结构三种类型。数据关联算法是多信息融合的核心，基于模型的方法、基于信号处理的方法以及人工智能的方法是三类常用的融合算法。多信息融合技术已经在机械装备无损评价中得到了较为充分的应用，国内外诸多研究机构相继研发了检测诊断系统。国外典型产品有美国 Bently 公司的 3300 系统、3500 系统和 EA3.0 系统，Scientific Atlanta 公司的 M6000 系统，西屋电气公司的汽轮发电机组人工智能大型在线监测系统，IRD 公司的 Mpulse 联网机械状态检测系统和 Pmpower 旋转机械振动诊断系统等。在国内，中国运载火箭技术研究所、南京汽轮机研究所、西安交通大学、上海交通大学、哈尔滨工业大学、清华大学等研究机构也研制了一大批各具特色、适用于不同对象的多信息融合的在线检测与诊断系统。

多信息融合损伤评价与寿命评估技术面临着两个方面的挑战：

一是信号的处理与特征提取。信号特征提取技术是实现多信息特征层的重要手段。在机电产品再制造服役过程中，首先分析设备零部件运转中所获取的各种信号，提取信号中各种特征信息，从中提取与故障相关的征兆，利用征兆进行故障诊断。由于机电系统结构复杂，部件繁多，采集到的信号往往是各部件运行情况的综合反映，且传递途径的影响增加了信号的复杂程度。如何从复杂的信号中提取出故障的特征参量，是多信息传感融合面临的一大挑战。

二是人工智能融合算法。采用多信息融合技术开展再制造毛坯损伤评价和寿命评估的关键是优选适宜的融合评估算法，人工智能技术将是最具潜力的融合算法。目前已经发展的专家系统、神经网络、模糊逻辑、遗传算法、支持矢量机等人工智能融合算法，在某些特定对象的故障诊断中发挥了重要作用，但仍存在着功能相对单一、只能进行简单诊断的不足。未来需要将多种性能互补的人工智能融合算法相互结合，但如何制定信息融合规则是一个难点。

多信息融合损伤评价与寿命评估技术研究需要达到以下两个方面的目标：

1）建立信号特征的提取方法和融合准则。研发静动态信号故障特征提取技术，基于数学原理构造与再制造毛坯故障问题相匹配的基函数，有效提取故障特征；优选多信息融合算法，建立融合策略和准则。

2）建立人工智能寿命评估方法。基于人工智能技术，研究再制造毛坯寿命评估技术与方法，提供正确合理的评价结论，预测再制造毛坯的损伤发展规律与趋势，实现再制造毛坯剩余寿命的智能评价。

4.2.4 再制造涂覆层损伤评价与寿命评估

再制造涂覆层，主要是通过采用先进的表面工程技术在再制造毛坯局部损伤部位制备的一层耐磨、耐蚀、抗疲劳的涂覆层。再制造涂覆层附着在再制造毛坯基体上，既恢复再制造毛坯的超差尺寸，又提升再制造零件的使用性能。

再制造涂覆层的质量对再制造零件的服役寿命具有重要影响。再制造涂覆层是通过外加输入能量并且添加不同于再制造毛坯基体的异质覆层材料而形成的，其缺陷类型主要有裂纹、气孔、夹渣、厚度不均、结合不良等。此外，再制造涂覆层的结合强度、残余应力等力学性能状态也直接影响其服役寿命。因此，对涂覆层的损伤评价与寿命评估主要针对涂覆层缺陷、结合强度及残余应力进行测量，对应缺陷的检测方法有渗透检测、磁粉检测、涡流检测、超声检测等常规检测方法；目前对涂覆层结合强度的检测仍采用破坏式的测量方法，尚无实用有效的无损检测方法。测试涂覆层的残余应力最常采用的是 X 射线衍射方法。再制造涂覆层的寿命评估技术研究集中在接触疲劳寿命评估方向。

1. 再制造涂覆层缺陷评价及寿命评估技术

无论机械嵌合类型的再制造涂覆层，还是冶金结合类型的再制造涂覆层，裂纹和气孔都是最主要的涂覆层缺陷。根据检测对象的要求，目前均是采用常规的无损评价方法进行检测，如渗透检测、磁粉检测、超声检测、电磁检测等，评价准则与制造领域的涂覆层相同。寿命评估技术则是基于获取的涂覆层裂纹失效形式采用统计学方法处理。

再制造涂覆层缺陷评价及寿命评估面临着两个方面的挑战：

一是实现再制造涂覆层无损评价自动化的挑战。目前国内再制造企业采用的涂覆层无损评价工序安排在再制造成形工序之后，以离线方式进行，依靠专门的检测人员采用单独工位、单一设备实施，检测效率低，评价结果的可靠性依赖检测人员的技术水平和经验积累。随着再制造企业产量日益提高，满足生产线上再制造涂覆层的快速检测需求、提高自动化水平成为迫切的技术需求。

二是提升再制造涂覆层定量评价智能化水平的挑战。信息技术的广泛普及为再制造企业提供了网络化平台，未来再制造企业的生产工艺将基于物联网系统来执行。常规的涂覆层缺陷检测评价技术必须将其评价结果向定量化、数字化、信息化转化融合，这些常规评价技术面临着智能化改造升级的挑战。

再制造涂覆层缺陷评价及寿命评估的发展需要重点开展以下两个方面的研究工作：

1）研发流水线嵌入式再制造涂覆层无损评价技术与设备。综合已有的常规再制造涂覆层缺陷检测方法，研发嵌入流水线的再制造涂覆层评价技术与设备，能够实时在线评价涂层质量，提升检测效率和可靠性，提高再制造生产和质量控制的自动化水平。

2）研发再制造涂覆层智能化评估技术与设备。未来的再制造生产将是依靠各种类型传感器实现互联互通的智能化生产模式。在自动化设备基础上，增加信息传输、通信、存储、分析等组网技术，实现流水线上物料、人工、工具、设备等的物物相连，实现涂覆层缺陷与寿命评估的智能化。

2. 涂覆层结合强度测试评价技术

再制造涂覆层的结合强度是评价再制造成形质量的一个重要指标。目前涂覆层结合强度测试方法的原理主要是通过给涂覆层/基体施加一定的外载荷，使涂覆层产生剥离和破坏，来测定结合强度的大小。胶接拉伸法是国内外通用的检测涂覆层结合强度的定量方法，此外还有划痕法、剪切法、弯曲法、热振法等。这些测试方法需要制作专门的试样在特定试验机上进行测量，测试过程会对试样造成一定程度的破坏。

涂覆层结合强度测试评价面临着两个方面的挑战：

一是原位在线的结合强度无损评价技术的挑战。现有的结合强度测试方法仍然是一种间接测试方法，需要制作标准试样来进行测试，不能直接评价再制造零件的涂覆层与基体之间的结合状态。研发能够用于再制造成形过程中、直接在涂覆层表面实施的结合强度无损评价技术面临挑战。

二是无损或微损测试结合强度的挑战。建立一种针对再制造涂覆层结合强度的无损或微损评价方法对控制再制造产品质量非常重要。目前的结合强度测试方法都属于破坏性的测试方法，有些方法甚至会造成测试试样的完全断裂。虽然研究报道中有探索研究压痕法、声发射法、超声波法等微损伤或无损伤的结合强度测试方法的，但都仍处于实验室研究阶段，研究结果仍然滞后于生产需求。

涂覆层结合强度测试评价需要重点研发再制造涂覆层结合强度原位、无损评价新工艺方法，关注科技进步带来的新技术、新材料，将之引入再制造涂覆层结合强度评价之中，研发能够原位测试、无损或微损评价的新方法和新工艺。

3. 涂覆层残余应力测试评价技术

应力状态是表征再制造涂覆层质量状态的一个重要指标，残余应力分布特征直接关系到涂覆层的服役安全性和可靠性。长久以来，残余应力测试评价技术一直受到密切的关注，根据测试技术对检测对象的影响程度，残余应力测试方法有很多类型，不同方法受各自测试原理的限制，适用于不同类型的涂覆层。

根据测试方法实施时是否对涂覆层产生损伤，将涂覆层残余应力测试技术分为有损和无损两种类型，小孔法、割条法、轮廓法等有损测试方法需要局部分离或分割含残余应力的零件，使残余应力局部释放达到测试目的；X 射线衍射法、超声波法、磁性法等通过测量不同残余应力区域的晶格变形、声速、磁性能的改变来评价残余应力，属于无损测试方法。目前再制造涂覆层残余应力测试较多采用 X 射线衍射方法。

（1）挑战

1）再制造涂覆层残余应力无损测试需求的挑战。为避免对再制造涂覆层引入新的损伤，残余应力无损测试新方法一直是获得高度关注的研究方向。现有 X 射线衍射方法只能测定表面应力，受材料表面状态、结构形状的影响较大。研发新的再制造涂覆层无损测试方法面临挑战。

2）再制造涂覆层残余应力多维测试需求的挑战。常规的残余应力测试技术测试的是一维方向的残余应力，而残余应力是一个张量，具有三个维度，测试技术需要给出三个维度的残余应力大小和方向才能表征残余应力状态。目前实现多维残余应力测试面临挑战。

（2）目标

1）研发再制造涂覆层残余应力无损测试新设备与方法。纳米压痕技术是非常有前景的再制造涂覆层残余应力测试新技术，深入研究纳米压痕技术测试残余应力的理论与方法，研发压入式再制造涂覆层残余应力测试的无损设备与工艺方法。

2）研发再制造涂覆层残余应力多维测试新设备与方法。轮廓法是国外提出的一种可实现多维残余应力测试的新技术，该方法可以检测二维或者三维的残余应力。深入研究轮廓法等能够测试多维残余应力的新技术和新方法，研发适宜再制造生产线使用的涂覆层多维残余应力测试设备。

4.3 再制造产品结构健康监测

4.3.1 概述

再制造产品的结构健康监测就是对关键的再制造结构损伤从产生、扩展直至破坏全过程进行监控的技术，它依托于传感器技术、物联网技术的发展而发展。通过采用一定的加工工艺将传感元件与驱动元件植入结构表面或内部，来感知结构的损伤累积、缺陷发展，采集结构损伤与缺陷的变化信息并处理，提取表征因子，利用损伤诊断算法对结构的“健康状态”进行在线监测、综合决策、安全评估和及时预警，并自动采取防范措施，将结构调整至最佳工作状态，保证服役安全。

世界各国均对结构健康监测十分重视，尤其在航空航天、海洋工程、土木工程、大型核电设备、输油输气管线等领域，结构健康监测技术研究均是热点研究方向。20世纪早期建设的一些重要工程结构已经相继达到设计寿命，甚至超期服役，多层面、复杂化的安全隐患不断显现。对这些即将达到寿命或已经达到寿命的工程结构开展主动再制造已经迫在眉睫。目前在超大跨桥梁、大坝、飞行器结构上已经开始结构健康监测的工程实践，且取得了不少成功的应用范例。

结构健康监测技术涉及多学科知识的交叉融合，结构健康检测系统非常复杂，通常包括传感器系统、驱动元件系统、数据采集处理系统、数据传输系统、损伤评价模型、安全评价预警系统、数据管理控制系统等。尽管经过多年发展已经取得不少进展，但真正的实际工程结构健康监测仍存在许多实际问题没有解决。即使美国、日本、英国等较早开展结构健康监测的国家，仍然停留在局部和小范围的测试层面上，监测结果的可靠性和准确性面临很多技术瓶颈需要解决。

4.3.2 光纤智能传感实时监测技术

光纤智能传感器是光纤和通信技术结合的产物，与电类传感器有本质区别。它具有体积小、损耗低、灵敏度高、抗电磁干扰、电绝缘、耐腐蚀以及易于分布式传感的特性，可进行应力应变、温度、力、加速度等多种参量的测量，是进行结构健康监测最具潜力的智能传感器件。基于光纤传感的监测正成为结构健康监测技术的重要发展方向。

根据光纤传感机理可以将光纤传感器分为强度型、干涉型和光纤光栅型三种。与“强度型”或“干涉型”光纤传感器比较，光纤光栅型是近年来发展最为迅速的光纤传感元件。它对应变及温度非常敏感，能方便地使用复用技术，可实现单根光纤对几十个应变节点的测量，并能将多路光纤光栅传感器集合成空间分布的传感网络系统，被认为是最具发展前途的光纤传感器。

航空航天领域是最早使用光纤光栅传感器的领域，将光纤传感器埋入航空航天器构件内部或表面，通过监测应力、温度来进行结构健康监测。美国、瑞典、意大利、加拿大等国家在这方面研究工作非常深入。如美国空军及NASA的多个项目中都包含了基于光纤光栅传感器的结构健康监测技术，在20世纪90年代初提出智能机翼的研究计划，1998年采用光纤光栅传感器监测运载器RLV X－33低温贮箱状态等。相比较国外的研究工作，我国的研究工作起步较晚，但受到高度关注。国内已有上百家单位从事这一领域的研究。如南京航空航天大学基于光纤传感技术监测无人机典型结构和复合材料典型构件；武汉理工大学发明角调谐波长解调方法，实现光纤光栅解调技术的创新等。光纤光栅传感器还应用于船舶、石油化工、核工业等电类传感器难以使用的场合，利用光纤传感器构成的智能结构有着非常广阔的发展前景。

光纤智能传感实时监测面临着两个方面的挑战：

一是光纤传感器的封装与连接技术。光纤传感器既可以贴在结构的表面，也可以埋入结构内部对结构进行实时测量。通过采用不同形式的封装形成各种光纤光栅传感器，是实现光纤健康监测的研究重点。光纤光栅传感器植入被测结构的方式直接影响应力应变的传递效果，光纤传感单元与被测结构之间的结合方式直接影响传感器的有效性和可靠性。光纤传感器与结构集成时，要减小两者相互之间的影响，减小器件自重，减小引起结构的应力集中是面临的挑战。

二是光纤传感采集的海量数据的分析处理。光纤传感网的实时感知信息是海量、高速、实时、多样的，具有大数据特征。运行状态海量传感数据的采集、处理、存储与挖掘，是全面分析装备运行状态的宝贵资源。这对存储数据的海量性和处理实时性提出了挑战。快速准确地从海量数据中提取出结构的损伤特征值，研究适合复杂结构的损伤诊断算法，实现对结构损伤的类型、位置及损伤程度的准确识别，研究适合的信息融合算法是未来面临的挑战。

光纤智能传感实时监测技术需要重点加强两个方面的研究：①研发光纤光栅传感单元柔性封装新方法，探索面向复杂工程结构件的布设及应变传感调控途径，推动光纤光栅传感器的智能监测的工程化应用；②提出光纤光栅信号应变和温度交叉敏感的处理方法，提取损伤表征参量，建立基于光纤光栅的再制造产品智能监测算法模型。

4.3.3 压电智能传感监测技术

压电元件具有灵敏度高、工作频带宽、动态范围大的优点，已在结构健康监测研究中得到广泛应用。压电传感元件是利用压电材料的压电效应制成的传感元件。压电材料利用正压电效应实现传感功能，利用逆压电效应实现驱动功能。常用的压电材料包括压电陶瓷、压电聚合物和压电复合材料等。

基于压电元件的损伤诊断方法按照工作模式分为被动监测方法和主动监测方法两种。主动监测方法利用压电元件在结构中产生主动激励，再通过分析结构的响应推断结构的健康状态。被动监测方法直接利用压电元件获取的结构响应参数，实现结构损伤诊断。

相比较常规的无损检测技术，压电智能传感监测技术利用集成在结构内部或表面的特定驱动/传感元件网络，在线实时获取与结构健康状态相关的信息（如结构因受载而产生的应变，在结构表面传播的主动/被动应力波等），然后再结合特定的信息处理方法和结构力学建模方法，提取与损伤相关特征参数，达到识别结构损伤状态、实现健康诊断、保证结构安全和降低维修费用的目的。

目前国内外关于压电元件的研究主要集中在压电元件封装方法研究、主被动监测方法研究、结构健康监测系统研制等几个方面。

美国、英国、日本等发达国家开展了大量结构健康监测技术中传感器和损伤诊断方法的原理性基础研究，但结合真实结构的相关验证和工程化方面仍有大量问题，仍然处于研究探索阶段。相对于国外，国内基于压电元件的结构健康监测技术也开展了较多研究工作，但面向工程应用方面的研究比较少，与实际需求差距大。

压电智能传感监测面临着三个方面的挑战：

一是压电传感单元的布设优化问题。大型结构或构件的健康监测常常需要布设大量的压电传感元件，压电传感元件的数量、粘贴位置、布设组网方式直接决定健康监测系统的功效。目前仍未提出适宜的计算模型确定压电元件与结构耦合后的有效感应范围，压电元件的布设优化问题面临着挑战。

二是压电元件在结构中长期耐久性和性能稳定性的问题。压电传感元件是结构健康监测系统的最前端，是整个系统可靠稳定的前提。对传感元件进行可靠封装，发挥压电传感单元的最佳物理特性，保证传感器使用寿命是结构健康监测的关键问题。

三是压电信号损伤识别和寿命评估方法。使用了数量众多的压电传感元件的复杂结构，提取合适的损伤指标和使用合适的损伤识别算法，融合多组监测信号数据，识别结构损伤并评价服役寿命，仍然是动态健康监测面临的关键问题，也是国内外健康损伤诊断方法重点研究方向。

压电智能传感监测需要重点加强两个方面的技术研究：①建立压电传感单元的布设优化计算模型，实现压电信号信号高效可靠传输；②考虑材料参数、结构参数、载荷工况及损伤形式等多控制参量，建立基于压电传感单元的大型复杂结构主动再制造损伤预测与寿命评估方法。

4.3.4 远程健康监测技术

远程健康监测技术是随着计算机技术、通信技术、传感技术的发展而逐渐兴起的一项新兴技术。它由信息采集系统、工控机及相关软件组成。以若干台中心计算机作为服务器，在重要结构装备上建立监测点，采集结构或设备健康状态数据，建立远程诊断分析中心，利用网络通信提供远程健康监测的诊断评价支持。

远程健康监测不同于传统的监测模式，是一种多元信息传输、监测、管理一体化的集成技术，信息、资源和任务共享，与其他计算机网络互联，实现实时、快速和有效监测。

远程监测与故障诊断技术是国内外非常关注的研究方向，利用 Internet 的远程诊断方法和技术的研究最先是从医学领域开始的，1988 年远程医疗（Telemedicine）的概念首先在美国被提出，随后，这一技术在美国和欧洲一些国家得到了非常广泛的研究和应用。1997 年，斯坦福大学和麻省理工学院联合主办了首届 Internet 的远程监控诊断工作会议，远程监控诊断技术在航空领域、土木工程领域、汽车行业获得关注和研究。

飞行器的结构健康监测是确保飞行器安全的重要手段，为维护飞行器性能提供依据。以空客为例，其结构健康监测已经包含结构应力、微裂纹、湿度等的远程监测；在土木工程领域，针对大坝、桥梁开展远程结构健康监测的研究工作较多，采集位移、振动等特征信号。

汽车远程监测方面的研究在国外起步较早，英国帝国理工学院在 2000 年进行了汽车运行和排放状态远程监测系统研究，通过采用嵌入式数据采集技术、GPS 车辆定位技术、信息技术和数据仓储技术实现准确可靠的汽车运行状态及尾气排放远程监测，系统监控中心对车辆传输来的数据进行存储、分析及显示。但是由于汽车远程监测与故障诊断系统涉及车辆电控技术、汽车通信协议、电子技术和无线通信技术等诸多领域，研究开发难度较大、维护成本高，该技术在国外也没有取得实质性进展和在车辆上普及推广。

经过近 30 年的发展，远程健康监测虽然取得了很大的成就，但尚不能很好地满足工程实践需求。远程监测系统的概念体系、知识获取、评价方法、网络传输、可靠性等许多方面还有待于系统、深入地研究。

远程健康监测面临着两个方面的挑战：

1）数据压缩与远程网络技术。远程监测的故障信息包括数据信息、音频信号、视频信号、控制信号等，这些不同类型的信号需要基于网络实现远程传输。不同类型的信号有不同的传输特征和不同要求，需要寻求一种有效压缩算法，将信号压缩到满足传输效率和质量要求。同时还需要深入研究网络通信、网络存储、传输及网络安全等涉及的相关技术，这是未来远程健康检测需要解决的重要问题。

2）远程损伤诊断的评估方法。在设立的监测点采集数据，针对获取的多类型信号提取损伤特征，进一步采取数据挖掘方法进行知识发现，建立远程损伤诊断模型，这是实现远程健康监测工程应用的关键，也是必须解决的核心问题。

远程健康监测的发展目标：

1）建立远程健康监测的通信方式和通信协议及软件共享的通用标准，实现数据和诊断知识、损伤评价技术的共享。

2）研发远程监测的嵌入式系统，融入再制造生产企业的生产管理、设备维护系统之中，建立智能化的再制造产品远程健康监测系统，促进理论成果的工程实用转化。

参考文献

[1] 中国机械工程学会. 中国机械工程技术路线图 [M]. 2版. 北京：中国科学技术出版社, 2016.

[2] 中国机械工程学会再制造工程分会. 再制造技术路线图 [M]. 北京：中国科学技术出版社, 2016.

[3] 姚巨坤, 崔培枝. 再制造检测工艺与技术 [J]. 新技术新工艺, 2009 (4)：1-4.

[4] 朱胜, 姚巨坤. 再制造技术与工艺 [M]. 北京：机械工业出版社, 2011.

[5] 姚巨坤, 时小军. 废旧产品再制造工艺与技术综述 [J]. 新技术新工艺, 2009 (1)：4-6.

[6] 张耀辉. 装备维修技术 [M]. 北京：国防工业出版社, 2008.

第5章

绿色再制造加工与表面成形技术

5.1 再制造机械加工技术

5.1.1 再制造恢复技术概述

退役的机械设备再制造拆解后，有大量的零件因磨损、腐蚀、氧化、刮伤、变形等原因而失去其原有的尺寸及性能要求，无法再直接使用。针对这些失效的零件，最简单的处理方法是报废并更换新件，但这无疑会造成材料和资金的消耗，采用先进合理的再制造加工工艺对这些废旧失效零件进行再制造加工，恢复其几何尺寸要求及性能要求，可以有效地减少原材料、新备件的消耗，降低废旧机械设备再制造过程中的投入成本，必要时还可以解决难以从国外进口的备件缺乏问题。

再制造加工是指对废旧失效零部件进行几何尺寸和力学性能加工恢复或升级的过程。再制造加工主要有两种方法，即机械加工方法和表面工程技术方法。

实际上大多数失效的金属零部件可以采用再制造加工工艺加以恢复性能。而且通过先进的表面再制造技术，还可以使恢复后的零件性能达到甚至超过新件。如采用等离子热喷涂技术修复的曲轴，因轴颈耐磨性能的提高可以使其寿命超过新轴；采用等离子堆焊技术恢复的发动机阀门，寿命可达到新品的 2 倍以上；采用低真空熔敷技术恢复的发动机排气阀门，寿命相当于新品的 3 ~ 5 倍。

零件再制造恢复中，机械加工恢复法是最重要、最基本的方法。多数失效零件需要经过机械加工来消除缺陷，最终达到配合精度和表面粗糙度等要求。它不但可以作为一种独立的工艺手段获得再制造修理尺寸，直接恢复零件性能，而且也是其他再制造加工方法操作前工艺准备和最后加工不可缺少的工序。

再制造恢复旧件的机械加工与新制件加工相比较有其不同的特点。产品制造过程中的生产过程一般是先根据设计选用材料，然后用铸造、压力加工或焊接等方法将材料制作成零件的毛坯（或半成品），再经切削加工制成符合尺寸精度要求的零件，最后将零件装配成为机器。而再制造过程中的机械加工所面对的对象是废旧或经过表面工程处理的零件，通过机械加工来达到它的尺寸及性能要求。其加工对象是失效的定形零件，一般加工余量小，原有基准多已破坏，给装夹定位带来困难，加工表面性能已定，一般不能用工序来调整，只能以加工方法来适应它，工件失效形式多样，加工表面多样，组织生产比较困难。

失效零件的再制造加工恢复技术及方法涉及许多学科的基础理论，诸如金属材料学、焊接学、电化学、摩擦学、腐蚀与防护理论以及多种机械制造工艺理论。失效零件的再制造加工恢复也是一个实践性很强的专业，其工艺技术内容相当繁多，实践中不存在一种万能技术可以对各种零件进行再制造加工恢复。而且对于一个具体的失效零件，经常要复合应用几种技术才能使失效零件的再制造取得良好的质量和效益。

5.1.2 尺寸修理法再制造加工技术

在失效零件的再制造修复中，再制造后达到原设计尺寸和其他技术要求称为标准尺寸再制造恢复法。再制造时不考虑原来的设计尺寸，采用切削加工和其他加工方法恢复其形状精度、位置精度、表面粗糙度和其他技术条件，从而获得一个新尺寸，称为再制造的修理尺寸，而与其相配合的零件则按再制造的修理尺寸配制新件或修复，这种方法称为再制造中的修理尺寸恢复法，其实质是恢复零件配合尺寸链，在调整法、修配法中，组成环需要的再制造修复多为修理尺寸法，如修轴颈、换套或扩孔镶套；键槽加宽一级，重配键等均为较简单的实例。

在确定再制造修理尺寸，即去除表面层厚度时，首先应考虑零件结构上的可能性和再制造加工后零件的强度、刚度是否满足需要。如轴颈尺寸减小量一般不得超过原设计尺寸的10%；轴上键槽可扩大一级。为了得到有限的互换性，可将零件再制造修理尺寸标准化，如内燃机的气缸套的再制造修理尺寸，通常可规定几个标准尺寸，以适应尺寸分级的活塞备件；曲轴轴颈的修理尺寸分为16级，第一级尺寸缩小量为0.125mm，最大缩小量不得超过2mm，曲轴轴颈、连杆轴颈的修理尺寸见表5-1。

表5-1 曲轴轴颈、连杆轴颈的修理尺寸 （单位：mm）

项目		曲轴轴颈尺寸			
		标准尺寸 0.00	第一修理尺寸 −0.25	第二修理尺寸 −0.50	第三修理尺寸 −0.75
桑塔纳1.6L	主轴颈	$54.00_{-0.042}^{-0.022}$	$53.75_{-0.042}^{-0.022}$	$53.50_{-0.042}^{-0.022}$	$53.25_{-0.042}^{-0.022}$
	连杆轴颈	$46.00_{-0.042}^{-0.022}$	$45.75_{-0.042}^{-0.022}$	$45.50_{-0.042}^{-0.022}$	$45.25_{-0.042}^{-0.022}$
桑塔纳1.8L	主轴颈	$54.00_{-0.042}^{-0.022}$	$53.75_{-0.042}^{-0.022}$	$53.50_{-0.042}^{-0.022}$	$53.25_{-0.042}^{-0.022}$
	连杆轴颈	$47.80_{-0.042}^{-0.022}$	$47.55_{-0.042}^{-0.022}$	$47.30_{-0.042}^{-0.022}$	$47.05_{-0.042}^{-0.022}$
丰田2Y，3Y	主轴颈	$54.00_{-0.015}^{-0.000}$	$53.75_{-0.015}^{-0.000}$	$53.50_{-0.015}^{-0.000}$	$53.25_{-0.015}^{-0.000}$
	连杆轴颈	$48.00_{-0.015}^{-0.000}$	$47.75_{-0.015}^{-0.000}$	$47.50_{-0.015}^{-0.000}$	$47.25_{-0.015}^{-0.000}$

失效零件加工后表面的表面粗糙度对零件的性能和寿命影响也很大，如直接影响配合精度、耐磨性、疲劳强度、耐蚀性等。对承受冲击和交变载荷、重载、高速的零件，尤其要注意表面质量，同时要注意轴类零件圆角的半径和表面粗糙度。此外，对高速旋转的零部件，再制造加工时还应保证应有的静平衡

和动平衡要求。

旧件的待再制造恢复表面和定位基准多已损坏或变形，在加工余量很小的情况下，盲目使用原有定位基准，或只考虑加工表面本身的精度，往往会造成零件的进一步损伤，导致报废。因此，再制造加工前必须检查、分析，校正变形，修整定位基准，再进行加工方可保证加工表面与其他要素的相互位置精度，并使加工余量尽可能小。必要时，需设计专用夹具。

再制造修理尺寸法应用极为普遍，是最常采用的再制造生产方法，通常也是最小再制造加工工作量的方法，工作简单易行，经济性好，同时可恢复零件的使用寿命，尤其对贵重零件意义重大。但使用该方法时，一定要判断是否减弱零件的强度和刚性，满足再制造产品使用周期的寿命要求，保证再制造产品质量。

5.1.3 曲轴再制造加工工艺应用

曲轴一般由 45 钢制造，小型柴油机的曲轴均用球墨铸铁制成。其主轴颈和连杆轴颈经高频感应加热淬火，深度为 1.5～3mm，硬度为 40～50HRC，圆度和圆柱度不大于 0.015mm。

曲轴在使用过程中常见的缺陷为轴颈的磨损，曲轴的弯曲、扭曲及断裂，轴颈表面裂纹、划痕与烧伤，以及平键键槽损坏等。曲轴一般经去油脂、除锈、清洗完毕后送到曲轴加工线。

1. 检查

目检曲轴有无明显磕碰、刮伤等缺陷；测量主轴颈、连杆轴颈尺寸，如果曲轴主轴颈或连杆轴颈已不能满足再制造要求，则登记后做其他处理；检查主轴颈圆跳动项目，如圆跳动最大值为 0.3～1.0mm，可通过校直恢复，并经除应力处理。检查曲轴后端法兰螺纹孔，若螺纹损坏，则标记后送相关再制造工位。将曲轴装在曲轴磨床上，采用两中心孔定位，测量法兰轴颈和齿轮轴颈的圆跳动应小于 0.04mm，对法兰轴颈、齿轮轴颈圆跳动超过 0.04mm 的，对中心孔进行再制造修理。

2. 研中心孔

研中心孔的目的是使其孔内不能有毛刺、异物。中心孔有缺陷的，用自定心卡盘夹住密封轴颈，中心架架在法兰颈上，用百分表测量法兰轴颈和齿轮轴颈，调节中心架，使法兰轴颈和齿轮轴颈的圆跳动小于一定值，在车床上用中心孔锪钻修研中心孔。

3. 精磨主轴颈和密封轴颈

修整砂轮宽度及圆角半径，保证表面粗糙度要求；将曲轴装在曲轴磨床上，使曲轴主轴颈与磨床主轴同心，其圆跳动应小于0.05mm，调好位置后，曲轴相对磨床不可再有位置移动；调整设置测量百分表；磨削第四轴径后，安装中心架；磨削第一、二、三主轴颈，当磨削第二主轴颈时，测量主轴颈开档宽度；止推轴颈宽度超差时，磨削止推面，两边磨削量必须相同；磨削第五、六、七主轴颈，最后磨削第四轴颈；同一曲轴的主轴颈尺寸必须在同一标准内，但不必与连杆轴颈尺寸在同一标准内。以最少的加工量磨削密封轴颈，只要磨去油封痕迹即可，磨削后尺寸应符合规定尺寸；达到规定尺寸后仍磨不起来的渗氮后转表面工程；砂轮只准向主轴颈方向运动。

4. 精磨连杆轴颈

修整砂轮宽度及圆角半径，保证表面粗糙度要求；把曲轴装在曲轴磨床上，使连杆轴颈与机床主轴同心，同时修正曲拐半径；调整设置测量百分表；磨削连杆轴颈，首先磨削一、六连杆轴颈，再磨削二、五轴颈，最后磨削三、四轴颈，磨削每一轴颈时都要先调整，后加工；磨削时设置中心架，中心架必须顶在被加工轴颈的位置上；同一曲轴的连杆轴颈尺寸必须在同一标准内。

5. 油孔倒角

把曲轴装夹在车床上；油孔倒角，除去锐边及毛刺，倒角半径应满足工艺要求；用空气吹枪吹净。

6. 抛光

抛光主轴颈、连杆轴颈及前端轴颈，特别是圆角处，抛掉轴颈上的油灰物，密封轴颈不宜进行抛光。机床转速不宜过高，前端轴颈去毛刺抛光。抛光带旋转时，严禁用手触摸抛光带。

7. 清洗油道，检测

把曲轴放在支承架上；用毛刷蘸清洗液洗刷曲轴，洗掉磁悬液及铁屑。用清洗毛刷清刷油道，油道内壁不允许残留颗粒状油泥、积炭及金属屑；用空气吹枪吹净。将曲轴放在V形架上，支承第一、七轴颈检查曲轴各轴颈及其圆跳动；检测曲拐半径；检测圆角半径。

8. 清洗、曲轴渗氮、校直

把曲轴水平摆放到木架上，在清洗机中进行清洗；用风枪吹干曲轴，整个表面不得有沉积的油污。渗氮时应防护曲轴后端的螺纹孔及销孔。渗氮出炉风冷降温至200℃后，检查主轴颈圆跳动，对圆跳动超差的曲轴进行校直。

9. 修复密封轴颈

密封轴颈处仍有划痕的要磨掉渗氮层后转表面工程。表面工程修复后磨削密封轴颈，表面不得有划痕，尺寸应满足工艺要求。磨削时砂轮只准向主轴颈方向运动。

10. 曲轴抛光

用毛刷将煤油涂于要抛光的主轴颈、连轩轴颈及前端轴颈处，抛掉轴颈上的油灰物，密封轴颈不宜抛光；检查曲轴表面，无磕碰伤和其他缺陷；检查轴颈尺寸，发现渗氮后尺寸变化较大时，及时上报；机床转速不宜过高，前端轴颈手动抛光；更换抛光带时，必须用磨石打磨抛光带。抛光带旋转时，严禁用手触摸抛光带。

11. 探伤、退磁、清洗

曲轴放在磁力探伤机上，曲轴探伤和退磁按相关技术文件要求执行。对经过校直的曲轴，探伤时在圆角处若发现可疑磁痕而不能确定时，用渗透探伤法复查确认。磁力探伤后不合格的要报废，重点检查过渡圆角及轴颈是否有裂纹。用毛刷蘸清洗液洗刷油道，油道必须清洁、通畅，保证油道的积炭清理干净。

12. 装配曲轴总成、清洗、防锈、入库

将新曲轴齿轮及法兰加热保温，装上平键，安装斜齿轮。安装曲轴法兰，如第一次装配未能到位，应拆下法兰，待其完全冷却到室温后，测其内孔，满足工艺要求后方可重新加热装配，否则更换新法兰。穿过飞轮螺栓孔，并用吹枪吹净螺纹孔内的铁屑，清洗、防锈、入库。

5.2 智能化增材再制造成形技术

5.2.1 增材再制造基本概念

1. 增材制造技术发展背景

增材制造也叫快速成形（Rapid Prototying，RP），是近20年来制造技术领域的一次重大突破，可以自动、直接、快速、精确地将CAD的数字模型物化为具有一定功能的原型或直接制造零件，可有效地支持包括军用装备的零部件应急数字化再制造。目前RP方法制造的原型主要以非金属为主（如纸、ABS、蜡、尼龙、树脂等），在大多数情况下非金属原型无法直接作为装备零部件使用，这就要求以制造金属材料零件为主要目标的直接金属成形技术必须取得快速发展。

直接金属成形技术是直接以金属材料作为处理对象的新的RP工艺，它是以生成最终金属零部件为目标。如何从已有的RP工艺直接得到金属零件，以及如何开发出新的适合于直接金属成形的工艺，使RP技术真正具有最终产品的制造功能是当前RP技术研究的热点问题。采用RP的原理直接制造金属零件在工业上有着重要的应用，因而受到广泛的关注。据国际权威的RP行业协会预测，未

来金属零件的快速直接制造将越来越广泛，也就是说快速制造（Rapid Manufacturing，RM）将很可能逐渐占据主导地位，并且直接金属成形将成为应急金属零部件制造与再制造的一种重要手段。

2. 增材制造在美军装备零件制造中的应用

为提高战时装备维修保障能力，发达国家都正在加强开发研究各种先进维修技术，并应用于装备保障。美国在《2010 年及其以后的国防制造工业》规划中明确提出，要发展先进再制造技术，“开发能迅速获得机械零件几何图形的非接触测量方法、用于快速再制造的数字化成形工艺”，并已研制出高柔性的现场零件制造系统，称之为“移动零件医院”（Mobile Parts Hospital，MPH）。该系统有两个方舱，第一个方舱包含了激光沉积近净成形设备（用于零件成形，成形速度可达 $3.5\mathrm{in}^3/\mathrm{h}$，1in = 2.54cm），第二个为 5 轴数控化机床设备（5 轴车铣床，用于成形后零件的机械加工），能够在靠近战场需要位置快速制造战损装备所需零件，并可以灵活地采用 C-130 运输机进行远程空运，或采用拖车进行陆地运输。MPH 系统可以采用钢铁、合金、钛等 57 种金属粉末制作 500 多类零件，第一台于 2003 年 11 月布置应用，至 2005 年制造了将近 15000 个零件。

采用 MPH 后，维修人员只需携带罐装的金属粉末，一旦出现紧急的备件需求，可在非常短的时间内完成备件的制造，大大减少备件采购、储存和运输费用，以及购买、储存和跟踪备件所消耗的物力、人力及时间。虽然目前的快速成形制造技术和制造工艺还不能完全满足美军对“快速成形制造系统”的最终要求，但许多关键技术将在近年内取得突破。

3. 增材再制造定义

增材再制造是基于离散/堆积成形原理，利用高速电弧喷涂、微弧等离子、MIG（熔化极惰性气体保护焊）/MAG（熔化极活性气体保护焊）堆焊或激光快速成形等技术，针对损毁零件的材料性能要求，采用实现材料单元的定点堆积，自下而上组成全新零件或对零件缺损部位进行堆积修复，快速恢复缺损零部件的表面尺寸及性能的一种再制造加工方法。

增材再制造技术是在制造领域的快速成形技术的基础上发展起来的，但又与之有所不同。再制造成形技术是以废旧的零部件作为毛坯，通过修复成形达到原有产品的形状尺寸和性能，而直接快速成形则是从无到有，全部零件都采用堆积成形而成。因此，增材再制造需要首先采用反求技术对磨损的金属零部件进行反求，获得零件的缺损模型，通过与金属零件的标准模型进行对比，得到零件的再制造模型，然后结合 MIG 堆焊等表面成形工艺方法，进行缺损表面的快速成形。增材再制造是产品零部件再制造一种重要的方法，是集信息技术、新材料、金属快速成形、先进加工、产品维修等为一体的先进再制造技术。

5.2.2 增材再制造技术思路与工作原理

1. 技术思路

增材再制造主要功能是实现损毁零件的快速生成，基本工作步骤为：当平台接收到损毁产品零件时，首先对损毁零件进行快速损伤评估，判断可否进行再制造。如果可以进行再制造，则选用图 5-1 所示步骤，即用快速高精度三维数据扫描系统对损伤零件进行扫描，建立缺损零件模型，并通过与数据库中零件的原始模型进行对比，反求再制造加工模型并生成自动成形程序，根据零件性能质量要求，选用合适的快速成形技术方案，迅速恢复零件尺寸，并通过高速数控加工设备的后处理保证零件的几何精度，然后检测零件质量，达到要求的则可以迅速安装应用。

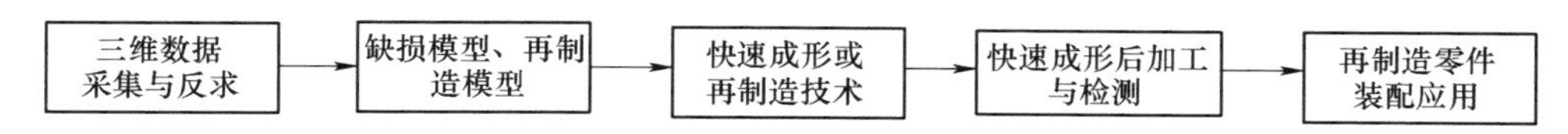

图 5-1 缺损零件的增材再制造步骤

增材再制造平台采用综合集成建设模式，主要包括四个子系统：零部件再制造数据库、快速三维扫描及再制造建模系统、再制造快速成形系统、成形零件的后处理数控加工系统等四部分（图 5-2）。这四部分通过信息技术及机器人技术的应用而融合为一体，并且形成一个开放式结构，具有持续扩展能力，将逐步在成形技术类型、成形零件种类上予以完善拓展。

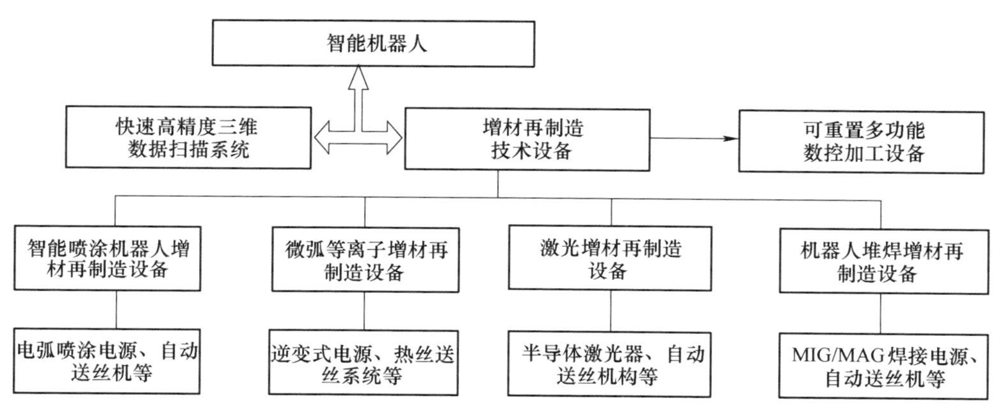

图 5-2 增材再制造平台的系统组成

2. 系统工作原理及程序

再制造技术国家重点实验室利用表面工程技术领域的优势，结合 MIG 堆焊的特点，研制和开发了基于机器人 MIG 堆焊熔敷的增材再制造系统。该系统在同一台机器人上将机器人技术、反求测量技术、快速成形技术综合在一起，实现了扫描精度高，成形快速，智能化程度高，适应范围广，开放性好，能对磨损金属零件进行再制造成形，使得再制造成形件性能达到或超过原始件性能要求水平。图5-3所示为该系统的工作原理。待再制造的零部件，首先进行预处理，再通过反求技术获得零件的缺损模型，通过与金属零件的CAD模型进行对比，结合MIG堆焊工艺，进行成形路径规划，从而进行MIG堆焊熔敷再制造成形。

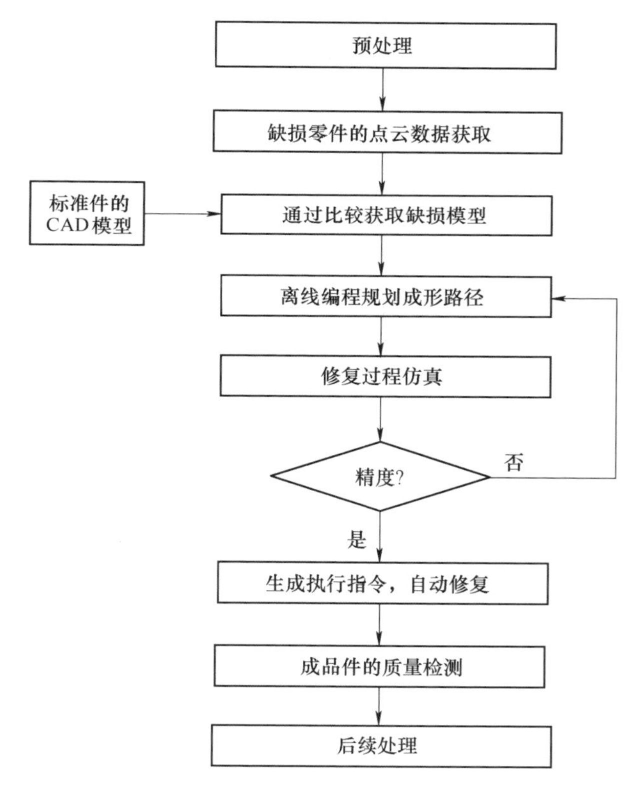

图5-3　增材再制造系统工作原理

图5-4所示为基于机器人MIG堆焊熔敷的增材再制造系统框架。由图5-4可以看出，系统的功能包括：零件缺损模型的获取和处理，缺损模型重构，再制造成形路径的规划，成形的仿真等。系统的工作程序如下：

1）机器人抓取三维激光扫描仪对零件表面进行点云数据的采集，获取零件的三维模型。

2）使用点云数据处理软件，以三维逆向工程的原理构建出再制造的修复模型。

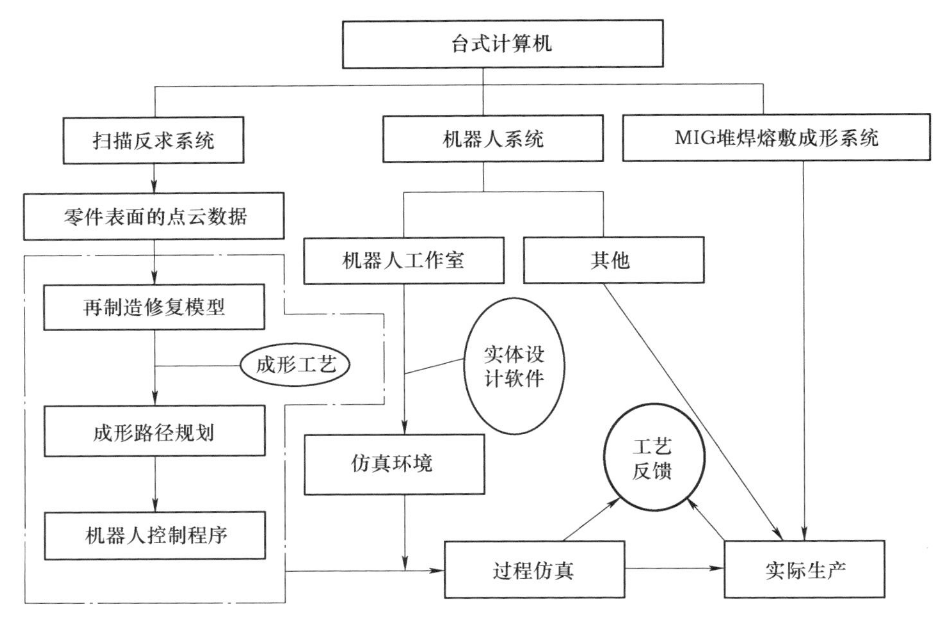

图 5-4　基于机器人 MIG 堆焊熔敷的增材再制造系统框架

3）离线编程来实现修复路径的规划并生成机器人焊接的控制程序。

4）结合焊接参数，进行再制造成形路径规划和成形过程的仿真。

5）仿真成功后，机器人执行程序，抓取焊枪进行一系列的动作，完成实际生产。

5.2.3　激光熔敷增材再制造技术及应用

1. 概述

激光再制造技术是指利用激光束对废旧零部件进行再制造处理的各种激光技术的统称。按激光束对零部件材料作用结果的不同，激光再制造技术主要可分为两大类：激光表面改性技术（激光熔覆、激光淬火、激光表面合金化、激光表面冲击强化等）和激光加工成形技术（激光快速成形、激光焊接、激光切割、激光打孔、激光表面清洗等），其中，激光熔覆再制造技术和激光快速成形再制造技术在目前工业中应用最为广泛。图 5-5 所示为常用的激光再制造技术。

目前，激光再制造技术已大量应用在航空、汽车、石油、化工、冶金、电力、矿山机械等领域，主要是对零部件表面磨损、腐蚀、冲蚀、缺损等局部损伤及尺寸变化进行结构尺寸的恢复，同时提高零部件服役性能。

英国 Rolls-Royce 公司采用激光熔覆技术修复了 RB211 型燃气轮机叶片，采

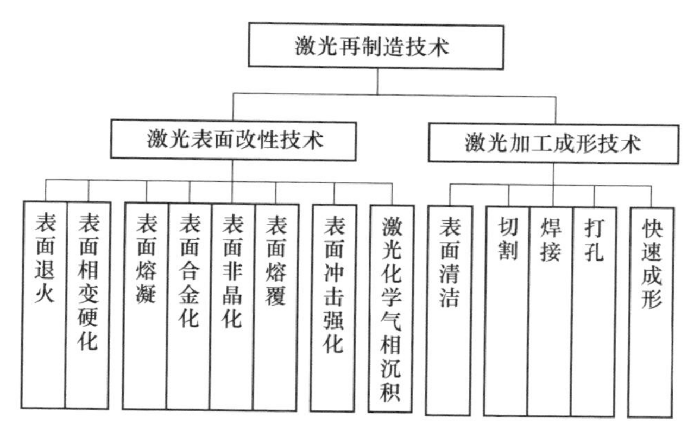

图 5-5　常用的激光再制造技术

用 TIG 堆焊修复一件叶片需要 4min；而激光熔覆只需 75s，合金用量减少 50%，叶片变形更小，工艺质量更高，重复性更好。沈阳大陆激光技术公司成功进行了某重轨轧辊和螺杆压缩机转子（图 5-6）的激光熔覆再制造，修复了表面因磨损而出现的局部凹坑，恢复了零件的尺寸和形状，提高了零件的表面性能和使用寿命。激光再制造技术还可用于轴类件、齿轮件、套筒类零件、轨道面、阀类零件、孔类零件等的修复。此外，激光表面相变硬化、激光合金化、激光打孔等技术均已在零部件再制造中得到了应用。

图 5-6　激光再制造后的螺杆压缩机转子

2. 常用零件表面激光再制造技术

激光再制造技术主要针对表面磨损、腐蚀、冲蚀、缺损等零部件局部损伤及尺寸变化进行结构尺寸恢复，同时提高零部件服役性能。以下介绍为常用的激光再制造技术。

（1）激光相变硬化　又称为激光淬火，激光以 $10^5 \sim 10^6$℃/s 的加热速度作用在被加工的废旧金属工件表面上，使其温度迅速上升至相变点以上，并通过基体的热传导作用使之以 10^5℃/s 冷却速度实现自淬火，从而提高工件表面的硬度和耐磨性，提升其应用寿命。激光相变硬化淬硬层深度可以精确控制，但其深度一般小于 3mm。

（2）激光表面合金化　采用激光束加热金属表面，并加入一定的合金元素，从而改变金属表面层的化学成分、组织和性能的方法，通常称其为激光表面合金化。通过优化激光表面合金化的工艺参数和合理选择加入的合金元素，可以在金属零部件表面获得设计性能的表面复合涂层，从而提高零部件表面耐磨性、耐蚀性及其他性能。

（3）激光表面熔凝　激光表面熔凝是采用适当的激光束辐照金属表面，使其表层快速熔化和冷凝，得到具有超细晶组织结构的表层，以达到提高材料性能的目的。激光表面熔凝处理可以提高需要修复的废旧金属材料工件的硬度、耐磨性及抗疲劳性能等。

（4）激光表面非晶化　激光表面非晶化是指利用高能量密度（10^7 ~ 10^8W/cm^2）激光束超快速加热金属表面并使表面熔体超快速冷却至其晶化温度以下，从而在金属表面形成一薄层（1 ~ 10 μm）原子排列为长程有序而短程无序的非晶态合金层。表面非晶态合金层具有优异的耐磨性、耐蚀性，同时具有优良的力学性能及特殊的电学和磁学性能。

（5）激光表面冲击强化　激光表面冲击强化是指利用脉冲激光（功率密度为 10^9 W/cm^2、脉冲时间为 20 ~ 40ns）使材料表面薄层迅速气化，并在表面原子逸出期间发生动量脉冲产生冲击波，冲击波可以产生幅值约为 10^9 Pa 的压力，使金属产生强烈塑性变形，从而显著提高工件表面硬度、屈服强度和疲劳寿命。

3. 激光熔覆增材再制造技术

激光熔覆（又称为激光涂敷）是指在被涂覆基体表面上，以不同的添料方式放置选择的涂层材料，经激光辐照使之和基体表面薄层同时熔化，快速凝固后形成稀释度极低、与基体金属成冶金结合的涂层，从而显著改善基体材料表面的耐磨、耐蚀、耐热、抗氧化等性能的工艺方法。它是一种经济效益较高的表面改性技术和废旧零部件维修与再制造技术，可以在低性能廉价钢材上制备出高性能的合金表面，以降低材料成本，节约贵重稀有金属材料。

按照激光束工作方式的不同，激光熔覆技术可以分为脉冲激光熔覆和连续激光熔覆两种。脉冲激光熔覆一般采用 YAG 脉冲激光器，连续激光熔覆多采用连续波 CO_2 激光器。

激光熔覆工艺包括两方面，即：优化和控制激光加热工艺参数；确定熔覆材料以及向工件表面的供给方式。

针对工业中广泛应用的 CO_2 激光器激光熔覆处理工艺，需要优化和控制的激光熔覆工艺参数主要包括激光输出功率、光斑尺寸及扫描速度等。

激光熔覆材料主要是指形成熔覆层所用的原材料。熔覆材料的状态一般有粉末状、丝状、片状及膏状等，其中，粉末状材料应用最为广泛。目前，激光熔覆粉末材料一般是借用热喷涂用粉末材料和自行设计开发粉末材料，主要包括自熔性合金粉末、金属与陶瓷复合（混合）粉末及各应用单位自行设计开发的合金粉末等。所用的合金粉末主要包括镍基、钴基、铁基及铜基等。表 5-2 列出了部分常用基体与熔覆材料。熔覆材料供给方式主要分为预置法和同步法等。

表 5-2 激光熔覆常用的部分基体与熔覆材料

基体材料	熔覆材料	应用范围
碳钢、铸铁、不锈钢、合金钢、铝合金、铜合金、镍基合金、钛基合金等	纯金属及其合金，如 Cr、Ni 及 Co、Ni、Fe 基合金等	提高工件表面的耐热、耐磨、耐蚀等性能
	氧化物陶瓷，如 Al_2O_3、ZrO_2、SiO_2、Y_2O_3 等	提高工件表面绝热、耐高温、抗氧化及耐磨等性能
	金属、类金属与 C、N、B、Si 等元素组成的化合物，如 TiC、WC、SiC、B_4C、TiN 等并以 Ni 或 Co 基材料为黏结金属	提高硬度、耐磨性、耐蚀性等

为了使熔覆层具有优良的质量、力学性能和成形工艺性能，减小其裂纹敏感性，必须合理设计或选用熔覆材料。在考虑熔覆材料与基体材料热胀系数相近、熔点相近，以及润湿性等原则的基础上，还需对激光熔覆工艺进行优化。激光熔覆层质量控制主要是减少激光熔覆层的成分污染、裂纹和气孔以及防止氧化与烧损等，提高熔覆层质量。

4. 激光熔铸再制造技术

激光熔铸通常采用预置涂层或喷吹送粉方法加入熔铸金属，利用激光束聚焦能量极高的特点，在瞬间使基体表面仅仅微熔，同时使与基体材质相同或相近的熔覆金属粉末全部熔化，激光离去后快速凝固，获得与基体为冶金结合的致密覆层表面，使零件表面恢复几何外形尺寸，而且使表面涂层强化。激光熔铸再制造技术的基本原理和技术实质与激光熔覆（快速成形）再制造技术相同，并具有如下特点：

1）激光熔铸层与基体为冶金结合，结合强度不低于原本体材料的 90%。

2）基体材料在激光加工过程中仅表面微熔，微熔层为 0.05 ~0.1mm，基体热影响区极小，一般为 0.1 ~0.2mm。

3）激光加工过程中基体温升不超过 80℃，激光加工后无热变形。

4）激光熔铸技术可控性好，易实现自动化控制。

5）熔铸层与基体均无粗大的铸造组织，熔覆层及其界面组织致密，晶体细小，无孔洞，无夹杂裂纹等缺陷。

6）激光熔铸层为由底层、中间层以及面层组成的各具特点的梯度功能材料。底层具有与基体浸润性好、结合强度高等特点；中间层具有强度和硬度高、抗裂性好等优点；面层具有抗冲刷、耐磨损和耐腐蚀等性能。激光熔铸再制造技术使修复后的零件在设备上使用时性能更好，安全更有保障。

5. 激光再制造技术应用实例

激光熔覆是目前装备零部件维修和再制造中应用最为广泛的激光技术。1981年，英国Rolls-Royce公司将激光熔覆技术用于RB211型燃气轮机叶片连锁肩的修复，从此，激光熔覆技术在世界各主要工业国家获得了大量研究和应用。激光熔覆再制造技术在航空航天、汽车、石油、化工、冶金、电力、机械、工模具和轻工业等领域都获得了大量应用。下面介绍一些激光再制造技术应用典型实例。

（1）叶片　1981年，英国Rolls-Royce公司将激光熔覆技术用于RB211型燃气轮机叶片连锁肩的修复。该叶片在1600K温度下工作，由超级镍基合金铸造，过去用TIG（钨极惰性气体保护）堆焊钴基合金，稀释严重，热影响区常常发生裂纹。改用2kW快速轴流CO_2激光器，在重力作用下吹氩气送粉，功率密度为$10^4\sim10^5$ W/cm^2，专用五轴联动数控工作台，设有良好的安全防护装置，为减小惯量大部分零件用铝材制造，自动化操作，处理一个叶片只需75s，过去用TIG堆焊的时间为4 min/件。采用激光熔覆钴基合金，合金用量减少50%，变形小，节省了后加工工时，工艺质量高，重复性好，还减少了设备种类。美国西屋公司用该技术修复长1.2 m的蒸汽机叶片前端的水蚀。S. E. Huffman公司使用两个送粉器，双摄像视频计算机和定位精度为±0.013mm、重复精度为±0.0076mm的数控系统激光熔覆再制造飞机发动机叶片和压缩机叶片。Pratt & Whitney公司用6 kW激光器，在镍基合金汽轮机叶片上熔覆钴基合金，处理一片只需15s的时间。

沈阳大陆激光技术公司应用激光熔覆再制造技术对多种烟机、汽轮机等多种机组的多类动叶片和静叶片进行了大量再制造（图5-7和图5-8），获得了良好的经济效益和社会效益。

a) 冲蚀损伤的叶片

b) 再制造后的叶片

图5-7　激光熔覆再制造的烟机转子叶片

（2）模具　常规处理使用昂贵的模具钢整体淬火，然后电火花加工出刃口，此过程工序多、周期长、生产效率低、制造成本高。改用AISI 1045钢（相当于我国45钢）制造，机械加工成形后，在刃口部位做激光熔覆CPM10V和CPM15V合金，或对磨损模具进行激光熔覆再制造处理，可以明显延长模具寿命，大幅降低制造费用；而且在使用损坏后又可做激光熔覆再制造复原，因而使模具的总体寿命明显延长。

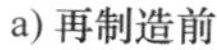
a) 再制造前

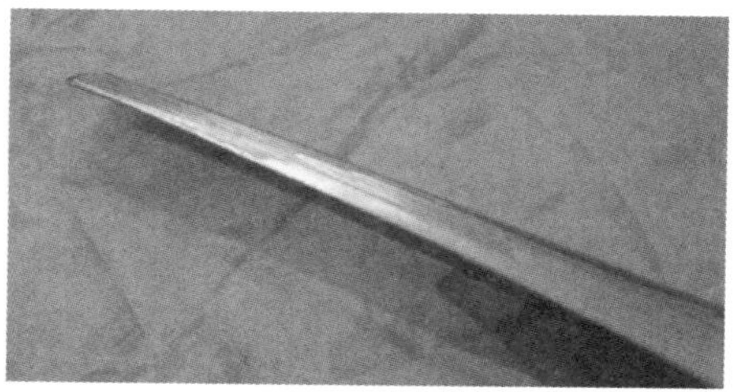

b) 再制造后

图5-8　激光熔覆再制造的汽轮机末级叶片

（3）轧辊　某旋切辊用AISI 1045钢制造，矩形光斑辐照，同轴送CPM10V合金和CPM15V合金粉末进行激光熔覆，获得比过去用D2钢整体淬火显微组织更细小、分布更均匀的VC颗粒，熔覆层与基体结合牢固，耐用度明显提高。

鞍山钢铁公司某重轨轧辊材质为低镍铬无限冷硬铸铁，因表面磨损而使得尺寸精度超差，并出现局部凹坑。沈阳大陆激光技术公司对其成功进行了激光熔覆再制造，如图5-9所示，再制造后轧辊恢复了精度，并大大延长了使用寿命。图5-10所示为武汉钢铁公司某大型型材轧辊（材质为65镍铬钼半钢）的激光熔覆再制造。

图5-9　鞍山钢铁公司重轨轧辊的激光熔覆再制造

图5-10　武汉钢铁公司某大型型材轧辊的激光熔覆再制造

（4）蜗杆　塑料挤压蜗杆和压铸蜗杆的螺纹用激光熔覆制造，可以获得良好效果。但应注意，如果曾渗氮的蜗杆修复时，激光熔覆前虽然表面经过磨削，残存的氮在激光熔覆快速冷却过程不能充分排出，容易形成气孔。

沈阳大陆激光技术公司对中石化广州石化分公司、北京燕山石化分公司、大连石化分公司等全国石化公司螺杆压缩机的转子均成功实施了激光熔覆再制造。图 5-11 所示为激光再制造的螺杆压缩机转子（广州石化分公司）。转子在运行过程中因轴向移位，造成了阴、阳转子工作面大面积擦伤和磨损。经激光再制造，恢复了转子尺寸和形状，并提高了其表面性能。

a) 转子激光再制造中

b) 再制造后的转子副

图 5-11　激光再制造的螺杆压缩机转子

（5）轴　轴类零件在各种机械装备中占据重要地位。各种轴在运行过程中，一般因磨损等原因造成尺寸减小、在表面产生深划痕等而失效。图 5-12 所示为江苏淮阴电厂 20 万 kW 发电机主轴磨损失效情况及其激光再制造加工。图 5-13 所示为长春第一热电厂某电机轴经激光再制造后的整体图。轴类零件的修复与再制造在激光再制造技术应用中具有广阔市场，产生了良好的经济和社会效益。

a) 主轴磨损失效

b) 激光再制造加工主轴

图 5-12　20 万 kW 发电机主轴磨损失效情况及其激光再制造加工

（6）齿轮　齿轮在运行过程中常出现齿面磨损、疲劳脱层（掉块）甚至断齿的失效现象。堆焊、电镀、喷涂等一般的修复技术难以满足齿轮服役性能要求，因此，齿轮的修复与再制造一直是困扰工业界的一大难题。采用激光再制造技术可以方便地实现失效齿轮零件的修复与再制造，且效率高、成品率高，修复或再制造的齿轮件性能优异。例如，天津船坞某设备齿轮在运行中因齿轮啮合面进入异物，造成齿轮副失效，其中大齿轮共有 5 齿发生崩齿和掉块缺角，4 齿有裂纹存在，沈阳大陆激光技术公司采用激光再制造技术对该齿轮进行了成功修复（图 5-14）。恢复后的齿轮经装机应用，运行正常。

图 5-13　激光再制造后的长春第一热电厂某电机轴的整体图

a) 掉块缺角的失效齿轮

b) 激光再制造后的齿轮

图 5-14　激光再制造的齿轮

另外，对套筒类零件、道轨面、阀类零件、孔类零件等均已成功进行激光再制造。激光表面相变硬化、激光合金化及激光打孔等技术均已在零部件的再制造中获得了应用。

5.2.4　等离子熔敷增材再制造技术

1. 基本概念

等离子熔敷增材是借助水冷喷嘴对电弧的拘束作用，获得较高能量密度的等离子弧进行熔敷增材的方法。机械零部件堆焊再制造要求熔深浅、稀释率小，等离子弧堆焊正是具有这一特性。等离子压缩电弧的高温弧柱区较长，允许将合金粉末送入弧柱区并受到均匀的加热，有效地利用了能源并能获得高质量的堆焊层，所以等离子弧应用于堆焊再制造方面具有独特的技术优势。等离子弧堆焊再制造的目的是使材料或零部件表面获得耐磨、耐腐蚀、耐热、抗氧化等具有特殊使用性能的堆焊熔覆层。

等离子弧堆焊温度高，热量集中，可以堆焊难熔材料并提高堆焊速度。由于等离子弧堆焊的堆焊材料的送进和等离子弧的工艺参数是分别独立控制的，所以熔深和表面形状容易控制。改变电流、送丝（粉）速度、堆焊速度、等离子弧摆动幅度等就可以使稀释率、堆焊层尺寸在较大范围内发生变化。稀释率最低可达5%，堆焊层厚度为0. 8 ~ 6. 4mm，宽度为4. 8 ~ 38mm。所以等离子弧堆焊是一种低稀释率和高熔敷速度的堆焊方法，因而被广泛应用。

等离子弧是由特殊结构的等离子体发生器产生的，用于堆焊的等离子弧是由特制的等离子体枪体产生的。等离子弧与一般电弧的最大区别是，等离子弧在喷嘴内受到“压缩”，而一般电弧是自由电弧。等离子弧具有热压缩效应、机械压缩效应和电磁压缩效应的特点。这三种压缩效应对电弧的作用使电弧受到强制压缩而产生等离子弧。不同应用条件下对等离子弧的性能有不同的要求，可以通过调整喷嘴结构、离子气种类和流量以及电能的输入条件加以控制。图 5-15 所示为典型的等离子弧焊接回路。

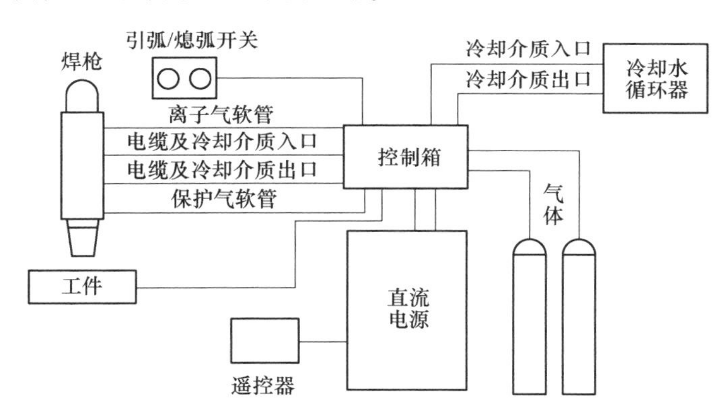

图 5-15 典型的等离子弧焊接回路

等离子弧的温度分布存在很大的温度梯度，因为气体电离后吸收热量减少，同时受到周围大气影响，使气体电离度急剧减少。等离子弧轴心温度下降的现象对非转移弧尤为突出，但是在转移弧情况下，气体一直处于弧柱加热状态，温度下降较为缓慢。

（1）等离子熔敷增材再制造的优点

1）等离子弧温度高、热量集中。等离子弧具有压缩作用，中心温度可达16000 ~ 32000K。熔化极氩弧焊中心温度为 10000 ~ 14000K，钨极氩弧焊为

9000～10000K。由于等离子弧温度高、热量集中，被加工材料不受其熔点高低的限制。

2）等离子弧热稳定性好。等离子弧中的气体是充分电离的，所以电弧更稳定。等离子弧电流和电弧电压相对于弧长在一定范围内的变化不敏感，即使在弧柱较长时仍能保持稳定燃烧，没有自由电弧易飘动的缺点。

3）等离子弧具有可控性：①可以在很大范围内调节热效应，除了改变输入功率外，还可以通过改变气体的种类、流量以及喷嘴结构尺寸来调节等离子弧的热能和温度；②等离子弧气氛可以调整，通过选择不同的工作气体可获得惰性气氛、还原性气氛、氧化性气氛；③等离子弧射流的刚柔度（即电弧的刚柔度）可以通过改变电弧电流、气体流量和气嘴压缩比等来调节。

（2）等离子熔敷增材再制造的缺点

1）设备复杂，维护和使用成本较高。

2）焊枪结构复杂，容易损坏，而且必须进行水冷。

3）钨极端部中心线和喷嘴中心线的对中偏差应小于要求的限值。

4）焊接电流要严格控制，以防烧坏喷嘴。

5）冷却水管的直径很小，需要采用去离子水或采用过滤器对冷却水进行过滤。

6）控制箱的使用增加了设备成本。

2. 等离子熔敷增材再制造方法

等离子熔敷增材再制造是一种新的堆焊工艺，按堆焊时所使用的填充材料，等离子弧堆焊大致有填丝和粉末两种堆焊形式，其中粉末等离子堆焊发展较快，应用更广。几种等离子弧堆焊方法的熔敷效率、稀释率比较见表5-3。

表5-3　几种等离子弧堆焊方法的熔敷效率、稀释率比较

方　法	熔敷速度/(kg/h)	稀释率(%)	方　法	熔敷速度/(kg/h)	稀释率(%)
冷丝等离子弧堆焊	0.5～3.6	5～10	熔化极等离子弧堆焊	0.8～6.5	5～15
热丝等离子弧堆焊	0.5～6.5	5～15	粉末等离子弧堆焊	0.5～6.8	5～15

（1）填丝等离子弧堆焊　填丝等离子弧堆焊又分为冷丝、热丝、单丝、双丝等等离子弧堆焊。

1）冷丝等离子弧堆焊。冷丝堆焊与填充焊丝的熔入型等离子弧焊接相同，其设备也与填充焊丝的强流等离子弧焊设备相似。由于这种方法的效率很低，目前已很少使用。

冷丝等离子弧堆焊既可手工送进，也可自动送进。焊丝可以单根也可以数根并排送进，在等离子弧摆动过程中熔敷成堆焊层。焊丝可以是实心或药芯的，还可把堆焊合金制成环状或者其他形状，预置在被焊表面，然后用等离子弧熔化进行堆焊。如柴油机排气阀等零件常采用填丝等离子弧堆焊方法。

2）热丝等离子弧堆焊。采用热丝填充可以提高熔敷效率，用独立交流电源预热填充焊丝，并连续将其熔敷在等离子弧前面，随后等离子弧将焊丝与工件熔合在一起。热丝等离子弧堆焊送进焊接区的焊丝是热的，且必须自动送进。用热丝的目的是提高熔敷速度和减小稀释率，而且热丝表面进行去氢处理，所以堆焊层气孔也很少。

热丝等离子弧堆焊综合了热丝钨极氩弧焊（TIG）及等离子弧焊的特点。焊机由一台直流电源、一台交流电源、送丝机、控制箱、焊枪以及机架等组成。直流电源用作焊接电源，在自动送入的焊丝中通以一定的加热电流，以产生电阻热，从而提高熔敷效率并降低对熔覆金属的稀释程度。

图 5-16 所示为双热丝等离子弧堆焊示意图。焊丝由单独的预热电源 8 进行电阻预热。因采用热丝，稀释率很低（约 5%），并大大提高了熔敷速度（可达 13～27kg/h）。

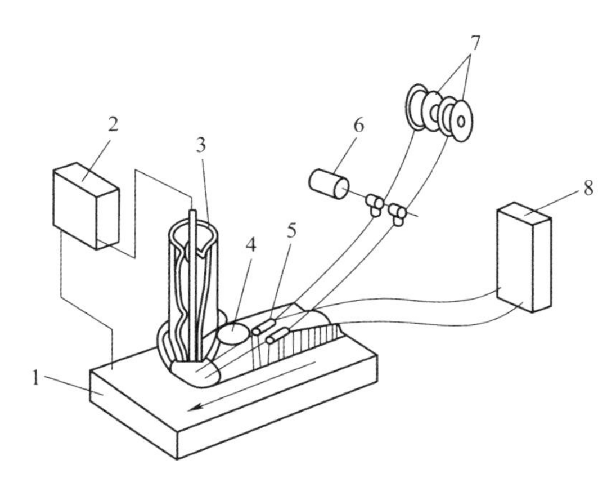

图 5-16 双热丝等离子弧堆焊示意图

1—工件 2—电源 3—焊枪 4—气体保护 5—焊丝预热接头
6—电动机 7—填充焊丝 8—预热电源

对于单丝堆焊焊机，预热电源的两极分别接焊丝和工件；对于双丝堆焊焊机，电源的两个电极分别接两根焊丝，堆焊时应选择合适的预热电流，使焊丝在恰好送进到熔池时被电阻热所熔化，同时两根焊丝间又不产生电弧，这样可减小焊接电流，从而降低熔敷金属的稀释率。此外，热丝堆焊还有利于消除堆焊层中的气孔。

热丝等离子弧堆焊主要用于在表面积较大的工件上堆焊不锈钢、镍基合金、铜及铜合金等。

（2）熔化极等离子弧堆焊　熔化极等离子弧堆焊焊机通过一种特殊的等离子弧焊枪，将等离子弧焊和熔化极气体保护焊组合起来。焊接过程中产生两个电弧，一个为等离子弧，另一个为熔化极电弧。根据等离子弧的产生方法，可分为水冷铜喷嘴式和钨极式两种，前者的等离子弧产生在水冷铜喷嘴与工件之间，后者的等离子弧产生在钨极与工件之间。

熔化极电弧产生在焊丝与工件之间，并在等离子弧中间燃烧。整个焊机需要两台电源，其中一台为陡降特性的电源，其负极接钨极或水冷铜喷嘴，正极接工件；另一台为平特性电源，其正极接焊丝，负极接工件。

熔化极等离子弧堆焊焊机既可用于焊接，也可用于堆焊。焊接时，选用较小的焊接电流，此时熔滴过渡为大滴过渡；堆焊时，一般选用较大的焊接电流，熔滴过渡为旋转射流过渡。

与一般等离子弧堆焊及熔化极气体保护堆焊相比，熔化极等离子弧堆焊再制造具有下列优点：

1）填充焊丝受到等离子弧的预热，熔化功率大。

2）由于等离子弧流力的作用，在进行大滴过渡及旋转射流过渡时，均不会产生飞溅。

3）融化功率和工件上的热量输入可单独调节。

4）堆焊速度快。

在一般等离子弧堆焊时，焊枪喷嘴与工件的距离不宜过大。如果要使焊枪与工件之间的距离加大，必须采用大功率电源。脉冲等离子弧堆焊可在不增加电源功率的条件下，利用脉冲电流、电压的影响使电弧拉长，以增加合金粉末的熔敷量，从而提高堆焊效率。

（3）粉末等离子弧堆焊　粉末等离子弧堆焊是将合金粉末自动送入等离子弧区实现堆焊的方法。由于各种成分的堆焊合金粉末制造比较方便，因此在堆焊时合金成分的要求易于满足，堆焊工作易于实现自动化，能获得稀释率低的薄堆焊层，且平滑整齐，不加工或稍加工即可使用，因而可以降低贵重材料的消耗。该方法在我国发展很快，应用很广，适于在低熔点材质的工件上进行堆焊，特别适于大批量和高效率地堆焊新零件。

粗粒合金粉末等离子弧堆焊可获得质量较好的堆焊合金，生产效率高，堆焊过程稳定可靠。粗粒合金粉末可以采用常规粉碎方法制备，某些以前只能采用手工堆焊的合金材料也实现了机械化等离子弧自动堆焊。

粉末等离子弧堆焊焊机与一般等离子弧焊机大体相同，只不过利用粉末堆焊焊枪代替等离子弧焊焊机中的焊枪。粉末堆焊焊枪一般采用直接水冷并带有送粉通道，所用喷嘴的孔道压缩比一般不超过1。等离子弧堆焊时，一般采用转移弧或联合型弧。除了等离子气及保护气外，还需要送粉气，送粉气一般采用氩气。

产生等离子弧的工业气体（离子气）常用的有氮气（N_2）、氢气（H_2）、氩气（Ar）、氦气（He）。选用哪种气体或混合气体，要根据具体的材料和工艺要求。等离子弧堆焊时，选 Ar 作为工作气体是比较理想的。Ar 不与金属发生化学反应，不溶解于金属中。等离子弧堆焊一般采用工业纯度的 Ar，对其纯度要求见表 5-4。

表 5-4　等离子弧堆焊对 Ar 纯度的要求

Ar（%）	N_2（%）	O_2（%）	H_2（%）	CO_2（%）	C_nH_n（%）	$H_2O/mg \cdot m^{-3}$
>99.99	<0.001	<0.00015	<0.0005	<0.0005	<0.0005	<30

3. 等离子弧堆焊再制造设备

等离子弧堆焊设备主要由等离子弧焊枪、支持焊枪及使其相对于工件移动的机械装置、产生等离子弧的电源、控制装置、气路系统和冷却水路系统组成。

国产粉末等离子弧堆焊焊机有多种型号，如 LUF4-250 型粉末等离子弧堆焊焊机可以用来堆焊各种圆形焊件的外圆或端面，也可进行直线堆焊，最大焊件直径达 500mm，直线长度达 800mm，一次堆焊的最大宽度为 50mm，可进行各种阀门密封面的堆焊、高温排气阀门堆焊，以及对轧辊、轴磨损后的修复等。

手工等离子弧焊设备的组成如图 5-17 所示。常用等离子弧堆焊焊机型号及用途见表 5-5。

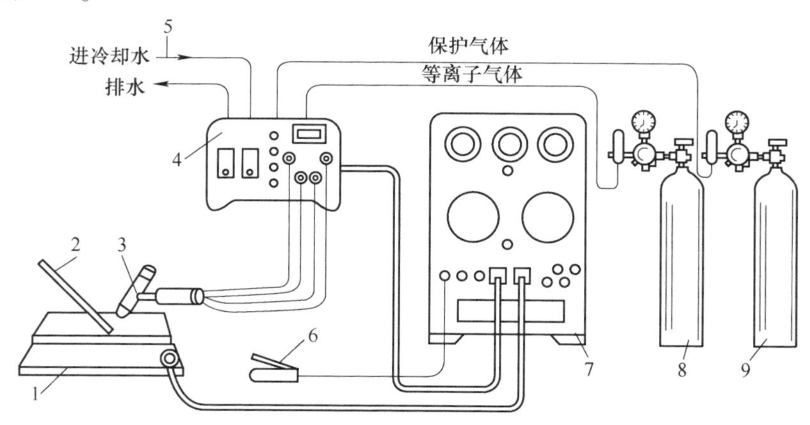

图 5-17　手工等离子弧焊设备的组成

1—工件　2—填充焊丝　3—焊枪　4—控制系统　5—水冷系统　6—起动开关（常安装在焊枪上）　7—焊枪电源　8、9—供气系统

表 5-5　常用等离子弧堆焊焊机型号及用途

类　型	型　号	主要用途
粉末等离子弧堆焊焊机	LU-150	堆焊直径小于 320mm 的圆形工件，如阀门的端面、斜面和轴的外面
	LU-500	堆焊圆形平面、矩形平面，配合靠模还可以堆焊椭圆形平面
	LUP-300 LUP-500	与辅助机械配合，可以堆焊各种形状的几何表面
空气等离子弧堆焊焊机	KLZ-400	在运煤机零件上堆焊自熔性耐磨合金，已取得优良效果
双热丝等离子弧堆焊焊机	LS-500-2	用于丝极材料的等离子弧堆焊

(1) 堆焊焊枪　用于等离子弧堆焊的焊枪有多种形式，但无论通用焊枪，还是专用焊枪，其基本结构都是由上枪体、下枪体、电极、喷嘴及绝缘套等部件组成。喷嘴是等离子弧堆焊焊枪的关键部件，整个焊枪的结构都是为喷嘴配套的。喷嘴材料选用纯铜棒料加工而成。纯铜具有良好的导热性、导电性，加工容易，在水冷条件下可满足工作要求。

喷嘴的结构形式很多，主要体现在压缩比、送粉通道的位置、冷却及密封方式的不同。喷嘴中电弧通道的长度与直径之比，称为压缩比。粉末等离子弧堆焊喷嘴的压缩比一般为 1.0～1.4；排丝等离子弧堆焊为了得到较小的熔深，压缩比一般为 0.8 左右。

等离子弧堆焊焊枪在使用时最重要的是保证水冷系统的密封要求，一般采用橡胶 O 形密封圈，可保证良好的密封性。

(2) 机械装置　等离子弧焊堆焊设备的机械装置主要有枪体摆动机构、送粉器、零件旋转机构以及枪体悬挂机构和防护罩等。

摆动方式有偏心轮式及凸轮式两种。偏心轮式摆动机构的枪体相对于焊道堆焊轨迹呈正弦式运动，目前市场销售的等离子弧堆焊设备大多采用这种结构。

送粉器有多种形式，如自重式、滚轮式、电磁振动式、刮板式等，目前以刮板式应用较普遍。刮板式送粉器的特点是送粉量可无级调节，可调范围宽，送粉量稳定，受工艺因素影响小。

(3) 电路控制系统　等离子弧堆焊主电路指焊接电流从电源流出，经过焊枪、工件而后回到电源的电路。主电路可分为单电源电路和双电源电路。双电源电路与单电源电路相比，增加了一个电源，虽然增加了设备的成本，但控制较方便。

(4) 水冷系统　等离子弧堆焊设备的水冷系统主要用于冷却焊枪，其次用于冷却电缆。为了保证焊枪在工作时不致因未给水而烧毁，通常在电源的控制回路内加设水流开关，即有水流动时，电源接通；有水但不流动或无水时，电源开关不接通，从而保证了喷嘴的安全。有的等离子弧焊接或堆焊设备在电路设计时，把水泵电源与焊接电源设计成联动开关，不致因未给水而烧毁焊枪，以保证喷嘴的正常使用。

等离子弧堆焊设备的水冷系统如图 5-18 所示。冷却水最好使用水箱储存的水，因其水温与环境温度相差不大，但要控制水箱内温度升高小于 50℃。使用一般自来水时由于水温较低，在空气湿度较大时，常在喷嘴中结露，使离子气和送粉气湿度过大，而在堆焊层中产生气孔缺陷。

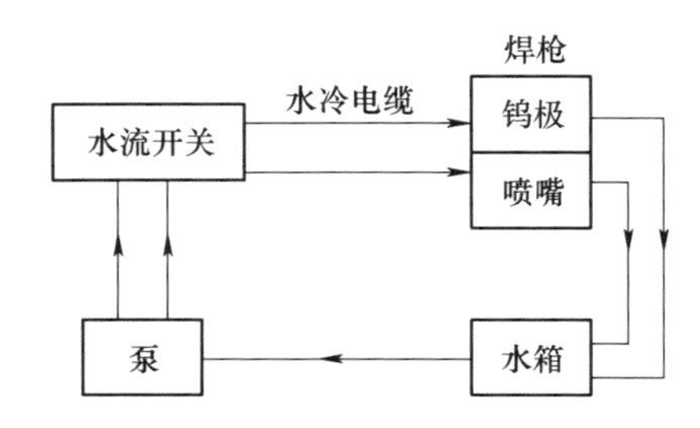

图 5-18　等离子弧堆焊设备的水冷系统

（5）气路系统　等离子弧堆焊设备的气路系统如图 5-19 所示，一般用氩气（Ar）作为离子气及送粉气。氩气一般采用瓶装氩气，经过减压器、控制气路通断的电磁气阀及流量计送至焊枪，从而实现产生等离子电弧及保护熔池的作用。

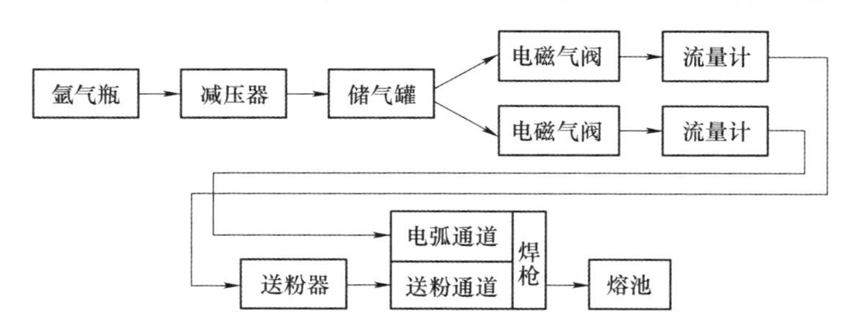

图 5-19　等离子弧堆焊设备的气路系统

4. 等离子弧堆焊再制造工艺

（1）离子弧堆焊的主要工艺指标　等离子弧堆焊的主要工艺指标包括熔覆率、粉末利用率、稀释率和堆焊层质量。

目前等离子弧粉末堆焊的熔覆率一般在 1.2 ~ 9kg/h，熔覆率越高则生产效率越高。

粉末利用率是指单位时间内从焊枪送出的合金粉末量和熔敷金属重量之比。等离子弧堆焊时，不可能使焊枪送出的合金粉末全部熔敷在工件上，部分粉末由于飞散而未落入熔池，或以熔珠的形式流失，有少量粉末在堆焊过程中氧化，所以合金粉末的利用率很难达到100%。焊枪的设计和工艺参数的选定应使粉末利用率越高越好，一般应在90%以上，这样不仅可减少合金粉末损耗，而且有利于提高堆焊层质量。

稀释率指工件（基体金属）融化后混入堆焊层，对堆焊层合金的冲淡程度。稀释率大，基体金属混入堆焊层中的量多，改变了堆焊合金的化学成分，将直接影响堆焊层的性能，如硬度、耐蚀性、耐磨性、耐热性等。

堆焊层质量包括外观质量和内部质量。外观质量指成形好坏，宏观上有无明显弧坑、缩孔、裂纹、缺肉等；内部质量指堆焊层有无气孔、夹渣、裂纹、未熔合等。堆焊层质量主要受堆焊工艺参数的影响。

（2）等离子弧堆焊的工艺参数　等离子弧堆焊工艺参数包括：转移弧电压和电流、非转移弧电流、堆焊速度、送粉量、离子气和送粉气流量、焊枪摆动频率和幅度、喷嘴与工件之间的距离等。

1）转移弧电压和电流。转移弧是等离子弧堆焊的主要热源，堆焊电流和电弧电压是影响工艺指标最重要的参数。在堆焊过程中，转移弧电压随堆焊电流的增加近似呈线性上升。在焊枪和其他参数确定的情况下，堆焊电流在较大范围内变动时，电弧电压的变化却不大。虽然堆焊过程中电弧电压变化较小，但电弧电压的基数值却是很重要的，它影响电弧功率的大小。电弧电压的基数值主要取决于喷嘴结构和喷嘴与工件之间的距离。

在等离子弧堆焊过程中，转移弧电流变化主要影响到以下方面：

① 工件熔深和堆焊层稀释率。随着堆焊电流的增加，过渡到工件堆焊面的热功率增加，熔池温度升高，热量增加，使工件熔深和稀释率增大。

② 熔覆率和粉末利用率。送粉量确定之后，要使粉末充分熔化，需要足够的热量，因此等离子弧堆焊的转移弧电流不能低于一定的数值。转移弧电流对粉末熔化状况的影响见表5-6。试验结果表明，转移弧电流小于一定数值时，未融化的合金粉末飞散多，粉末利用率很低。

表5-6　转移弧电流对粉末熔化状况的影响

转移弧电流/A	粉末熔化及成形情况	转移弧电流/A	粉末熔化及成形情况
<120	合金粉末严重飞散，焊道成形很差	160～210	合金粉末充分熔化，焊道成形良好
120～140	合金粉末有分散，焊道成形不好	>210	熔深过大，熔池翻泡，焊道成形不好

注：母材为25钢，堆焊材料为F326，送粉量为75g/min。

③ 堆焊层质量。转移弧电流过小时，熔池热量不够，工件表面不能很好熔合，粉末熔化不充分，造成未熔透、气孔、夹渣等缺陷，同时焊道宽厚比小、

成形差；电流过大时，稀释率过大使堆焊层合金成分变化，堆焊层性能显著降低。

2）非转移弧电流。非转移弧首先起过渡引燃转移弧的作用。在等离子弧堆焊中，一种情况是保留非转移弧，采用联合弧工作；另一种情况是当转移弧引燃后，将非转移弧衰减并去除。采用联合弧工作时，保留非转移弧的目的是使非转移弧作为辅助热源，同时有利于转移弧的稳定，但非转移弧的存在不利于喷嘴的冷却。非转移弧电流一般为 60～100A，而作为联合弧中的非转移弧电流应更小些，须根据转移弧电流大小适当选择。

3）堆焊速度。堆焊速度是表示堆焊过程进行快慢的参数。堆焊速度和熔敷率是直接联系在一起的。在保持堆焊层宽度和厚度一定的条件下，堆焊速度快，熔敷效率就高。提高堆焊速度会使堆焊层减薄、变窄，工件熔深减小，堆焊层稀释率降低；当堆焊速度增加到一定程度时，表面成形恶化，易出现未焊透、气孔等缺陷。一般根据堆焊工件的大小、电弧功率、送粉量等合理选择堆焊速度。

4）送粉量。送粉量是指单位时间内从焊枪送出的合金粉末量，一般用g/min表示。在等离子弧堆焊过程中，其他参数不变的情况下，改变堆焊速度和送粉量，熔池的热状态发生变化，从而影响堆焊层质量。增加送粉量，工件熔深减小，当送粉量增加到一定程度时，粉末熔化不好、飞溅严重，易出现未焊透。

在保证堆焊层成形尺寸一致的条件下，增加送粉量要相应地提高堆焊速度。为了使合金粉末熔化良好，保证堆焊质量，要相应加大堆焊电流，使熔池的热状态维持不变，以便提高熔覆率。

堆焊速度和送粉量的大小反映堆焊生产率，从提高生产率角度出发，希望采用高速度、大送粉量、大电流堆焊。但堆焊速度和送粉量受到焊枪性能、电源输出功率等因素的制约，因此对具体工件，要合理选择堆焊速度和送粉量。

5）离子气和送粉气流量。

① 离子气流量。离子气是形成等离子弧的工作气体，对电弧起压缩作用，并对熔池起保护作用。离子气流量大小直接影响电弧稳定性和压缩效果。离子气流量过小，对电弧压缩弱，造成电弧不稳定；离子气流量过大，对电弧压缩过强，增加电弧刚度，致使熔深加大。离子气流量要根据喷嘴孔径大小、非转移弧和转移弧的工作电流大小来选择。喷嘴孔径大，工作电流大，离子气流量要偏大。离子气流量一般以 300～500L/h 为宜。

② 送粉气流量。送粉气主要起输送合金粉末作用，同时也对熔池起保护作用。合金粉末借助于送粉气的吹力，能顺利地通过管道和焊枪被送入电弧。气流量过小，粉末易堵塞；气流量过大，对电弧有干扰。送粉气流量主要根据送粉量的大小和合金粉末的粒度、松密度来选择。送粉量大、粒度大、松密度大

时，气流量应偏大。送粉气流量一般在300～700L/h范围内调节。

6）焊枪摆动频率和幅度。焊枪摆动是为了一次堆焊获得较宽的堆焊层，摆动幅度一般依据堆焊层宽度的要求而定。单位时间内焊枪摆动次数称为焊枪摆动频率（次/min）。摆动频率应保证电弧对堆焊面的均匀加热，避免焊道边缘出现“锯齿”状。摆动频率和摆幅要配合好，一般摆幅宽，摆动频率要适当减慢；摆幅窄，摆动频率可适当加快，以保证基体受热均匀，避免未融合的现象。

7）喷嘴与工件之间的距离。喷嘴与工件之间的距离反映转移弧的电压。距离过大，电弧电压偏高，电弧拉长，使电弧在这段距离内未经受喷嘴的压缩，而弧柱直径扩张，受周围空气影响使得电弧稳定性和熔池保护变差。距离过小，粉末在弧柱中停留时间短，不利于粉末在弧柱中预先加热，熔粒飞溅黏结在喷嘴端面现象较严重。喷嘴与工件之间的距离根据堆焊层厚薄及堆焊电流大小，在10～20mm范围内调整。

5. 等离子弧堆焊再制造技术的典型应用

现代工业的发展对各种机械零部件的使用寿命要求越来越高，采用等离子弧堆焊技术提高机械零部件表面的抗磨损性能，越来越受到各工业生产部门的重视。等离子弧堆焊再制造的主要优点是生产效率高和质量稳定，尤其是表面堆焊层的结合强度和致密性高于氧乙炔火焰堆焊或喷涂以及一般电弧堆焊或喷涂，这是等离子弧堆焊再制造获得广泛应用的一个重要原因。

可利用等离子弧堆焊技术获得具有高耐磨性的复合堆焊层，这种方法是将高硬度颗粒均匀地钎镶于堆焊层金属中，硬质颗粒不产生熔化或很少熔化，形成复合堆焊层。这种复合堆焊层是由两种以上在宏观上具有不同性质的异种材料组成。一种是在堆焊层中起耐磨作用的碳化物硬质颗粒，一般为铸造碳化钨、碳化铬、碳化钛、烧结碳化钨等。目前采用较多的硬质颗粒是铸造碳化钨，它是由WC和W_2C的共晶组成，硬度为2500～3000HV。堆焊层的另一种组成金属是起“黏结”作用的基体金属，也称为胎体金属。

采用等离子弧堆焊技术获得的复合堆焊层质量稳定可靠，可使堆焊层达到无气孔、裂纹以及没有碳化物烧损、溶解等缺陷，碳化物颗粒在堆焊层中分布均匀、耐磨性高。在磨损严重的工况条件下，复合堆焊层的耐磨性尤为突出，可以比通常的铁基、钴基、镍基合金表面保护层提高耐磨使用寿命几倍甚至十几倍，堆焊合金层结合强度是热喷涂层结合强度的3～8倍。

等离子弧堆焊用的合金粉末有镍基、钴基和铁基等。

镍基合金粉末主要是镍铬硼硅合金，熔点低，流动性好，具有良好的耐磨、耐蚀、耐热和抗氧化等综合性能。镍基合金还具有良好的抗擦伤性能，特别是高温下的耐蚀性，常替代钴基合金应用在电站蒸汽阀门和内燃机进排气阀，或者受到强腐蚀介质的磨蚀磨损工况比较恶劣的阀门密封面制造或修复上，如泵的柱塞、转子、密封环、刮板等耐高温、耐磨零件。

钴基合金粉末耐磨、耐腐蚀，比镍基合金粉末具有更好的热硬性、耐热性和抗氧化性，被广泛应用在耐高温、抗磨损的场合，例如高温高压阀门、锻模、热剪切刀具、轧钢机导轨等。采用等离子弧堆焊技术在高温阀门密封面上堆敷耐热耐磨合金可大幅提高阀门的使用性能。

铁基合金粉末是为降低成本而研制的，具有耐磨、耐蚀、耐热性能，被应用在使用温度低于450℃，工作介质主要是水、气、油等弱腐蚀介质且受强烈磨损的破碎机辊、挖掘机铲齿、泵套、排气叶片、高温中压阀门等的堆焊再制造上。

此外，还有铜基合金粉末，其减摩性好，耐金属件磨损。

5.3 高效喷涂再制造技术

5.3.1 等离子喷涂再制造技术及应用

1. 技术原理

超声速等离子喷涂是在高能等离子喷涂（80kW 级）的基础上，利用非转移型等离子弧与高速气流混合时出现的“扩展弧”，得到稳定聚集的超声速等离子射流进行喷涂的方法。图 5-20 所示为双阳极、外送粉超声速等离子喷枪的原理。

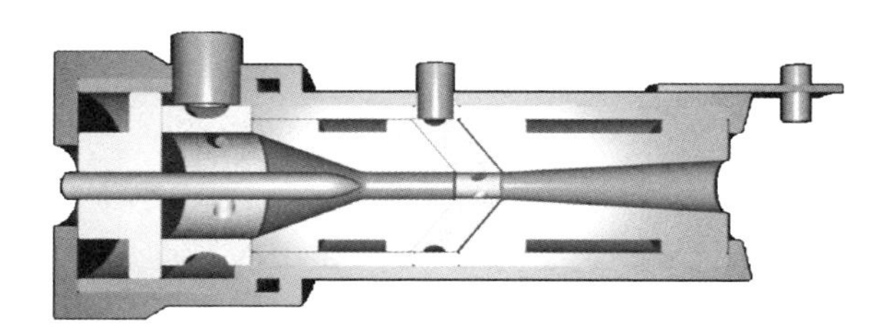

图 5-20 双阳极、外送粉超声速等离子喷枪的原理

采用超声速等离子喷涂技术制备微/纳米结构耐磨涂层及功能涂层具有广阔的应用前景。纳米材料热喷涂原理如图 5-21 所示。纳米结构热喷涂层和传统热喷涂层（WC/Co）的制备过程如图 5-22 所示。

2. 技术特点

微纳米超声速等离子喷涂具有一般热喷涂技术的特点，如零件尺寸不受严格限制，基体材质广泛，加工余量小，可用于喷涂强化普通基材零件表面等优点。而且由于形成了微纳米结构涂层，因此该技术还具有以下主要特点：

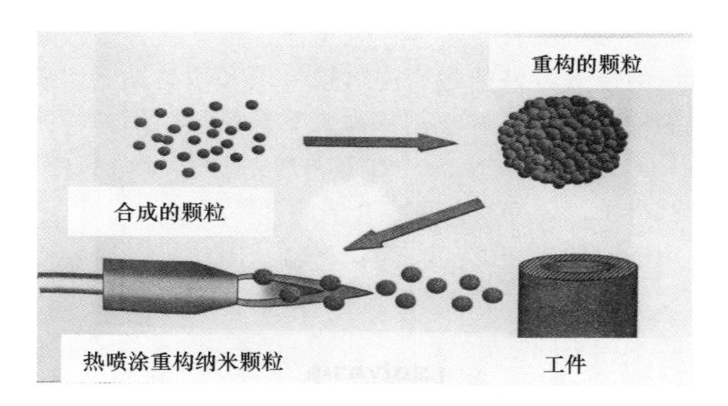

图 5-21 纳米材料热喷涂原理

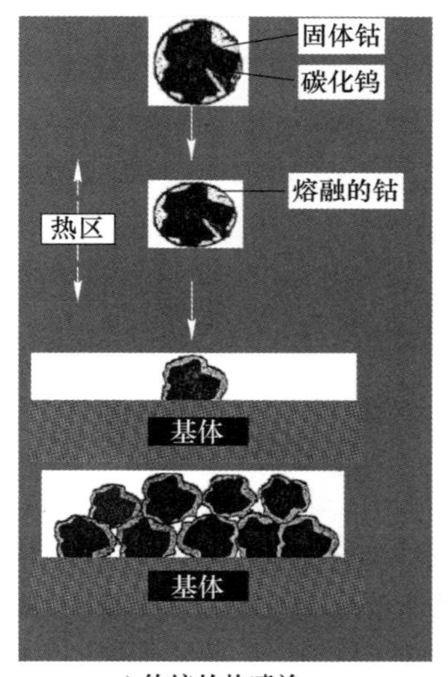

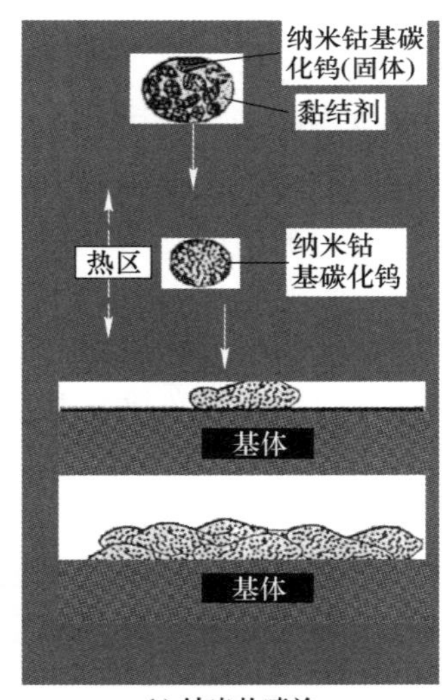

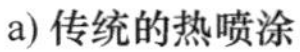

a) 传统的热喷涂　　b) 纳米热喷涂

图 5-22 传统热喷涂和纳米结构热喷涂层的制备过程

1）零件无变形，不改变基体金属的热处理性质。因此，对一些高强度钢材及薄壁零件、细长零件可以实施喷涂。

2）涂层的种类多。由于等离子焰流的温度高，可以将各种喷涂材料加热到熔融状态，因而可提供等离子喷涂用的材料非常广泛，从而也可以得到多种性能的喷涂层。特别适用于喷涂陶瓷等难熔材料。

3）工艺稳定，涂层质量高。涂层的结合强度和硬度显著提高，在耐磨、耐蚀、耐高温等方面的应用得到广泛拓展。

3. 技术应用

在车辆零部件的再制造中，微纳米超声速等离子喷涂技术与高速电弧喷涂技术一样，可以用于轴类零件、箱体、轴承座、盘、壁类零件配合面的耐磨涂层，以及气缸套、活塞等零件的耐高温磨损涂层和耐热蚀涂层。所不同之处在于，微纳米结构涂层的性能要好于高速电弧喷涂涂层，但该技术所用设备、涂层材料的成本等均要高于电弧喷涂，即经济性不如高速电弧喷涂技术。因此，在针对具体的零部件进行处理时，要综合考虑各种因素，选用合适的技术。

除此之外，由于该技术能够喷涂陶瓷材料，因此可以对发动机排气管喷涂热障涂层，有效控制排气管的热腐蚀，这是微纳米超声速等离子喷涂技术不同于高速电弧喷涂技术的不同之处。

5.3.2 高速电弧喷涂再制造技术

1. 基本原理与概念

电弧喷涂是以电弧为热源，将熔化的金属丝用高速气流雾化，并以高速喷射到工件表面形成涂层的一种工艺。喷涂时，两根丝状喷涂材料经送丝机构均匀、连续地送进喷枪的两个导电嘴内，导电嘴分别接喷涂电源的正、负极，并保证两根丝材端部接触前的绝缘性。当两根丝材端部接触时，由于短路产生电弧，高压空气将被电弧熔化的金属雾化成微熔滴，并将微熔滴加速喷射到工件表面，经冷却、沉积过程形成涂层。此项技术可赋予工件表面优异的耐磨、防腐、防滑、耐高温等性能，在机械制造、电力电子和修复领域中获得了广泛的应用。

高速电弧喷涂技术是以电弧为热源，利用新型拉乌尔喷管和改进的喷涂枪，采用高压空气流作为雾化气流，将高压气体加速后作为高速气流来雾化和加速熔融金属，并将雾化粒子高速喷射到损伤失效的零部件表面形成致密涂层的一种工艺。高速电弧喷涂再制造技术原理是：两根金属丝通过送丝装置均匀连续地分别送进电弧喷涂枪中的导电嘴内，导电嘴分别接电源的正负极，当两根金属丝材端部由于送进而相互接触时，发生短路产生电弧使丝材端部瞬间熔化，将高压气体通过喷管加速后作为高速气流来雾化和加速熔融金属，高速喷射到损伤失效的零部件表面。

与普通电弧喷涂技术相比，高速电弧喷涂技术具有沉积效率高、涂层组织致密、电弧稳定性好、通用性强、经济性好等特点。目前，高速电弧喷涂再制造技术已成为再制造工程的关键技术之一，已在设备零部件的腐蚀防护、维修抢修等领域得到广泛的应用。

2. 技术特点

新型高速电弧喷涂与普通电弧喷涂相比，具有以下显著的优点：

1）熔滴速度显著提高，雾化效果明显改善。在距喷涂枪喷嘴轴向 80mm 范围内的气流速度达600m/s以上，而普通电弧喷涂枪仅为200～375m/s；最高熔滴速度达到350m/s，且熔滴平均直径为普通喷涂枪雾化粒子的$\frac{1}{8}$～$\frac{1}{3}$。

2）涂层的结合强度显著提高。高速电弧喷涂防腐用Al涂层和耐磨用3Cr13涂层的结合强度分别达到35MPa和43MPa，是普通电弧喷涂层的2.2倍和1.5倍。

3）涂层的孔隙率低。高速电弧喷涂3Cr13涂层孔隙率小于2%，而相应的普通电弧喷涂层孔隙率大于5%。

高速电弧喷涂技术的出现，使电弧喷涂的涂层质量和性能得到进一步的提高，从而使电弧喷涂技术上升到一个新的高度。高速电弧喷涂技术经济性好、实用性强，是一项适合我国国情并易于推广的高新技术。它对节材、节能有重大意义，特别是在船舶及其他海洋钢结构防腐，电站锅炉管道防热腐蚀、耐冲蚀，贵重零件的修复等方面，有着巨大的应用价值。高速电弧喷涂技术的开发与研究对我国的经济建设有着重要的意义。

3. 技术方案

提高电弧喷涂的粒子喷射速度和电弧稳定性是高速射流电弧喷涂技术研究的主要内容，为实现以上目标可通过下面几种途径：

1）高速射流电弧喷涂技术方案。根据空气动力学的有关原理，采用拉乌尔喷管将雾化空气加速达到超声速，实现高速电弧喷涂。

2）超声速射流电弧喷涂技术方案。该方案采用液体燃烧加速器实现高速电弧喷涂。该方案利用乙醇、煤油等液体燃料燃烧产生的高速焰流作为雾化气流来使弧区熔融金属雾化，这种雾化气体能使涂层的质量和性能得到明显提高。在燃料室中注入燃料，燃烧并预热进入室内的压缩空气，热膨胀的高温焰流通过喷嘴加速对电弧喷涂枪形成的熔化金属进行喷涂雾化。

3）高速射流二次雾化方案。该方案采用两股气流来雾化和加速熔融的金属液滴，第一股气流是高速高压的轴向气流，该气流从轴向直接吹向金属丝材端部形成的弧区，使金属液滴做轴向运动，并且完成粒子的第一次雾化；第二股气流是从侧面与轴向形成一定的角度呈环状吹向弧区，该股气流的压力和流速比第一股低，它主要起二次雾化粒子的作用，使粒子更加细化，提高飞行速度。如果第二股气流采用N_2、Ar等气体，更能提高涂层的质量。

图5-23所示为采用方案1）产生的高速电弧喷涂射流与普通电弧喷涂射流的对比情况（喷涂材料为直径为ϕ2mm的3Cr13丝材）。可见高速电弧喷涂射流的粒子射流束更加集中，飞行速度明显提高。

4. 应用范围

高速电弧喷涂再制造技术应用范围包括：

a) 高速电弧喷涂

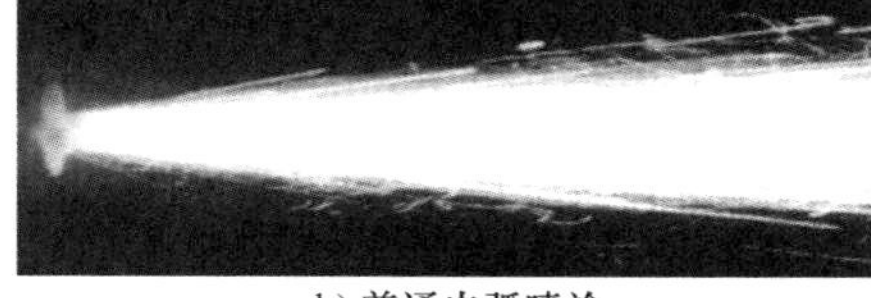
b) 普通电弧喷涂

图 5-23 高速电弧喷涂射流与普通电弧喷涂射流

1）提高零部件的常温防腐蚀性能。采用高速电弧喷涂技术对舰船甲板进行防腐治理，经多年应用证明防腐效果显著，预计使用寿命可达 15 年以上。

2）提高零部件的高温防腐蚀性能。电站、锅炉厂的锅炉管道、转炉罩裙等部分常因氧化、冲蚀磨损和熔盐热腐蚀而出现损伤，采用高速电弧喷涂新型高铬镍基合金 SL30 以及金属间化合物基复合材料 Fe-Al/Cr_3C_2进行高温腐蚀/冲蚀治理，防腐寿命可达 5 年以上。

3）提高零部件的防滑性能。采用 FH-16 丝材高速电弧喷涂舰船主甲板，进行防滑治理取得了良好的效果。

4）提高零部件的耐磨性能。高速电弧喷涂技术可用于修复大轴、轧辊、气缸、活塞等零部件的表面磨损，如蒸汽锅炉引风机叶轮叶片的磨损，可用高速电弧喷涂技术对其进行修复，修复表面无须机加工处理，但使用寿命却可成倍增加。

5. 面临的挑战与发展国际

（1）面临的挑战

1）高速电弧喷涂的理论一直是该技术研究的重点，但目前相关理论体系还不够完善。高速电弧喷涂技术的涂层形成机理、涂层与基体的结合机理等还需进一步研究。

2）高速电弧喷涂技术与超声速火焰喷涂和等离子喷涂等技术相比，高速电弧喷涂层与基体的结合强度还相对较低、涂层孔隙率较高。为满足先进再制造工程的需要，需要进一步提升高速电弧喷涂再制造产品的性能和寿命。

3）目前，高速电弧喷涂普遍使用人工喷涂作业手段，生产效率较低，作业环境较差，迫切需要加快自动化甚至智能化的高速电弧喷涂技术研究。

（2）发展目标　高速电弧喷涂技术经历了多年的发展，在再制造工程领域已得到广泛的应用。该技术的发展目标主要有：

1）继续深入基础理论研究，揭示高速电弧喷涂技术机理，建立完善的理论体系，理论研究对精确控制涂层的质量和性能是至关重要的。

2）研究更高性能的喷涂材料、喷涂设备及喷涂技术。如新型体系设计的复合材料、纳米材料、非晶材料，在设备方面研究在电弧喷涂技术基础上外加气体、超声、电磁及环境保护等作用的新型喷涂技术等。

3）开发应用自动化和智能化高速电弧喷涂系统，实现高速电弧喷涂技术的高度产业化，以提高生产效率和质量，改善作业环境。

4）加强高速电弧喷涂技术在关键零部件上的推广应用，拓展应用范围。目前高速电弧喷涂技术的规范化程度不高，质量控制体系不全面，未来应加强该技术的规范管理和推广应用，推动再制造业的发展。

5.3.3 火焰喷涂再制造技术及应用

1. 技术原理

氧乙炔火焰喷涂法是以氧乙炔火焰作为热源，将喷涂材料加热到熔化或半熔化状态，高速喷射到经过预处理的基体表面上，从而形成具有一定性能涂层的工艺。其喷涂材料包括线材（或棒材）和粉末两种。

图5-24所示为氧乙炔火焰丝材喷涂原理示意图，它是以氧乙炔火焰作为加热金属丝材的热源，使金属丝端部连续被加热达到熔化状态，借助压缩空气将熔化状态的丝材金属雾化成微粒，喷射到经过预处理的基体表面而形成牢固结合的涂层。

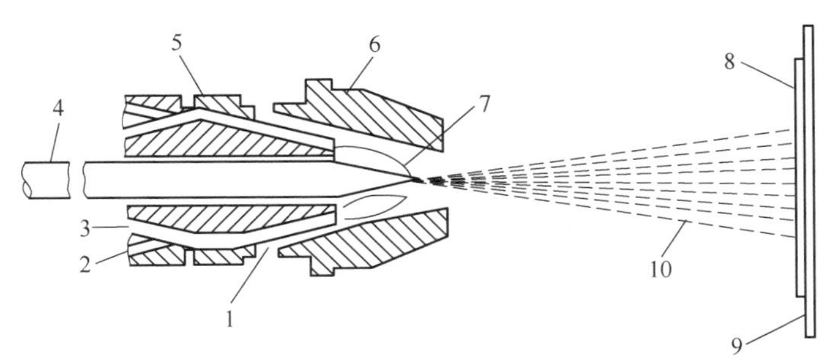

图5-24　氧乙炔火焰丝材喷涂原理示意图

1—空气通道　2—燃料气体　3—氧气　4—丝材或棒材　5—气体喷嘴
6—空气罩　7—燃烧气体　8—喷涂层　9—制备好的基材　10—喷涂射流

图5-25所示为氧乙炔火焰粉末喷涂原理简图。喷枪通过气阀分别引入乙炔和氧气，经混合后，从喷嘴环形孔或梅花孔喷出，产生燃烧火焰。喷枪上设有粉斗或进粉管，利用送粉气流产生的负压与粉末自身重力作用，抽吸粉斗中的粉末，使粉末颗粒随气流从喷嘴中心进入火焰，粒子被加热熔化或软化成为熔融粒子，焰流推动熔滴以一定速度撞击在基体表面形成扁平粒子，不断沉积形成涂层。为了提高熔滴的速度，有的喷枪设置有压缩空气喷嘴，由压缩空气给熔滴以附加的推动力。对于与喷枪分离的送粉装置，它借助压缩空气或惰性气体，通过软管将粉末送入喷枪。

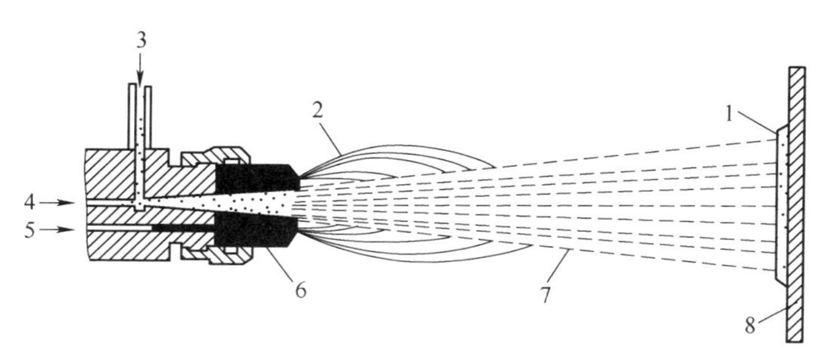

图 5-25　氧乙炔火焰粉末喷涂原理简图

1—涂层　2—燃烧火焰　3—粉末　4—氧气
5—乙炔气体　6—喷嘴　7—喷涂射流　8—基体

2. 技术特点及应用

氧乙炔火焰丝材喷涂与粉末材料喷涂相比，具有装置简单、操作方便，容易实现连续均匀送料，喷涂质量稳定，喷涂效率高，耗能少，涂层氧化物夹杂少，气孔率低，对环境污染少的特点。该技术可用于在大型钢铁构件上喷涂锌、铝或锌铝合金，制备长效防护涂层；在机械零部件上喷涂不锈钢、镍铬合金及非铁金属等，制备防腐蚀涂层；在机械零件上喷涂碳钢、铬、钼钢等，用于恢复尺寸并赋予零件表面以良好的耐磨性。

氧乙炔火焰粉末喷涂具有设备简单、工艺操作简便、应用广泛灵活、适应性强、经济性好、噪声低等特点，因而是目前热喷涂技术中普遍应用的一种。该方法广泛用于在机械零部件和化工容器、辊筒表面制备耐蚀、耐磨涂层。在无法采用等离子喷涂的场合（如现场施工），用此法可方便地喷涂粉末材料。对喷枪喷嘴部分做适当变动后，可用于喷涂塑料粉末。

5.4　优质纳米复合再制造技术

5.4.1　纳米复合电刷镀再制造技术

1. 基本概念

纳米复合电刷镀技术利用电刷镀技术在装备维修中的技术优势，把具有特定性能的纳米颗粒加入电刷镀液中获得纳米颗粒弥撒分布的复合电刷镀涂层，可提高装备零部件表面硬度、强度、韧性、耐蚀、耐磨等性能。

与普通电刷镀层相比，纳米复合电刷镀层中存在大量的硬质纳米颗粒，且组织细小致密，具有较高的硬度、优良的耐磨性能（抗滑动磨损、抗砂粒磨损、抗微动磨损）、优异的接触疲劳磨损性能及抗高温性能，因此可以大大提高传统电刷镀技术维修与再制造零部件的性能，或者可以修复原来传统电刷镀技术无法修复的服役性能要求较高的金属零部件。纳米复合电刷镀技术拓宽了传统电刷镀技术的应用范围。

2. 应用范围

纳米复合电刷镀技术的应用范围包括：

1）提高零部件表面的耐磨性。可将纳米陶瓷颗粒弥散分布在镀层基体金属中，形成金属陶瓷镀层，镀层基体金属中的无数纳米陶瓷硬质点，使镀层的耐磨性显著提高。使用纳米复合电刷镀可以代替零件镀硬铬、渗碳、渗氮、相变硬化等工艺。

2）降低零件表面的摩擦因数。使用具有润滑减摩作用的不溶性固体纳米颗粒制成纳米复合电刷镀溶液，获得的纳米复合减摩镀层中弥散分布了无数个固体润滑点，能有效降低摩擦副的摩擦因数，起到固体减摩作用，因而也减少了零件表面的磨损，延长了零件使用寿命。

3）提高零件表面的高温耐磨性。纳米复合电刷镀使用的不溶性固体纳米颗粒多为陶瓷材料，形成的金属陶瓷镀层中的陶瓷相具有优异的耐高温性能。当镀层在较高温度下工作时，陶瓷相能保持优良的高温稳定性，对镀层整体起到支撑作用，有效提高了镀层的高温耐磨性。

4）提高零件表面的抗疲劳性能。许多表面技术获得的涂层能迅速恢复损伤零件的尺寸精度和几何精度，提高零件表面的硬度、耐磨性、耐蚀性，但都难以承受交变负荷，抗疲劳性能不高。纳米复合电刷镀层有较高的抗疲劳性能，因为纳米复合电刷镀层中无数个不溶性固体纳米颗粒沉积在镀层晶体的缺陷部位，相当于在众多的位错线上打下无数个“限制桩”，这些“限制桩”可有效地阻止晶格滑移。另外，位错是晶体中的内应力源，“限制桩”的存在也改善了晶体的应力状况。因此，纳米复合电刷镀层的抗疲劳性能明显高于普通镀层。当然，如果纳米复合电刷镀层中的不溶性固体纳米颗粒没有打破团聚，颗粒尺寸太大，或配置镀液时，颗粒表面没有被充分浸润，那么沉积在复合镀层中的这些“限制桩”很可能就是裂纹源，它不仅不能提高镀层的抗疲劳性能，反而会产生相反的效果。

5）改善非铁金属表面的使用性能。许多零件或零件表面使用非铁金属制造，主要是为了发挥非铁金属导电、导热、减摩、耐蚀等性能，但非铁金属往往因硬度较低、强度较差，造成使用寿命短、易损坏。制备非铁金属纳米复合电刷镀层，不仅能保持非铁金属固有的各种优良性能，还能改善非铁金属的耐磨性、减摩性、耐蚀性、耐热性。如用纳米复合电刷镀处理电器设备的铜触点、银触点，处理各种铅青铜、锡青铜轴瓦等，都可有效改善其使用性能。

6）实现零件的再制造并提升性能。再制造以废旧零件为毛坯，首先要恢复零件损伤的尺寸精度和几何精度。这可先用传统的电镀、电刷镀的方法快速恢复磨损的尺寸，然后在达到尺寸要求的镀层上镀纳米复合电刷镀层作为工作层，以提升零件的表面性能，使其优于新品。这样做，不仅充分利用了废旧零件的剩余价值，而且节省了资源，有利于环保。在某些备件紧缺的情况下，这种方法可能是备件的唯一来源。

目前，纳米复合电刷镀技术在国防装备和民用工业产品再制造中已有了大量成功应用，获得了显著的经济和社会效益。如采用纳米复合电刷镀技术在履带车辆侧减速器主动轴的磨损表面刷镀纳米 Al_2O_3/Ni 复合镀层，仅用 1h 便可完成单根轴的尺寸恢复；采用纳米复合电刷镀技术再制造大制动鼓密封盖的内孔密封环配合面，仅用 1h 便可完成单件修复；采用 n-Al_2O_3/Ni 纳米复合电刷镀层对发动机压气机整流叶片的损伤部分进行了局部修复，修复后的叶片通过了 300h 的发动机试车考核。

3. 发展需求

虽然纳米复合电刷镀技术已成功实现工程零部件表面的抗裂、耐磨、耐蚀性能的显著提升，但目前对于纳米复合电刷镀技术工艺和理论的认识还有待于完善，对于镀层形成机理、强化机理、纳米颗粒作用机理、纳米表面性能改善机理等认识还有待于加强。

目前，纳米复合电刷镀技术施工过程还主要依靠手工操作完成。但随着纳米复合电刷镀技术在武器装备和汽车、机床等民用工业产品再制造中的应用范围不断扩大，手工操作已难以满足生产效率和生产质量的要求，对自动化纳米复合电刷镀技术的需求越来越迫切。虽然自动化纳米复合电刷镀技术已取得一定进展，如我国针对重载汽车发动机再制造生产急需，已研发出了连杆自动化纳米复合电刷镀再制造专机（图 5-26a）和发动机缸体自动化纳米复合电刷镀再制造专机（图 5-26b），并已经在济南复强动力有限公司的发动机再制造生产中成功应用，但自动化纳米复合电刷镀技术的发展和推广仍面临很大的挑战。

a)

b)

图 5-26 连杆和发动机缸体自动化纳米复合电刷镀再制造专机

4. 发展目标

纳米复合电刷镀技术在再制造生产中的成功应用，有力推动了再制造产业化发展，该技术的下一步发展目标主要有：

1）进一步深入开展纳米复合电刷镀技术的理论研究，探索纳米复合电刷镀层的形成机理、与基体的结合机理、纳米颗粒作用机理和纳米表面性能改善机理等，优化现有工艺参数，实现纳米颗粒的可控分布，从而实现在省材节能的前提下大幅提升零部件性能的目的。

2）根据产品再制造工程应用需要，不断开发新的纳米复合电刷镀材料，研发适合不同零件再制造生产需要的纳米复合电刷镀再制造生产设备和技术方法，研制智能化、自动化纳米复合电刷镀再制造设备，实现高稳定性、高精度、高效率的装备零部件批量、现场可再制造。

3）加大纳米复合电刷镀技术的推广力度，拓展该技术在机械领域外的功能性应用，使其在循环经济建设和社会经济可持续发展中发挥更大作用。

5.4.2 纳米热喷涂技术

1. 基本概念

纳米热喷涂技术是用各种新型热喷涂技术（如超声速火焰喷涂、高速电弧喷涂、超声速等离子喷涂、真空等离子喷涂等），将纳米结构颗粒喂料喷涂到零部件表面形成纳米涂层，提高零部件表面的强度、韧性、耐蚀、耐磨、热障、抗疲劳等性能。

热喷涂纳米涂层可分为三类：单一纳米材料涂层体系、两种（或多种）纳米材料构成的复合涂层体系和添加纳米材料的复合体系（微晶 + 纳米晶），特别是陶瓷或金属陶瓷颗粒复合体系具有重要作用。

2. 应用情况

纳米热喷涂技术已成为热喷涂技术新的发展方向。美国纳米材料公司采用等离子喷涂技术制备了 Al_2O_3/TiO_2 纳米结构涂层，该涂层致密度达95% ~98%，结合强度比传统粉末热喷涂涂层提高 2 ~3 倍，耐磨性提高 3 倍；美国 R. S. Lima 等人采用等离子喷涂技术成功制备了氧化锆纳米结构涂层，主要用作热障涂层；M. Cell 等人采用纳米 Al_2O_3 和 TiO_2 颗粒混合重组的 Al_2O_3-13wt. % TiO_2 喷涂喂料，等离子喷涂制备了纳米结构涂层，该涂层的抗冲蚀能力为传统颗粒喷涂涂层的 4 倍，已在美国海军舰船和潜艇上得到应用。D. G. Atteridge 等人采用等离子喷涂制备了 WC-Co 纳米结构涂层，涂层具有组织致密、孔隙率低、结合强度高等特点。

目前，传统热喷涂技术已被广泛用于损伤失效零部件的再制造，如采用等离子喷涂技术修复重载履带车辆，其密封环配合面采用 FeO_4 粉末，轴承配合面采用 FeO_3 粉末，衬套配合面采用 FeO_4 和 Ni/Al 粉末，再制造后车辆经过12000km 的实车考核，效果良好；在汽轮发电机大轴过水表面等离子喷涂 Ni/Al 涂层，其防水冲蚀效果理想；采用 Ni-Cr-B-Si 和 TiC 混合粉末，在航空发动机涡轮叶片表面等离子喷涂厚度为 0. 1mm 的涂层，经 20 台发动机约 6 万个叶片装机飞行，证明使用效果良好。但纳米热喷涂技术受到设备、喷涂粉末和成本等因素制约，在再制造领域的应用还有待进一步拓展。

纳米热喷涂技术中，超声速等离子喷涂是制备纳米结构涂层较好的技术之一。该技术是在高能等离子喷涂的基础上，利用非转移型等离子弧与高速气流混合时出现的扩展弧，得到稳定聚集的超声速等离子射流进行喷涂。与常规速度的等离子喷涂技术相比，超声速等离子喷涂技术大幅提高了喷射粒子的速度和动能，涂层质量得到显著提高，在纳米结构耐磨涂层和功能涂层的制备上具有广阔的应用前景。

3. 发展需求

目前，纳米热喷涂技术面临的主要挑战主要集中以下几个方面：

1）纳米热喷涂技术的理论研究还未完善，对热喷涂纳米涂层的形成机理、与基体的结合机理、纳米颗粒的作用机理、表面性能改善机理等认识还有待提高。

2）高性能纳米结构喷涂材料的制备和开发仍存在困难。纳米颗粒材料不能直接用于热喷涂，在喷涂过程中容易发生烧结，送粉难度也很大，必须将纳米颗粒制备成具有一定尺寸的纳米结构颗粒喂料，才能够直接喷涂。由于喂料的纳米颗粒粒度分布要均匀，要具有高颗粒密度、低孔隙率和较高的强度，因此喂料的制备和新喷涂材料的开发也是纳米热喷涂技术挑战之一。

3）纳米热喷涂技术在再制造领域的推广受到设备、喷涂粉末和成本等因素制约。如适用于该技术的超声速等离子喷涂设备价格相对较高，制备纳米涂层时需要使用昂贵的高纯氮气、氢气等工作气体，且纳米结构颗粒喂料的生产成本远高于普通热喷涂粉末。

4）复杂形状零部件的纳米热喷涂成形工艺问题尚需解决，研究如何优化复杂零部件的纳米热喷涂成形工艺，并实现纳米热喷涂技术的智能化和自动化，将是一个巨大的机遇和挑战。

4. 发展目标

1）建立完善的纳米热喷涂技术理论体系，进一步深化对热喷涂纳米涂层的形成机理、与基体的结合机理、纳米颗粒的作用机理、表面性能改善机理的认识，用扎实的理论基础指导该技术在再制造领域的应用。

2）开发适用于纳米热喷涂技术的高性能喷涂粉末和高质量喷涂设备，实现纳米热喷涂技术的自动化、智能化、高效化，并进一步降低该技术的使用成本。

3）解决纳米热喷涂技术的工艺难题，尤其是针对复杂形状零部件的成形工艺问题，拓宽该技术在再制造领域的应用范围。

5.4.3 纳米表面损伤自修复技术

1. 基本概念

纳米表面损伤自修复技术是指在不停机、不解体的情况下，利用纳米润滑材料的独特作用，通过机械摩擦作用、摩擦-化学作用和摩擦-电化学作用等，在磨损表面沉积、结晶、渗透、铺展成膜，从而原位生成一层具有超强润滑作用的自修复层，以补偿所产生的磨损，达到磨损和修复的动态平衡，是具备损伤表面自修复效应的一种新技术。

纳米表面损伤自修复技术是再制造工程的一项关键技术，其在再制造产品中的应用能够发挥再制造产品的最大效能，是再制造领域的创新性前沿研究内容。纳米表面损伤自修复技术不仅可以减少机械装备摩擦副表面的摩擦磨损，还可以在一定的条件下实现发动机、齿轮、轴承等磨损表面的自修复，从而可以预防机械部件的失效，减少维修次数，提高装备的完好率，降低机械装备整个寿命周期费用。

2. 应用情况

用于纳米表面损伤自修复技术的纳米润滑材料包括：单质纳米粉体、纳米硫属化合物、纳米硼酸盐、纳米氢氧化物、纳米氧化物、纳米稀土化合物以及高分子纳米材料等。

目前，纳米表面损伤自修复技术已成功用于各型内燃机、汽轮机、齿轮减速器等设备动力装置的再制造。如C698QA型六缸发动机采用混合纳米添加剂的SF15W-40汽油机油进行300摩托小时的台架试验，与只使用SF15W-40汽油机油相比，发动机最大功率提高了6.08%，最大转矩提高了2%，油耗降低了5.98%，连杆轴瓦的磨损降低了47.4%，活塞环的磨损降低了49.8%，而在凸轮轴、曲轴主轴径、曲轴连杆轴颈等部位同时实现了零磨损；北京铁路局将某种金属磨损自修复材料用在机车内燃机车上，使其中修期由原来的30万km延长至60万km，免除辅修和小修；北京某公司用该种自修复材料在17台公交车上进行了4个月试验，车辆气缸压力平均上升了20%，基本恢复了标准值，尾气碳颗粒物平均值下降50%，节油率为7%左右。

3. 发展方向和目标

当前，关于纳米润滑材料的表面损伤自修复机理认识还有待深入，油润滑介质中纳米润滑材料的摩擦学作用机理和表面修复作用机理尚需进一步完善。

纳米润滑材料的制备和自修复控制方法是该技术的研究重点。近年来，随着生物技术和信息技术的迅猛发展，以借鉴自然界生物自主调理和自愈功能为基础的机械装备智能自修复研究受到发达国家的高度重视。与智能自修复技术相关的智能仿生自修复控制系统、智能自修复控制理论、装备故障自愈技术和智能自修复材料等将是该技术未来发展的重要机遇和挑战。

未来纳米表面损伤自修复技术研究将包括以下几个方面内容：

1）开发具有自适应、自补偿、自愈合功能的先进自修复材料，构建高自适应性的自修复材料体系。

2）实现智能自修复机械系统的结构设计和控制，构建起满足未来发展需求的、具有自监测、自诊断、自控制、自适应的智能装备及故障自愈控制系统。

3）研制纳米动态减摩自修复添加剂，在不停机、不解体情况下在磨损表面原位生成一层具有超强润滑作用的自修复膜，实现零部件磨损表面的高效自修复。

5.5 表面改性再制造技术

表面改性技术是指采用机械、物理或化学工艺方法仅改变材料表面、亚表面层的成分、结构和性能，而不改变零件宏观尺寸的技术，是产品表面工程技术和再制造工程技术的重要组成部分。零件经表面改性处理后，既能发挥基体材料的力学性能，又可以提升基体材料表面性能，使材料表面获得各种特殊性能（如耐磨损，耐腐蚀，耐高温，合适的射线吸收、辐射和反射能力，超导性能，润滑，绝缘，储氢等）。表面改性技术主要包括：表面强化技术、离子注入技术、低温离子渗硫技术等。

5.5.1 表面强化技术

表面强化技术是指利用热能、机械能等使金属表面层得到强化的表面技术。它不改变材料表面的化学成分，不增加表面尺寸，仅通过改变材料表层的组织和应力状态，达到提高材料表面硬度、强度、耐磨损、抗疲劳等性能的目的，主要包括表面形变强化技术和表面相变强化技术。工程中通常把某些涂层技术（如电火花沉积技术等）也归为表面强化技术。

1. 表面形变强化技术

表面形变强化技术是指通过机械手段在金属表面产生压缩变形而形成形变硬化层的技术。表面形变强化后硬化层深度可达0.5～1.5 mm。硬化层中产生两种变化：一是亚晶粒细化，位错密度增加，晶格畸变增大；二是形成了高的宏观残余压应力。表面形变强化技术具有强化效果显著、成本低廉、适应性广等特点。常用的表面形变强化方法主要有滚压、内挤压和喷丸等。其中，喷丸强化应用最为广泛。

喷丸强化是利用小而硬的高速弹丸强烈冲击金属零部件表面，使之产生形变硬化层的一种表面冷加工工艺过程。喷丸强化的主要原理就是工件表面吸收高速运动弹丸的动能后产生塑性流变和加工硬化，同时使工件表面保留残余压应力。喷丸强化介质通常是圆球形弹丸，主要有铸钢丸、不锈钢丸、玻璃丸、陶瓷丸等。所处理的金属材料不同，选用的弹丸种类也有所区别。影响零部件喷丸强化效果和表面质量的主要工艺参数包括：弹丸粒度、形状和硬度，喷丸强度，表面覆盖率等。

喷丸强化可显著提高抗弯曲疲劳、抗腐蚀疲劳、抗应力腐蚀疲劳、抗微动磨损、抗点蚀的能力，已广泛应用于弹簧、齿轮、轴、叶片等零部件，在航空及其他机械设备维修与再制造中得到了推广应用。例如，焊缝及其热影响区一般呈拉应力状态，降低了材料的疲劳强度，采用喷丸强化处理后，拉应力可以转变成为压应力，从而改善焊缝区域的疲劳强度。钢板弹簧喷丸后疲劳寿命可延长 5 倍。喷丸强化还可使钢齿轮的使用寿命大幅度提高。实验证明，汽车齿轮渗碳后再经过喷丸强化处理，其相对寿命可提高 4 倍。近年来，喷丸强化技术获得了新发展，例如利用高频高能喷丸冲击金属表面可以获得纳米晶表层的表面纳米化技术已成为一个重要发展方向。

2. 表面相变强化技术

表面相变强化技术又称表面热处理技术，指通过对金属表面快速加热和冷却，改变表层组织和性能而不改变其成分的表面强化技术，是应用最广泛的表面改性技术之一。常用的表面相变强化技术有火焰加热、感应加热、激光束加热、电子束加热、浴炉加热等表面淬火技术。

火焰加热表面淬火是将工件置于强烈的火焰中进行加热，使其表面温度迅速达到淬火温度后，急速用水或水溶液进行冷却，从而获得预期的硬度和硬化层深度的一种表面淬火法。火焰加热表面淬火的优点是：设备简单，使用方便，成本低；不受工件体积大小限制，可灵活移动使用；淬火后表面清洁，无氧化、脱碳现象，变形也小。

感应加热表面淬火是利用电磁感应的原理，在工件表面产生涡流使工件表面快速加热而实现表面淬火的工艺方法。根据感应加热设备产生的频率高低，感应加热表面淬火可分为高频（30 ~ 1000kHz）、中频（小于 10kHz）及工频（50Hz）三类。感应加热表面淬火和普通淬火相比较，具有的优点有：热源在工件表层，加热速度快，热效率高；工件不是整体加热，变形小；工件加热时间短，表面氧化脱碳量少；表面硬度高，缺口敏感性小，冲击韧度、疲劳强度以及耐磨性等均有很大提高；设备紧凑，使用简便，劳动条件好；不仅可应用于工件的表面、内孔等的淬火，而且还可以应用于工件的穿透加热与化学热处理。

利用高能束的激光表面淬火和电子束表面淬火是表面相变强化技术的新领域和重要发展方向，与普通淬火相比，其表面加热温度高、加热速度快、易于控制，表面强化层组织细、硬度高。

表面相变强化技术能有效提高零件的硬度和耐磨性能，在设备再制造与维修中已获得了广泛应用。感应加热表面淬火常用的零件类型有齿轮类零件、轴类零件、工模具及其他机械零件。激光相变硬化最适用于表面局部需要硬化的零件，已广泛应用于汽车、机械设备、军工等行业中。美国已采用该技术取代了渗碳、渗氮等化学热处理方法来处理飞机、导弹的重要零件。

5.5.2 离子注入技术

1. 技术原理

金属的离子注入是指在离子注入机中把各种所需的离子，例如 N^+、C^+、O^+、Ni^+、Ag^+ 和 Ar^+ 等非金属或金属离子加速成具有几万甚至几百万电子伏特能量的载能束，并注入金属固体材料的表面层。离子注入将引起材料表层的成分和结构的变化以及原子环境和电子组态等微观状态的扰动，由此导致材料的各种物理、化学或力学性能发生变化。对于不同的材料，注入不同元素的离子，在不同的条件下，可以获得不同的改性效果。

20 世纪 70 年代初，人们开始用离子注入法进行金属表面合金强化的研究，并逐渐发展成为一种新颖的表面改性方法。离子注入已在表面非晶化、表面冶金、表面改性和离子与材料表面相互作用等方面取得了可喜的研究成果，特别是在工件表面合金化方面取得了突出的进展。用离子注入法可获得高度过饱和固溶体、亚稳定相、非晶态和平衡合金等不同的组织结构形式，大大改善了工件的使用性能。大量试验表明，离子注入能使金属和合金的摩擦因数、耐磨性、抗氧化性、耐蚀性、抗疲劳性以及某些材料的超导性能、催化性能、光学性能等发生显著的变化。在大量试验、研究的基础上，离子注入已在改善工业零件的耐蚀、耐磨等性能方面得到应用。

离子注入装置包括离子发生器、分选装置、加速系统、离子束扫描系统、试样室和排气系统。从离子发生器发出的离子由几万伏电压引出，进入分选装置，将一定的质量/电荷比的离子选出。在几万伏至几十万伏电压的加速系统中加速获得高能量，通过扫描机构扫描轰击工件表面。离子进入工件表面后，与工件内原子和电子发生一系列碰撞。这一系列碰撞主要包括以下三个独立的过程：

1）核碰撞。入射离子与工件原子核的弹性碰撞，使固体中产生离子大角度散射和晶体中产生辐射损伤等。

2）电子碰撞。入射离子与工件内电子的非弹性碰撞，其结果可能引起离子激发原子中的电子或使原子获得电子、电离或 X 射线发射等。

3）离子与工件内原子做电荷交换。

无论哪种碰撞都会损失离子自身的能量，使离子经多次碰撞后能量耗尽而停止运动，作为一种杂质原子留在固体中。离子进入固体后对固体表面性能发生的作用除了离子挤入固体内的化学作用外，还有辐射损伤（离子轰击产生晶体缺陷）和离子溅射作用，它们在改性中都有重要意义。

2. 技术特征

1）离子注入法不同于任何热扩散方法，可注入任何元素，且不受固溶度和扩散系数的影响。因此，离子注入法可获得不同于平衡结构的特殊物质，是开发新型材料的非常独特的方法。

2）离子注入温度和注入后的温度可以任意控制，且在真空中进行，不氧化，不变形，不发生退火软化，表面粗糙度一般无变化，可作为最终工艺。

3）可控性和重复性好。通过改变离子源和加速器能量，可以调整离子注入深度和分布。通过可控扫描机构，不仅可实现在较大面积上的均匀化，而且可以在很小范围内进行局部改性。

4）可获得两层或两层以上性能不同的复合材料。复合层不易脱落。注入层薄，工件尺寸基本不变。

但离子注入也存在缺点，如注入层薄（$<1\mu m$），离子只能直线行进，不能绕行，对于复杂的和有内孔的零件不能进行离子注入，而且设备造价高，所以它的广泛应用受到一定的限制。

3. 技术应用

离子注入在表面改性中的应用对象主要是金属固体，如钢、硬质合金、钛合金、铬和铝等材料。应用最广泛的金属材料是钢铁材料和钛合金，难于强化面心立方晶格等材料。

离子注入在工业中应用具有显著的经济效益。经离子注入后可大大改善基体的耐磨性、耐蚀性、抗疲劳性和抗氧化性。我国生产的各类冲模和压铸型一般寿命为 2000 ~5000 次，而英国、美国、日本的同类产品寿命可达 50000 次以上。国外生产的电冰箱、洗衣机等，其运动件的材料基本与我国的相同，甚至是普通低碳钢，由于采用了所谓“专利性”处理工艺，使用寿命是我国同类产品的几倍到几十倍，有的钢铁材料经离子注入后耐磨性可提高 100 倍以上。

但因离子注入费用较高，且因技术及设备特点使加工件形状受到限制，所以离子注入处理适用于制造成本较高的、磨损量不允许很大的精密零件，如精密仪器、航空机械中的一些重要零件。而量大面广、价格低廉的零件不适于用离子注入来处理。例如，可以对发动机中的一些精密零件进行强化处理，如中高压油泵的三大精密偶件，它们都是在很小的配合间隙（1～3μm）中高速运动，受到燃料中磨粒的磨损作用和高压燃料的高速冲刷，导致密封性降低，局部磨损增大，将引起实际供油量减少，喷油开始延迟。如果对其进行离子注入，则能强化磨损表面，延长服役寿命。

5.5.3 低温离子渗硫技术

1. 技术原理

低温离子渗硫技术是一种真空表面处理技术。它采用辉光放电的手段，用电场加速硫离子，使其高速轰击零件表面，在表面下有效地形成一层硫化亚铁，也就是所期望的固体润滑剂。图 5-27 所示为低温离子渗硫技术原理示意图。

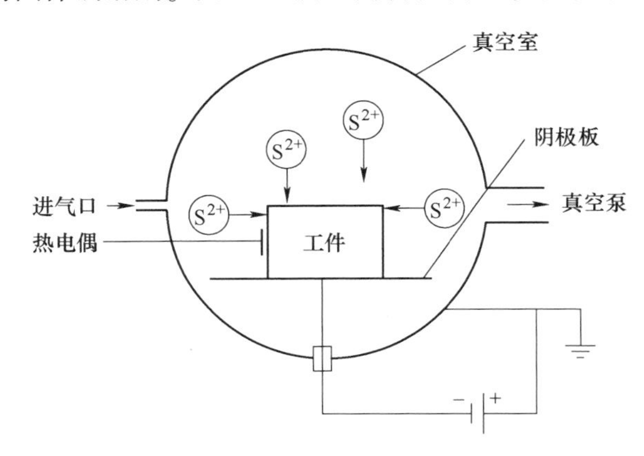

图 5-27 低温离子渗硫技术原理示意图

渗硫时，将工件和装有粉末硫的硫盒一起放置于真空室中的阴极板上。以炉壳为阳极，阳极接地；待处理的工件为阴极，工件相对于接地的炉壳为负电位。在外加电场的作用下，稀薄气体中的离子做定向运动，并碰撞真空室内的气体分子，使之电离产生辉光放电。工件与硫盒在辉光放电的作用下被加热，且工件表面的原子（或分子）被活化，向外发射电子。由于硫的熔点为 112℃左右，所以当温度升高到 112℃以上时，真空室就开始有硫蒸气存在。随着温度的继续升高，真空室中硫蒸气所占的分压也逐渐加大，被离子化的概率增多。硫离子高速轰击零件，并沉积于零件表面。在零件表面还存在的尚未发射的离子，与硫离子化合生成一层以 FeS 为主的硫化物层。FeS 是密排六方晶格，具有鳞片状结构，是一种很好的固体润滑剂，在切应力作用下，软质的硫化层易发生塑性流变，显示出良好的磨合性，能够有效降低摩擦副间的摩擦因数，还可以防止黏着和胶合，降低磨损，对零件的接触疲劳性能也有大幅度的提高。

2. 技术特点

低温离子渗硫技术具有以下特点：

1）处理温度低（一般为150～300℃），不影响工件原有尺寸精度和硬度，不易产生变形，可作为工件处理的最后一道工序。

2）真空处理形成清洁表面，不增加工件原有的表面粗糙度值。

3）生产过程中不产生污染，有利于环保。

4）工艺参数可调，因而可以控制硫化物层的深度和含硫浓度。

5）适用于以钢铁材料制成的各种摩擦副。

由于是真空处理技术，因此低温离子渗硫技术对工件的洁净度要求较高。而该技术对工件的尺寸没有影响，因此在产品的再制造过程中不能作为尺寸恢复层来使用，而只能和其他技术结合使用，作为工件最终的处理工序来强化表层。

3. 技术应用

由于渗硫层特殊的组织和性能，使得低温真空离子渗硫技术在钢铁、机械等许多领域都得到了广泛的应用。由首钢特钢二厂对热轧辊进行渗硫处理，其寿命提高了一倍。首钢北钢公司对蜗轮进行渗硫处理，寿命提高了3倍以上。上海矽钢片厂对轴套进行硫化处理，寿命也提高了3倍。另外，渗硫技术还被用来处理轴承、刀具、气缸缸套、柱塞泵等零件。在厂家的实际运用中，低温离子渗硫技术被证明确实可以延长零件寿命，节资减耗，具有很大的经济效益。

在车辆再制造中，离子渗硫技术主要可应用于齿轮、轴承等零部件的处理。可对变速器中的四档中间齿轮和侧减速器主动齿轮轴进行硫化处理，结果表明其耐磨性大幅度提高。另外，发动机中也有许多易磨损的摩擦副，如发动机中的气缸套与活塞环、曲轴轴颈与连杆轴瓦、凸轮轴与气门调整盘等，对这些零件的同种材料进行试验，硫化后的减摩耐磨性能有较大提高，可以改变发动机的动力性能和耐磨损性能，使得机械损失功率降低，磨合期缩短。

5.6 再制造表层机械加工方法

5.6.1 再制造涂层的车削加工

1. 堆焊层的车削加工

采用堆焊方法获得零件磨损表面的尺寸恢复层是一种常用的再制造方法。堆焊恢复层的金属性质虽然主要取决于堆焊焊条的材料，但由于堆焊方法使恢复层的厚度大且不均匀、表面硬化及层内组织的改变等，都会使堆焊层的切削加工性变差，需要在切削加工时充分考虑和注意。

（1）低合金钢堆焊层的车削

1）低合金钢堆焊层的特性。低合金钢堆焊层由于堆焊焊条的碳含量不同，所得到的堆焊层的硬度也不同，从硬度上看可分为中硬度堆焊层和高硬度堆焊层。在机械零件再制造中使用最广泛的是中硬度堆焊层。中硬度堆焊层是堆焊时在一般的冷却速度下，堆焊层的组织为珠光体类型加上少量的铁素体；当冷却速度较高时，将出现马氏体。为了避免马氏体的出现，便于切削加工，应注意降低冷却速度，如采用保温冷却等。

中硬度堆焊层的硬度为200～350HBW［如D107（EDPMn2-15）焊条堆焊层的硬度约为250HBW，D127（EDPMn3-15）焊条堆焊层的硬度约为350HBW］。堆焊金属中的Cr、Mn等合金元素，将溶于铁素体起固溶强化作用，并能使渗碳体合金化，使堆焊层具有一定的硬度和耐磨性能，以及较好的抗冲击性能。

2）刀具材料的选择。堆焊层具有一定的硬度与耐磨性，对其进行切削加工时，产生的振动与冲击较大。为保证加工时不致打坏刀具，以及保证一定的刀具寿命，根据目前常用刀具材料的切削性能与特点，粗加工时可选用硬质合金K30、P10、M10等。这些刀具材料的韧性较好，抗弯强度较高，加工时不易崩刀。精加工时，除要求刀具具有较好的耐磨性外，还要求能承受粗加工后遗留下来的硬质点、气孔、砂眼等的冲击与振动，此时可选用硬度较高、耐磨性较好的硬质合金P10。

（2）高锰钢堆焊层的车削　高锰钢堆焊层（锰的质量分数为11%～14%）因加工硬化严重和导热性能差，属于很难切削加工的堆焊层。高锰钢堆焊层的金相组织为均匀的奥氏体，它的原始硬度虽不高，但其塑性韧性特别好。切削加工过程中，因塑性变形使奥氏体组织转变为细晶粒马氏体，硬度由原来的180～220HBW提高到450～500HBW，并且在表面上还会形成高硬度的氧化层。另外，高锰钢堆焊层的热导率很小，约为45钢的1/4，使切削温度很高。其切削力约比切削45钢增大60%。因此，它的切削加工性很差。

切削高锰钢堆焊层时，刀具材料宜选用抗弯强度和韧性较高的硬质合金。粗加工时，可选用M10、YM052（K10）、K10硬质合金；精加工时，可选用P20、K10等硬质合金。为了减小加工硬化，切削刃应保持锋利。为了增强切削刃和改善散热条件，可选用前角 $\gamma_o = -5° \sim +5°$，并磨出负倒棱 $b_{r1} = 0.2 \sim 0.8\text{mm}$，$\gamma_{o1} = -5° \sim 15°$，后角宜选用较大值（$\alpha_o = 8° \sim 12°$。当工艺系统刚性高时，主、副偏角可取小值，一般主偏角 $\kappa_r = 60°$，副偏角 $\kappa_r' = 10° \sim 20°$，刃倾角 $\lambda_s = -5° \sim 0°$。粗车时，背吃刀量 $a_p = 2 \sim 4\text{mm}$，进给量 $f = 0.2 \sim 0.8\text{mm/r}$，切削速度 $v_c \leqslant 15\text{m/min}$；精车时，$a_p = 1 \sim 2\text{mm}$，$f = 0.2 \sim 0.8\text{mm/r}$，$v_c = 20 \sim 30\text{m/min}$。

（3）不锈钢堆焊层的车削　不锈钢堆焊层多采用06Cr18Ni11Ti焊条堆焊而得，金相组织为奥氏体。奥氏体组织塑性大，容易产生加工硬化。此外，其热导率也很低（约为45钢的1/3），所以，奥氏体不锈钢堆焊层也是较难切削的。

车削不锈钢堆焊层，P类硬质合金刀具不宜用于加工不锈钢堆焊层，因P类中的钛元素易与工件材料中的钛元素发生亲和而导致冷焊，加剧刀具磨损。所以，一般宜采用K类或M类硬质合金刀具，也可采用高性能高速钢刀具。刀具几何参数前角$\gamma_o=-5°\sim0°$，后角$\alpha_o=4°\sim6°$，刃倾角$\lambda_s=-5°\sim0°$；适当减小主偏角，加大刀尖圆弧半径。切削用量选$a_p=1.5\sim2mm$，$f=0.3\sim0.4mm/r$，$v_c=14\sim18m/min$。

2. 热喷涂涂层的车削

热喷涂涂层最大的特点是具有高的硬度和高的耐磨性，其硬度可达50～70HRC，像这一类热喷涂涂层可称之为高硬度热喷涂涂层，它们很难加工。当对它们进行切削加工时，对于刀具材料、刀具几何参数以及切削用量的选择，都有比较特殊的要求。

（1）刀具材料的选择　热喷涂涂层对刀具材料总的要求是：高的硬度、高的耐磨性、足够的抗弯强度与韧性。一般的硬质合金牌号不能用于加工高硬度热喷涂涂层。目前，切削热喷涂涂层较好的刀具材料有以下三类：

1）添加碳化钽、碳化铌的超细晶粒硬质合金。碳化钽、碳化铌在硬质合金中所起的主要作用是：提高硬质合金常温与高温下的硬度，从而提高硬质合金的耐磨性；阻止WC晶粒在烧结过程中长大，从而细化晶粒，提高P类硬质合金的抗弯强度和冲击韧性与耐磨性；提高硬质合金与钢的黏结温度，减少轻合金成分向钢中的扩散，从而降低刀具的黏结磨损，提高刀具寿命。细晶粒硬质合金中，由于WC与钴高度分散，增加了黏结面积，提高了黏结强度，因此可提高硬度1.5～2HRA，抗弯强度也可大大提高。所以，添加碳化钽、碳化铌的超细晶粒硬质合金，在硬度与耐磨性以及抗弯强度与韧性方面都有较好的性能，可用于低速切削而不容易崩刃，适合高硬度热喷涂涂层的切削加工。

2）陶瓷刀具材料。用作刀具材料的陶瓷有纯Al_2O_3陶瓷、Al_2O_3-TiC混合陶瓷和Si_3N_4基陶瓷。我国的牌号有SG5（94HRA，抗弯强度大于0.7GPa）、AG2（93.5～95HRA，抗弯强度大于0.8GPa），用它们切削热喷涂涂层有较好的效果，但它们的抗弯强度还需要进一步提高。例如，用SG5刀片切削镍基102喷熔层（55～60HRC），切削用量参数为$a_p=0.1mm$，$f=0.3mm/r$，$v_c=29m/min$。加工直径50mm、长650mm的外圆，刀具的切削路程长达150m后，刀具后刀面的磨损VB为0.15mm，加工表面粗糙度值$Ra=10\sim2.5\mu m$。

3）立方氮化硼。立方氮化硼（CBN）是由六方氮化硼在高温、高压下加入催化剂转变而成的，它分为整体聚晶立方氮化硼和复合立方氮化硼两种。立方氮化硼优点明显，有很高的硬度和耐磨性，其显微硬度可达8000~9000HV，仅次于金刚石；有很高的热稳定性（可达1400℃），比金刚石要高得多；有很大的化学惰性，它与铁族金属在1200~1300℃时也不易起化学作用；总体抗弯强度目前还处在较低水平，有的刀片可达0.5GPa以上。立方氮化硼刀具可用于硬质合金、淬火钢、冷硬铸铁、高温合金等难加工材料的切削，其加工效果可达磨削加工的水平。目前，对于高硬度的热喷涂材料，它是切削效率最高的一种刀具材料，切削速度可比P10硬质合金刀片提高4~5倍。

（2）刀具几何参数的选择　热喷涂涂层对刀具几何参数总的要求是要保证切削刃（或刀头）的强度与好的散热条件，这是选择刀具几何参数的原则。另外还应注意系统的刚性，注意径向分力不能过大，以免引起振动。根据试验结果和实际加工情况，推荐的刀具几何参数见表5-7。

表5-7　刀具几何参数推荐值

工件材料		Ni60喷熔层		G112喷熔层	
刀具牌号		P10		YM053（K10）	
工序		半精车	精车	半精车	精车
切削用量	a_p/mm	0.2	0.1	0.2	0.1
	f/（mm/r）	0.2	0.1	0.2	0.1
前角	γ_o/（°）	-5	-5~0	-5	-5~0
后角	α_o/（°）	8	12	8	12
主偏角κ_r/（°）		10	15	10	15
负偏角κ_r'/（°）		15	10	15	10
刃倾角λ_s/（°）		-5	0	5	0
刃尖圆弧半径r_ε/mm		0.3	0.5	0.3	0.5
负倒棱	b_{r1}/mm	0.1	0.05	0.1	0.05
	γ_{o1}/（°）	-15	-10	-15	-10

（3）热喷涂涂层切削用量的选择　热喷涂涂层的切削用量同样受刀具寿命的限制。对于热喷涂涂层的切削加工，其刀具的磨钝标准，可用试验的方法通过求出刀具磨损量与切削时间的关系曲线而加以确定。切削速度对刀具寿命的影响最大，其次是进给量，背吃刀量的影响最小。所以，在优选切削用量时，其选择先后顺序应为：首先尽量选用大背吃刀量a_p，然后根据加工条件和加工要求选取允许的进给量f，最后在刀具寿命或机床功率允许的情况下选取最大的切削速度v_c。表5-8是部分热喷涂涂层国内外的切削用量选择参考数据。

表 5-8　部分热喷涂涂层国内外的切削用量选择参考数据

刀具材料牌号	物理力学性能		切削数据（L 为切削路程长）				
	硬度 HRA	抗弯强度/GPa	热喷涂层材料	硬度 HRC	切削用量		
					v_c/(m/min)	f/(mm/r)	a_p/mm
K01	94	1.20～1.40	Ni120 + Fe（喷熔外圆）①	55～60	8.5	0.05	0.2～0.9
			Ni102 +35% wt(Co)/WC（喷熔外圆）①	70	7.6	0.45	0.2
			Ni60（喷熔外圆）①	60	8.7	0.6	0.15
			Ni105 + Fe（喷熔外圆）①	60	17	0.3	0.15～0.20
			Ni102 + Fe（喷熔外圆）①	55～60	21.8	0.3	0.4～0.25
			Ni60（喷熔外圆）②	56	25	0.2	0.2
			G112（喷熔外圆）②	52～54	25	0.24	0.2
YM051（K10）	≥92.5	≥1.65	Fe07（喷熔外圆）②	54	15	0.2	1
			Ni60（喷熔外圆）②	56	25	0.2	0.2
YM052（K10）	≥92.5	≥1.6	Fe07（喷熔外圆）②	54	15	0.2	1
YM053（K10）	≥92.5	≥1.6	Fe07（喷熔外圆）②	54	15	0.2	1
			Fe04（喷熔外圆）②	58	27	0.08	0.2
610	≥93	≥1.0	G112（喷熔外圆）②	52～54	7.9	0.24	0.2
			Ni102 + Fe（喷熔外圆）①	55～60	8.5～11	0.3～0.6	0.10～0.3
			Ni102 +35% wt（Co）/WC	68	7	0.4～0.6	0.2～0.4

（续）

刀具材料牌号	物理力学性能		切削数据（L为切削路程长）				
	硬度 HRA	抗弯强度/GPa	热喷涂层材料	硬度 HRC	切削用量		
					v_c/(m/min)	f/(mm/r)	a_p/mm
600	≥93.5	≥1.0	313 铁基（喷熔外圆）③	250HV	90～130	0.06～0.12	0.1～0.2
813	≥90.5	≥1.6	313 铁基（喷熔外圆）③	250HV	90～110	0.6～0.12	0.1～0.2
1 号	≥91	1.6	313 铁基（喷熔外圆）③	250HV	90～110	0.06～0.12	0.1～0.2
T20	≥92	≥1.1	313 铁基（喷熔外圆）③	250HV	80～100	0.6～0.12	0.1～0.2
SG5	94	≥0.7	Ni102（喷熔外圆）①	55～60	29	0.3	0.1
			G112（镍基）（喷熔层 ϕ110mm 端面）①	50～60	43	0.17	0.15
FDAW	5000HV	1.5	Ni102 + Co/WC（喷熔外圆）①	70	79		
LDP-J-CF			Ni102（喷熔外圆）①	50～60	76.6	0.2	0.1～0.3
LBN-Y			Ni60（喷熔外圆）②	56	25	0.2	0.2

① 上海金属切削技术协会资料。
② 装甲兵工程学院资料。
③ 戚墅堰机车车辆工艺研究所资料。

5.6.2 再制造涂层的磨削加工

磨削主要适用于外圆、内圆、平面以及各种成形表面（齿轮、螺纹、花键等）的精加工。它可以用于加工难加工热喷涂涂层，但比起磨削加工其他难加工的金属材料，其生产效率较低。一般磨削公差等级可达 IT6～IT5，表面粗糙度值 Ra =0.20～0.80μm。

1. 热喷涂涂层磨削加工特点

因为磨削方法可以获得更高的精度与更小的表面粗糙度值，所以通常采用它来进行热喷涂涂层的精加工。对于高硬度热喷涂涂层，磨削加工比较困难，主要有以下两个原因。

1）砂轮容易迅速变钝而失去切削能力。砂轮迅速变钝的主要原因是砂轮砂粒被磨钝、破碎和砂轮“塞实”。这一点在磨内孔时表现更为突出，因磨削内孔砂轮的直径受孔径大小的限制，它不像磨外圆时可采用较大直径的砂轮。因此，在同一时间内，砂粒切削次数相对增多，磨损加剧，造成砂轮寿命降低。

2）大的径向分力会引起加工过程的振动，以及磨削热容易烧伤表面和使加工表面产生裂纹等，它们都影响到加工表面质量，以及限制磨削用量的提高。所以，对高硬度热喷涂涂层的磨削，大多采用人造金刚石砂轮和立方氮化硼砂轮。

目前，国内在使用人造金刚石砂轮、绿色碳化硅砂轮以及人造金刚石砂轮磨削镍基热喷涂涂层外圆的对比试验数据表明：人造金刚石砂轮的性能远远优于绿色碳化硅与白刚玉砂轮。

2. 国外部分热喷涂涂层的磨削规范

1）表5-9是用碳化硅砂轮磨削Eutalloy涂层的规范。

表5-9 用碳化硅砂轮磨削Eutalloy涂层的规范

<table>
<tr><th>合金牌号</th><th>硬度HRC</th><th>磨削方法</th><th>粒度</th><th>组织</th><th>黏合剂</th><th>圆周速度/(m/s)</th></tr>
<tr><td rowspan="4">RW12999
RW10011
RW10092
RW10112
RW10611
RW10999
RW12112</td><td rowspan="4">59~63
57~62
45~50
57~62
45~50
60~63
57~62</td><td>Ⅰ</td><td>80</td><td>8</td><td>V</td><td>18~25</td></tr>
<tr><td>Ⅱ</td><td>80</td><td>8</td><td>V</td><td>18~25</td></tr>
<tr><td>Ⅲ</td><td>60</td><td>5</td><td>V</td><td>20~25</td></tr>
<tr><td>Ⅳ</td><td>60</td><td>5</td><td>V</td><td>15~20</td></tr>
<tr><td rowspan="4">RW12497
RW10009
RW10675
RW12093
RW12495
RW12486</td><td rowspan="4">59~63
55~62
45~50
50~52
45~50
55~62</td><td>Ⅰ</td><td>80</td><td>5</td><td>V</td><td>25~32</td></tr>
<tr><td>Ⅱ</td><td>60</td><td>8</td><td>V</td><td>25~32</td></tr>
<tr><td>Ⅲ</td><td>46</td><td>7</td><td>V</td><td>20~25</td></tr>
<tr><td>Ⅳ</td><td>60</td><td>5</td><td>V</td><td>15~20</td></tr>
</table>

注：组织共分14级，8为中间值，14为最疏松；V代表玻璃或陶瓷。

2）表5-10是用金刚石砂轮磨削Eutalloy硬质材料涂层的规范。

表 5-10 用金刚石砂轮磨削 Eutalloy 硬质材料涂层的规范

合金牌号	硬度 HRC	粒度（按 FEPA 标准）	浓度（质量分数,%）	合金树脂黏合剂		金属黏合剂	
				圆周速度/(m/s)	磨削方法	圆周速度/(m/s)	磨削方法
RW12999	59～63	D151	75	8～16 18～22	干 湿	8～12 12～18	干 湿
RW10011	57～62	D151	75	8～16 18～22	干 湿	8～12 12～18	干 湿
RW10112	57～62	D151	75	8～16 18～22	干 湿	8～12 12～18	干 湿
RW10611	45～50	D151	75	8～16 18～22	干 湿	8～12 12～18	干 湿
RW10999	60～63	D151	75	8～16 18～22	干 湿	8～12 12～18	干 湿
RW12112	57～62	D151	75	8～16 18～22	干 湿	8～12 12～18	干 湿

5.6.3 再制造涂层的特种加工技术

1. 电解磨削

电解磨削是利用电解液对被加工金属的电化学作用（电解作用）和导电砂轮对加工表面的机械磨削作用，达到去除金属表面层的一种加工方法。电解磨削热喷涂涂层具有生产率高、加工质量好、经济性好、适应性强、加工范围广等特点，是加工难加工热喷涂涂层新的加工方法。

电解液是电解磨削工艺中影响生产率及加工质量极其重要的因素。在实际生产中，应针对不同产品的技术要求和不同材料，选用最佳的应用于电解磨削的电解液。试验表明，电解磨削难加工热喷涂涂层，以磷酸氢二钠为主要成分的电解液，有较好的磨削性能。

电解磨削的机床，可采用专用的电解磨床或由普通磨床、车床改装而成。电解磨削用的直流电源要求有可调的电压（5～20V）和较硬的外特性，最大工作电流根据加工面积和所需生产率可选用自 10A 至 1000A 不等。供应电解液的循环泵一般用小型离心泵，配置有过滤和沉淀电解液杂质的装置。电解液的喷射一般都用管子和扁喷嘴，喷嘴接在管子上，向工作区域喷注电解液。内圆磨头由高速砂轮轴与三相交流电动机组成。电解磨削的工艺参数可参考如下制定：

1）砂轮的工艺参数。砂轮可采用金刚石青铜黏合剂的导电砂轮，也可采用石墨、渗银导电砂轮。砂轮速度 $v=15\sim20\text{m/s}$，轴向进给量 $f_a=0.5\sim1\text{mm/min}$（内外圆磨），$f_a=10\sim15\text{mm/min}$（平面磨），工件速度 $v_w=10\sim20\text{m/min}$，径向进给量 $f_r=0.05\sim0.15\text{mm/min}$（双行程）。

2）电压、电流规范。粗加工时，电压为8~12V，电流密度为20~30A/cm^2；精加工时，电压为6~8V，电流密度为10~15A/cm^2。

以上工艺参数在应用时，如果发现磨削表面出现烧黑现象，则应降低电压或减小径向进给量，增大轴向进给量。

2. 超声振动车削

超声振动车削是使车刀沿切削速度方向产生超声高频振动进行车削的一种加工方法，其与普通车削的根本区别在于：超声振动车削切削刃与被切金属形成分离切削，即刀具在每一次振动中仅以极短的时间便完成一次切削与分离；而普通车削，切削刃与被切金属则是连续切削的，切削刃与被切金属没有分离。所以，超声振动车削的机理已不同于普通车削。

超声振动车削过程的主要特点是切削力与切削热均比普通车削小得多，切削力为普通车削的1/20~1/3，切削热为普通车削的1/10~1/5，这是超声振动车削能获得高加工精度、好表面质量的基本原因。

试验表明，超声振动车削难加工热喷涂涂层要求刀具的切削刃和刀尖须具有较高的强度和耐磨性。所以，刀具材料和刀具几何参数选择应符合这一要求。

1）刀具材料。D10、M20等刀具材料，在加工难加工Ni60喷熔层时，均有较好的切削性能。对于 Al_2O_3 陶瓷喷涂层，则要采用立方氮化硼刀片，它们的刀具寿命均达到较好的实用程度，并比普通车削时高。

2）刀具几何参数。为了使切削刃有较高强度，一般选前角 $\gamma_o=0°$；为了减少摩擦，一般选后角 $\alpha_o=8°\sim12°$；为了增强刀尖强度，主偏角 κ_r 与副偏角 κ_r' 均可取小值，刀尖圆弧半径 r_ε 可取大值，以便增强刀尖强度，一般选 $r_\varepsilon=2\sim3\text{mm}$。

超声振动车削热喷涂涂层在工程实践中得到了很好应用。某工程机械发动机活塞销，使用磨损后大量报废。在对其采用热喷涂再制造恢复后，喷熔层材料为Ni60，硬度60HRC，机械加工困难。活塞销外径加工的尺寸公差为0.011mm，表面粗糙度值 $Ra=0.04\sim0.32\mu\text{m}$，采用一般车削无法达到这一要求。而采用超声振动车削，其工艺参数为：振动频率20kHz；振幅 $a=15\mu\text{m}$；工件速度 $v_w=4.8\text{m/min}$，进给量 $f=0.08\text{mm}$，背吃刀量 $a_p=0.1\text{mm}$。加工后的活塞销外圆经测量，尺寸误差为0.009mm，表面粗糙度值 $Ra=0.16\mu\text{m}$，满足了装配性能要求。

3. 磁力研磨抛光

如图5-28所示，磁力研磨就是将磁性磨料放入磁场中，磨料在磁场力作用

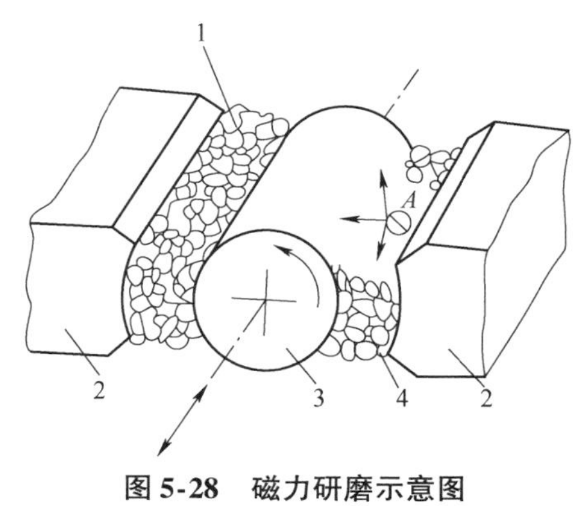

图 5-28　磁力研磨示意图

1—加工间隙　2—磁极
3—工件　4 —磁性磨料

下沿磁力线排列成磁力刷，将工件置入N－S磁极中间，使工件相对于两极均保持一定的间隙，当工件相对于磁极转动时，磁性磨料将对工件表面进行研磨。若在工件轴向置入超声振动装置，工件上每个点将以 18000 ~ 25000Hz 的频率做纵向振动，这种超声-磁力复合研磨效果极佳。设磁性磨粒 A 是靠近工件表面的一颗磨粒，在磁场的作用下 A 点就会产生沿磁力线方向压紧工件的力 F_x，由于工件旋转，工件表面切向方向施加给 A 点切削反力 F_y，又因为磁极的磁场是不均匀的，在 A 点的切线方向还要受到因磁场强度梯度变化产生的磁力 F_m，这个力与 F_y 方向相反，可以防止磨粒 A 受的磁场力（F_x 与 F_m 的合力）大于切削反力 F_y，这时磁性磨粒 A 处于正常的切削状态。当磨粒 A 受到的磁场力小于切削反力 F_y 时，磨粒 A 就会产生滑动或滚动。磁力的大小与磁场强度的二次方成正比，磁场强度的大小又随直流电源电压增加而增加，因此，只要调节外加电压的大小就可以调节磁场强度的大小。

磁力研磨技术主要用于精密零件的表面精整和去毛刺，毛刺的高度不能超过 0. 1mm，例如轴承、轴瓦、液压泵齿轮、阀体内腔和精密偶件修复后的抛光及去毛刺。采用该方法效率高、质量好，棱边倒角可控制在 0. 01mm 以下。例如用磁力研磨抛光圆柱形阶梯零件时，该方法可将棱边上 20 ~ 30μm 高度的毛刺在几分钟内除去，研磨成的棱边圆角半径为 0. 01mm。这是其他方法无法或者很难实现的。

参 考 文 献

［1］朱胜，姚巨坤．再制造技术与工艺［M］．北京：机械工业出版社，2011.
［2］中国机械工程学会．中国机械工程技术路线图［M］．2 版．北京：中国科学技术出版社，2016.
［3］中国机械工程学会再制造工程分会．再制造技术路线图［M］．北京：中国科学技术出版社，2016.
［4］姚巨坤，崔培枝．再制造加工及其机械加工方法［J］．新技术新工艺，2009（5）：1-3.
［5］张耀辉．装备维修技术［M］．北京：国防工业出版社，2008.
［6］朱胜，姚巨坤．电刷镀再制造工艺技术［J］．新技术新工艺，2009（6）：1-3.
［7］朱胜，姚巨坤．热喷涂再制造工艺技术［J］．新技术新工艺，2009（7）：1-3.
［8］朱胜，姚巨坤．激光再制造工艺技术［J］．新技术新工艺，2009（8）：1-3.

第6章

绿色再制造后处理技术

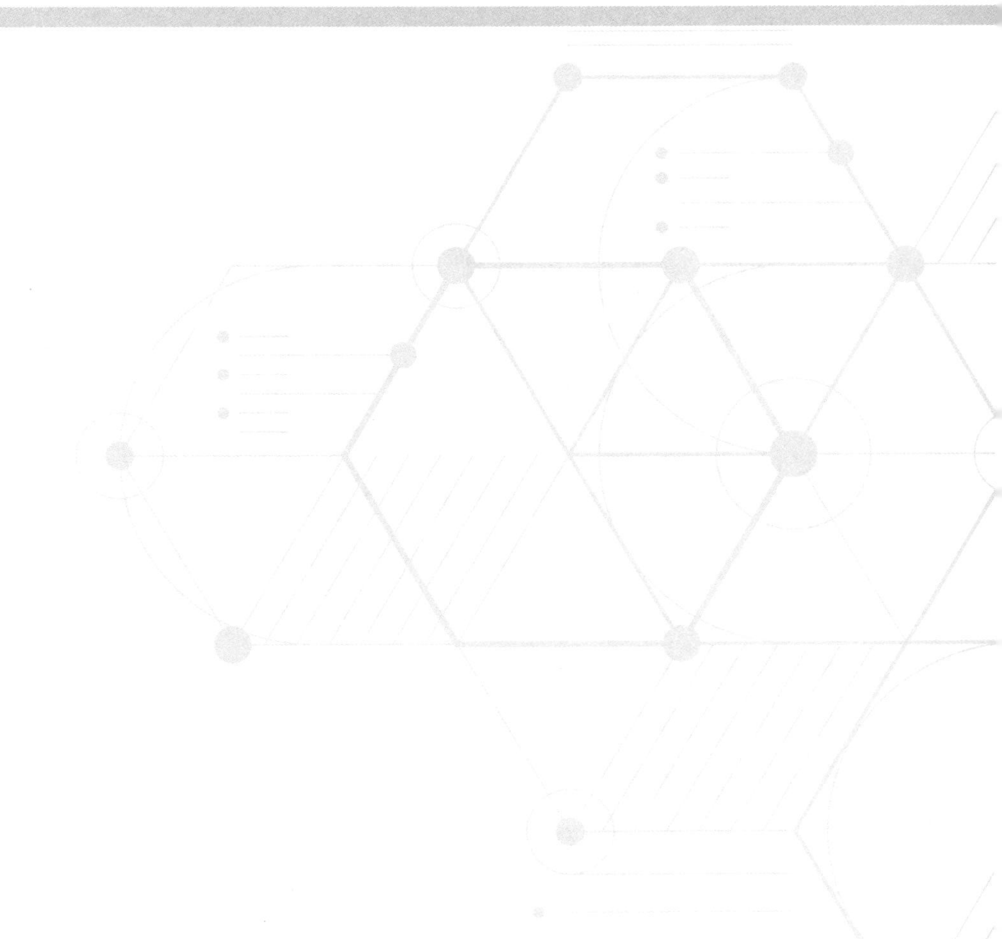

6.1 再制造产品磨合与试验的技术与工艺

6.1.1 基本概念

经过装配获得的再制造产品，在投入正常使用之前一般要进行磨合与试验，以保证再制造产品的使用质量。

再制造磨合是指再制造产品装配之后，通过一段时间的运转，使相互配合的零部件间关系趋于稳定，主要是指配合零件在摩擦初期，表面几何形状和材料表层物理力学性能的变化过程。它通常表现为摩擦条件不变时，摩擦力、磨损率和温度的降低，并趋于稳定值（最小值）。其目的是：发现再制造加工和装配中的缺陷并及时加以排除；改善配合零件的表面质量，使其能承受额定的载荷；减少初始阶段的磨损量，保证正常的配合关系，延长产品的使用寿命；在磨合和试验中调整各机构，使零部件之间相互协调工作，得到最佳动力性和经济性。

磨合的初期，摩擦副处于边界摩擦或混合摩擦状态。为了防止磨合中擦伤、胶合、咬死的发生以及提高磨合质量，缩短磨合时间，还可采用磨损类型转化的方法，将严重的黏着磨损转化为轻微的腐蚀磨损或研磨磨损。例如根据金属表面与周围介质相互作用可以改变表面性能的现象，在磨合用的润滑油中加入硫化添加剂、氯化添加剂、磷化添加剂或聚合物（如聚乙烯、聚四氟乙烯等），这些添加剂在一定的条件下与表面金属起作用，生成硫化物、磷化物或其他物质，它们都是易剪切的。又如在发动机磨合时，可以在燃油中加入油酸铬，使燃油燃烧后能生成细小颗粒的氧化铬。氧化铬对摩擦表面起研磨抛光作用，因此可抑制严重黏着磨损的发生和缩短磨合时间。

再制造产品试验是指对再制造后生成的产品或其零部件的特性，按照试验规范进行的操作试验或测定，并将结果与再制造设计中所规定的要求进行比较，以检验再制造零部件质量的活动。再制造试验应遵守再制造生产的技术文件，按再制造标准试验规范进行。试验规范是试验时通常规定的试验条件（如温度、湿度等）、试验方法（包括样品准备、操作程序和结果处理）和试验用仪器、试剂等。根据规范进行试验，所得结果与原定标准相互比较，可以评定被试对象的质量和性能，再制造产品试验合格后才能转入下一工序。

6.1.2 磨合的影响因素

1. 负荷和速度

负荷、速度以及负荷和速度的组合对磨合质量和磨合时间影响很大。在磨合一开始，摩擦表面薄层的塑性变形部分随负荷的增加而增加，使总功率、发热量和能量消耗随之增加。试验研究表明，对一定的摩擦副，当其承受的负荷不超过临界值时，表面粗糙度值减小，表面质量得到改善；当超过临界值时，摩擦表面将变得粗糙，摩擦因数和磨损率都将提高。速度是影响摩擦表面发热和润滑过程的重要参数。因此，初始速度不能太高，但也不可过低，终止速度应接近正常工作时的速度。

2. 磨合前零件表面的状态

零件表面状态主要指零件表面的表面粗糙度和物理力学性质，磨合前零件表面粗糙度对磨合质量会产生直接影响。在一定的表面粗糙度下，粗糙不平的两个表面只能在轮廓的峰顶接触，在两表面间有相对运动时，由于实际接触面积小，易于磨损掉。同时，磨合过程中轻微的磨痕有助于保持油膜，改善润滑状况。当零件表面粗糙度值过大时，在规定的初始磨合规范下，形成了大量、较深的划痕或擦伤，其后的整个磨合过程都不易将这些过量磨损消除。要达到预期磨合质量标准，就需延长磨合时间，增大磨损量，结果使组件的配合间隙增大，影响了正常工作，还缩短了使用寿命。相反，如果零件表面粗糙度值过小，则因为表面过于光滑，表面金属不易磨掉，同时，由于表面贮油性能差，可能发生黏着，加剧磨损。

在磨合过程中，表面粗糙度不断变化并趋于某一稳定值，即平衡表面粗糙度。平衡表面粗糙度是该摩擦条件下的最佳表面粗糙度，与之相对应的磨损率最低，摩擦因数最小。平衡表面粗糙度与原始表面粗糙度无关，是磨合的重要规律之一。虽然原始表面粗糙度不影响平衡表面粗糙度，但它影响磨合的持续时间和磨合时的磨损量。因此，使零件表面的原始微观几何形状接近于正常使用条件下的微观几何形状就可以大大缩短磨合时间，节省能源。

3. 润滑油的性质

与磨合质量直接有关的润滑油的性质是油性、导热性和黏度。油性是润滑油在金属表面上的附着能力，油性好，能减少磨合过程中金属直接接触的机会，减轻接触的程度。导热性是油的散热性，散热性好可以降低金属的温度，减轻热黏着磨损的程度或防止其产生，同时散热性好可以减少或避免润滑油的汽化。黏度影响液体流动的性质，黏度低的油流动性好，油能浸入较窄的裂纹中起到润滑和冷却作用，带走磨屑，降低零件表面的温度。

在磨合期，摩擦力大，摩擦表面温度高，磨损产物多，因此对润滑油的要求是流动性好，散热能力强。为了减小磨合到平衡表面粗糙度时的磨损量，防止零件表面在磨合中擦伤，润滑油还必须具有较强的形成边界膜（吸附膜和反应膜）的能力。

6.1.3 再制造产品整装试验

再制造产品整装试验的主要任务是检查总装配的质量，各零、部件之间的协调配合工作关系，并进行相互连接的局部调整。整装试验一般包括试运转、空载运转及负载试运转三部分。

1. 试运转

试运转的目的是综合检验产品的运转质量，发现和消除产品在再制造中存在的缺陷，并进行初步磨合，使产品达到规定的技术性能，工作在最佳的运行状态。产品试运转工作对产品正常运转的质量有着决定性的影响，应引起高度重视。

为了防止产品的隐蔽缺陷在试运转中造成重大事故，试运转之前应依据使用维护说明书或试验规范对设备进行较全面的检查、调整和冷却润滑剂的添加。同时，试运转必须遵守先单机后联机、先空载后负载、先局部后全体、先低速后高速、先短时后长时的原则。

2. 空载运转

空载运转是为了检查产品各个部分相互连接的正确性和进行磨合。通常是先做调整试运转再进行连续空载试运转。其目的在于揭露和消除产品存在的某些隐蔽缺陷。

产品起动前必须严格清除现场一切遗漏的工具和杂物，特别是要检查产品旋转机件附近是否有散落的零件、工具及杂物等；检查紧固件有无松动；对各润滑点，应根据规定按质按量地加注相应类型的润滑油或润滑脂；检查供油、供水、供电、供气系统和安全装置等工作是否正常，并设置必要的警告标识，尤其是高速旋转，内含高压、高温液体的部件或位置，必要时应设置防护装置，防止出现意想不到的事故伤及人身。只有确认产品完好无疑时，才允许进行运转。

经调整试运转正常后，开始连续空载试运转。连续空载试运转在于进一步试验各连接部分的工作性能和磨合有相对运动的配合表面。连续空载试运转的试验时间，应根据所试验的产品或设备的使用制度确定，周期停车和短时工作的设备可短些，长期连续工作的设备或产品可长些，最少不少于2h。对于精密配合的重要设备，有的需要空载连续运转达10h。若在连续试运转中发生故障，经中间停车处理，仍须重新连续运转达到最低规定时间的要求。空载试运转期间，必须检查摩擦组合的润滑和发热情况，运转是否平稳，有无异常的噪声和振动，各连接部分的密封或紧固性能等。若有失常现象，应立即停车检查并加以排除。

3. 负载试运转

负载试运转是为了确定产品或设备的承载能力和工作性能指标，应在连续空载试运转合格后进行。负载试运转应以额定速度从小载荷开始，如果运转正常，再逐步加大载荷，最后达到额定载荷。对于一些设备，为达到其在规定的载荷条件下能够长期有效地工作，负载试运转时，会要求超载10%，甚至超载25%的条件下试运转。当在额定载荷下试运转时，应检查产品或设备能否达到正常工作的主要性能指标，如动力消耗、机械效率、工作速度、生产率等。

负载试运转中维护检查的内容和要求，与空载试运转相同，发现故障必须立即消除。负载试运转过程中可能产生的故障有以下几个方面：

1）密封性不良：如动力、润滑、冷却系统有漏油、漏气、漏水等现象。

2）配合表面工作性能不良：如出现噪声、振动、过热、松动、卡紧、动作不均匀等。

3）工作中断：如配合表面或运动机构被卡住、机件损坏、动力系统不能正常工作、各种指示和监测仪表没有读数或读数不正常等。

4）综合性能低：如承载能力不足、运转速度过低、动力消耗太大、油料消耗异常等。

6.1.4 再制造产品磨合与试验系统

再制造产品试验系统是实现试验的必要条件，其技术性能、可靠性水平、操作性等决定着能否达到试验规范的要求，决定着能否实现试验的目的，最终决定再制造产品的质量。因此，再制造产品试验系统在保证再制造质量方面具有重要意义。

1. 磨合与试验系统的基本要求

1）符合磨合与试验规范的要求，达到质量控制的目的。

2）磨合与试验检测参数要合理，数据可靠，显示直观，可对试验过程各参数进行记录，有利于对再制造质量进行分析。

3）加强对试验过程进行控制，可对试验中出现的异常现象进行报警提示。

4）根据试验时测取的参数生成试验结果，并可方便地保存、查询和打印。

5）试验系统要技术先进，为进一步开发留有接口。

选择与研制再制造产品的试验设备应考虑的主要因素有设备的适应性、对再制造质量的保证程度、生产效率、生产安全性、经济性及对环境的影响等方面。

2. 磨合与试验系统的一般构成

再制造产品及其零部件的磨合与试验系统通常由机械平台部分、动力及电气控制系统和数据采集、处理及显示系统三部分构成。

1）机械平台部分。通常由底座、动力传动装置、操纵装置、支架等构成，主要完成各被试件的支承、动力的传递，以及在试验过程中对被试件的操控。

2）动力及电气控制系统。通常由电动机（常用动力源）、电动机控制装置、电气保护装置等组成，主要为试验提供动力，完成试验系统的通断控制、电力分配、过载保护控制、电动机控制等主要功能。

3）数据采集、处理及显示系统。主要由信息采集装置（传感器）、信号预处理装置（放大器、滤波器）、数据采集及处理系统等组成，通过多种类型的传感器，实现多种被测参数的采集，通过放大、滤波等预处理转换为可采集的标准信号。通过数据采集，实现信号的模数转换，经数字滤波和标定后，由计算机或仪表进行显示。

6.1.5 典型再制造产品及零部件的磨合与试验

1. 再制造发动机的磨合

新装配的再制造发动机，各配合零件的摩擦表面尽管具有应有的表面粗糙度，但是微观仍然是不平的。当未磨合件承受较大压力时，零件表面的凹凸不平将相互嵌入，在相对运动中相互切削，甚至因局部高温相互熔着拉伤，造成零件较大的磨损。另外，零件加工和装配的误差，可能造成零件配合副间实际接触面积的减小，使接触面单位压力过高，造成磨损，甚至使摩擦面破坏。因此，新装配的再制造发动机不能立即投入工作，必须按照新机生产标准进行磨合。图 6-1 所示为发动机气缸套表面磨合前后轮廓图。图 6-2 所示为气缸套表面在不同的磨合阶段支承面积曲线变化的情况。从图中可看出，经正确的磨合后，表面粗糙度值减小了，在表面轮廓某一深度处，支承面积增加了，扩大了配合零件液体润滑工作的范围。

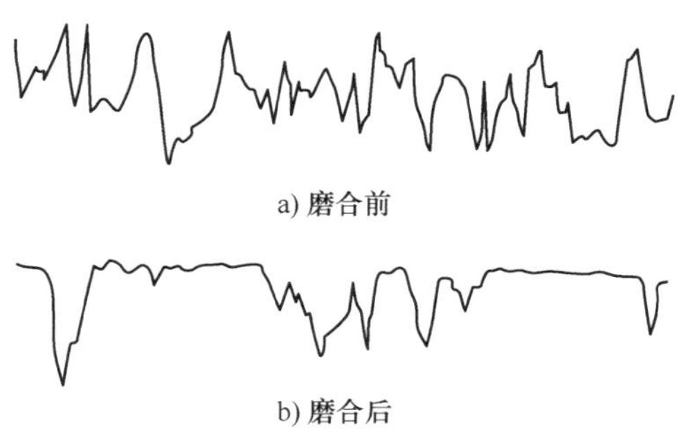

图 6-1 气缸套表面磨合前后轮廓图
（竖直放大 1000 倍，水平放大 250 倍）

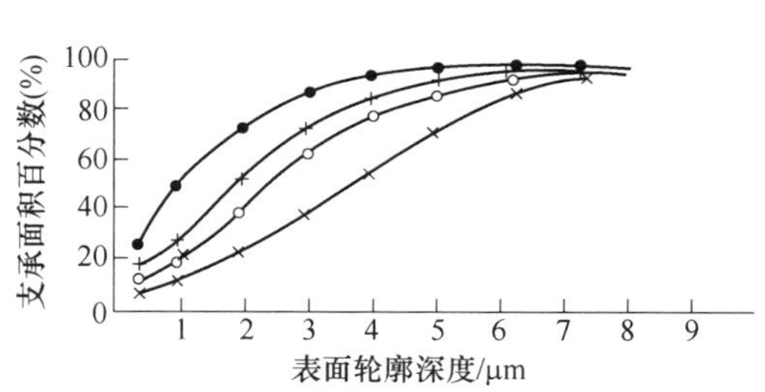

图 6-2 气缸套表面在不同磨合阶段的支承面积曲线

●—● 30h　+—+ 90min　○—○ 15min　×—× 0min

影响磨合质量的主要因素有磨合规范、磨合前零件表面状态和磨合用润滑油的性质，这些因素是相互联系的，并且主要通过摩擦时接触点的温升和与之有关的各种物理化学变化来影响磨合过程。可参考以下内容来选择磨合规范。

（1）发动机磨合规范的选择　磨合规范是指磨合时的负荷、曲轴转速和每阶段的磨合时间。

1）磨合规范的选择方法。磨合规范的选择方法有三种，分别是根据摩擦功率变化曲线、曲轴转速的变化曲线和磨损量曲线来选择，如图6-3所示。其中最常用的是磨损量曲线。

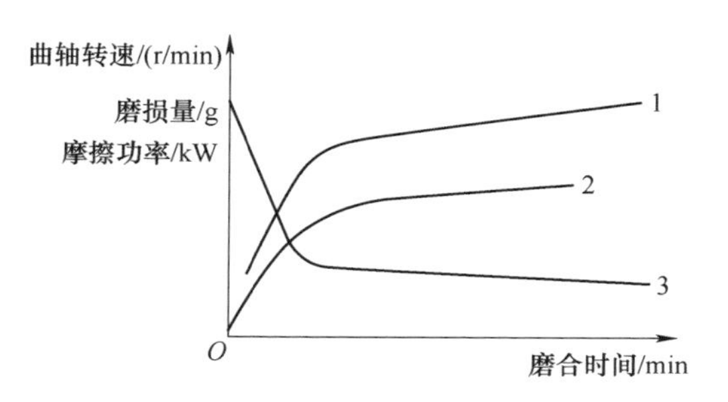

图6-3　影响磨合规范的参数变化曲线

1—曲轴转速　2—磨损量　3—摩擦功率

摩擦功率的变化可以在测功机上测得。发动机在磨合过程中，根据各级规范或经过一定时间，在规定的曲轴转速、发动机温度及其他有影响的试验条件下，测定摩擦功率，绘制曲线，并根据曲线的变化选择规范。

曲轴转速变化曲线是在发动机磨合过程中获得的。磨合中，根据各级规范或经过一定时间，将节气门开到一定的位置，这样就可以测得在固定供油量的情况下，曲轴空转转速的变化曲线。转速的自然上升，是因为摩擦功率减小的缘故。

磨损量曲线的绘制，是根据发动机在磨合过程中，润滑油中铁含量的增加，计算出发动机在磨合过程中总的磨损量。

2）磨合时的负荷选择。磨合时的负荷应从无到有、从小到大逐渐增加，初负荷、终负荷及负荷增长系数都要通过试验获得。其原则是：始终维持一定的负荷以使有效负荷值大致等于摩擦副的承载能力。初负荷的大小根据在摩擦副真实接触面积上实际应力接近弹性极限的条件选取。由于机械设备的功能和工作条件不同，磨合终止负荷可按正常使用负荷的50%～100%选取，负荷增长系数为1.1～1.3。

3）磨合时的转速选择。在一定的负荷作用下，磨合的转速增加，就会加重表面微凸体间的冲击作用，摩擦发热也加剧，润滑效果差，从而引起剧烈磨损。所以要在合适的较低转速下开始磨合，随着表面微凸体逐渐磨平，逐渐提高转速，直至额定转速。终止转速应接近机械正常工作时的速度。

4）磨合时的时间选择。在一定转速与负荷的情况下，磨合时间主要取决于零件配合表面磨损量的变化。当零件表面已能适应某一级磨合规范时，磨损量变化趋于稳定，处于磨损曲线的正常磨损开始阶段，如果继续磨合只能增加磨合时间，不能提高磨合质量，此时磨合应转入下一级的磨合。

目前，发动机磨合时，一般采用低黏度的润滑油，常用的润滑油是2号和3

号锭子油，6 号或 10 号车用机油中加入体积分数为 15% ~20% 的煤油或轻柴油。采用哪种润滑油取决于发动机的类型，应根据使用说明书的要求确定。

按照负荷和速度逐渐增加的原则以及负荷和速度的组合情况，发动机磨合分为冷磨合和热磨合两个阶段。

（2）发动机的冷磨合　柴油机冷磨合时，一般不安装气缸盖，主要是对重要的摩擦副，如活塞环与气缸内壁、曲轴轴颈与轴承等部件进行磨合。冷磨合时，需加注黏度较小的润滑油，不但易于冲刷掉磨下来的金属屑，还能使摩擦表面得到较好的冷却。磨合时可在普通润滑油中加入体积分数为 15% 的柴油，油面的高度可比正常使用时的油面高度稍高一点，以使润滑油更好地润滑气缸内壁和冲刷金属屑。在冷磨合前还应向各气缸内壁与活塞环之间分别注入 30g 左右的润滑油，以防止活塞与气缸内壁之间产生干摩擦。

冷磨合的时间和转速应根据发动机的状况及所用的润滑油黏度来选择。采用低黏度润滑油可缩短磨合时间，一般冷磨合时间为 2 ~4h。冷磨合的关键是如何正确选取转速，特别是开始磨合时的转速，起始转速不能太低，也不能太高，选取的原则是能保证润滑油可靠地供至所有摩擦表面即可。对于汽车发动机冷磨合的开始转速一般选为 600r/min，在这个转速下，可以保证主要摩擦表面工作时供给可靠的润滑油，并能在较短的时间内完成磨合，且磨损量最小。根据试验，发动机磨合时的初始转速一般为（0.2 ~0.25）n_e（n_e 为额定转速）。结束转速一般为（0.4 ~0.55）n_e。转速的调节应采用有级调节，每级磨合规范的间距为 200 ~400r/min。

冷磨合时间的确定是以各个规范的磨损量曲线来评定的。图 6-4 所示为在不同转速下的磨合曲线。从图 6-4 中可以看出，各个转速下的磨合曲线开始时，磨损速度较快，如图中 *OA*、*BC* 等；而后磨损速度趋于平稳，即表示磨合作用减小，继续磨合只能增加磨损量和时间，不能提高磨合质量。因此，磨合时间为 *OA*、*BC*、*DE* 和 *FG* 的总和，使摩擦表面基本定型，具有了承载的能力，并对继续磨合及使用过程中的磨损起着重要的影响。

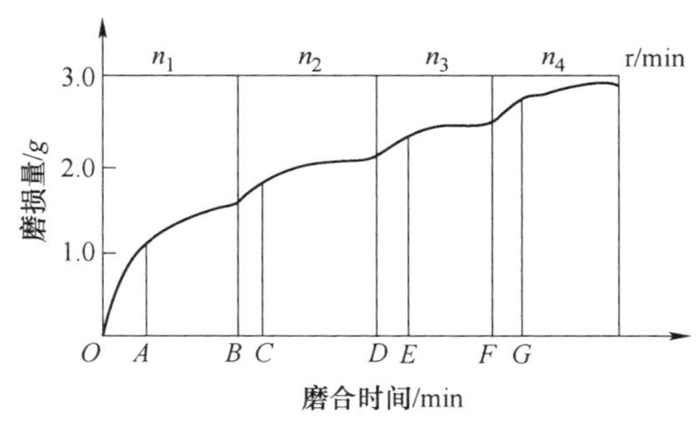

图 6-4　发动机的冷磨合曲线

冷磨合过程中应进行各机构的工作情况、振动、异响、漏油和漏水等故障检查，发现问题及时排除。同时，在发动机转速为 200r/min 的运转情况下，检查各缸的气缸压力，压力值应符合技术规定。冷磨以后的发动机，应放出全部润滑油，加入清洗油（90% 柴油和 10% 车用润滑油），转动约 5min，然后放出，以清洗各油道，或将各主要零件拆下，进行清洗和检查。

（3）发动机的热磨合　发动机经过冷磨合后，装上全部附件进行热磨合。热磨合又分为无负载热磨合和有负载热磨合。无负载热磨合就是柴油机起动后以不同的转速进行空载磨合；而有负载热磨合就是柴油机达到规定的转速后，加上不同的负载进行磨合。在热磨合前要向油底壳内加注柴油机正常工作时所用的润滑油。

1）无负载热磨合。无负载热磨合是在冷磨合的基础上进行的，磨合时，先使发动机以较低转速（600～1000r/min）运转约60min。如果在此段运转中发现发动机本身阻力大，应及时停机检查。然后以正常温度用不同转速进行磨合。无负载热磨合的起始转速应大致与冷磨合终止转速相同，终止转速不能太高，一般取（0.55～0.85）n_e。在磨合过程中，要注意检查各摩擦件的发热情况，保证水温为75～90℃，润滑油温度为70～80℃，并观察此时发动机有无异常现象。

热磨合后仍需要检查发动机气缸压力。检查气缸压力应在发动机正常水温时，以起动电动机带动发动机转动，转速不低于200r/min（应拆除全部火花塞或喷油嘴），用气缸压力表逐缸检查，发动机气缸压力应符合规定，各缸压力差不应超过规定气缸压力的10%。

2）有负载热磨合。发动机经过冷磨合及无负载热磨合后，再进行有负载热磨合。有负载热磨合不但可以进一步在有负荷下磨合和检查发动机再制造后的功率恢复情况，还可以发现发动机因再制造不当而发生的某些再制造后关联故障，这些故障往往是在无负载磨合时不易或不能发现的。

有负载热磨合应在测功机上进行，这样既可使发动机在不同转速、不同负载条件下进行运转，也可以通过测功机测试发动机总装配后的性能情况。柴油机有负载热磨合规范见表6-1。

表6-1　柴油机有负载热磨合规范

阶段	负载率（%）	时间/min	转速	
			额定转速为1000r/min的柴油机	额定转速为1500r/min的柴油机
1	25	30	转速应在975r/min以上	转速应在1475r/min以上
2	50	30		
3	75	60		
4	100	90	将柴油机转速调至1000r/min，当负载变化时转速应符合调整率要求	将柴油机转速调至1000r/min，当负载变化时转速应符合调整率要求
5	110	5		
6	100	30		
7	75	20		
8	25	10		

注：第4、5两个磨合阶段必须连续进行。

有负载热磨合规范的制定主要是合理地组合转速（n）和功率（P_e）。组合方法很多，试验表明功率和转速的组合与调节应为直线关系、有级调节。如图 6-5 所示，图中，BC 为发动机的功率特性曲线；B' 和 C' 相应为有负载热磨合的起始点和终止点，它们的坐标就是起始速度、起始负载和终止速度、终止负载。连接 $B'C'$，再按相应的转速间距在图上确定每级磨合规范中的负载。有负载热磨合最低起始转速应保证发动机主油道有足够的润滑油压力，一般取（0.4 ~ 0.5）n_e，起始负载为（10% ~ 20%）P_e，此值大约等于发动机的机械损失功率。终止转速，汽油机为 0.8n_e，柴油机为 n_e；终止负载为（80% ~ 100%）P_e，对柴油机推荐为 80% P_e。发动机的形式、种类、应用场合很多，因此，一般磨合规范随机型技术特性而定。一般载货汽车发动机是从中速（1000r/min）开始，通过测功机加载额定功率的 10% ~ 15%（轻型汽车发动机加载 5% ~ 10%），并以每 200r/min 为一级递增至标定最高转速的 60% 左右（轻型汽车发动机为 50% 左右），每级磨合时间 30 ~ 45min，总计不得少于 3h。如果配合较紧，最好进行 12h 左右的有负载热磨合。

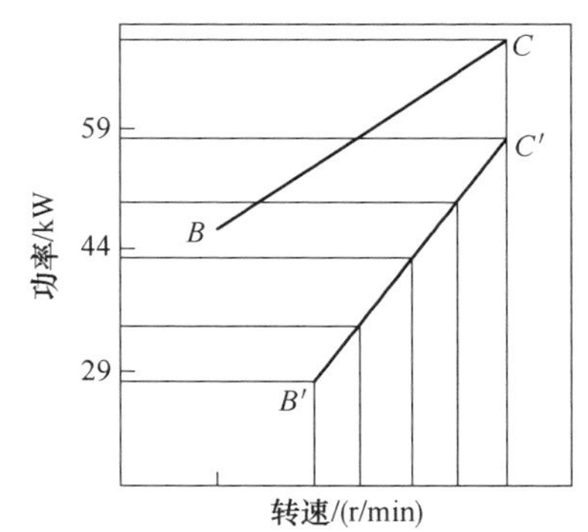

图 6-5　确定发动机有负载热磨合规范的原则

在各个磨合阶段的初期，摩擦力矩、磨损率和温度都较高，随着磨合的进行而稳定于某一最小值。因此，可根据它们随时间的变化趋势，判断该阶段的磨合是否结束，结束后应及时转入下一阶段的磨合，直至全部磨合过程完成。在进行磨合时，常采用测定润滑油中的铁含量、摩擦力、功率和耗油率、润滑油的温度、曲轴箱漏气量等的变化来判断磨合的进程是否完成。

有负载热磨合最好在测功机上进行，这样既可使发动机在不同转速、不同负载下进行运转，也可以通过测功机测试发动机再制造后性能的恢复情况。但应注意，磨合期内发动机不能做满负载试验，以防损坏发动机。

目前，我国大部分车辆用发动机（如汽车、拖拉机等）的磨合分出厂磨合和使用磨合，各厂家都给出了相应的磨合规范。由于机器结构特点，设计、制造水平，零件表面状态和磨合用油等的差别以及具体情况不同，各种类型的发动机磨合规范差别很大。有的不进行冷磨合，有的只进行有负载热磨合。正确的规范应保证配合副以最小的磨损量和最少的耗费，形成能承受使用载荷的最佳工作表面质量。我国再制造企业可参照制造厂的出厂磨合规范进行。

2. 再制造离合器类部件试验

离合器类部件由于其特殊的工作性质，通常进行分离、接合与打滑性能的试验，以检验其工作可靠性和稳定性。一般装甲车辆机械传动部分中常见的离合器类部件有三种，即主离合器、闭锁离合器（或转向离合器）和风扇离合器，都具有类似的摩擦片式结构，能实现离、合、滑的功能。以下结合实际部件试验要求分别介绍离合器类部件的试验。

（1）主离合器试验　该试验通常在试验台架上，并且使离合器处于半分离的状态下进行试验。可以通过测量压板的工作行程来确定被试主离合器是否处于半分离状态，具体的行程数值可参考不同设备的试验要求。试验时的主离合器转速可设定在该装备发动机额定转速的 75% ~85%，试验时间一般为 20 ~30min，此时在主离合器齿圈上测量主离合器的最大径向摆差不得大于 0.4mm，在齿圈的端面测量主离合器的最大端面摆差不得大于 0.8mm（在主离合器分离时测量）。试验过程中要求主离合器中的轴承温度不应超过 85℃，离合器中的各零部件在试验中不应有不正常的响声。

试验结束后，应注意检查其功能情况，主离合器应能自如地进行分离，不得出现卡滞现象，当主离合器完全分离时，主动鼓应能用手灵活转动；转动分离的主离合器，在活动盘拉臂销子端面处测量，其端面摆差应不大于 0.3mm；然后测量主离合器的压板行程，应为 7 ~8mm。

（2）转向离合器（或闭锁离合器）试验　该试验分为在不完全分离状态下试验和完全接合状态下试验两部分。在不完全分离状态下试验时，试验压板行程约为实际工作压板行程的 1/2。试验过程中，运转时不允许有杂声、敲击声等各种不正常的响声，轴承的温度不应超过 85℃；分离与接合过程应灵活而无卡滞现象，完全分离时，制动鼓用手应能自由转动；在活动盘与制动鼓处不得甩油，但允许有轻微的渗油。试验后，应检查压板行程是否符合规定，被动鼓外圆柱面的径向圆跳动量不得大于 0.5mm，轴向圆跳动量不得大于 0.5mm（沿 170mm 半径处测量）。试验停止 4 ~5min 后，检查油量。试验后，重新紧固所有外部螺栓并锁紧。

转向离合器试验通常安装在变速器上与其一起进行。在不完全分离状态下试验时，主动鼓的转速为 900 ~1100r/min，每隔 7 ~9min 应使制动鼓制动 4 ~5min，试验时间为 20 ~30min；在完全接合状态下试验时，在主动鼓转速为 900 ~1000r/min 时运转 4 ~5min，在主动鼓转速为 2000 ~2200r/min 时运转 10 ~15min。

闭锁离合器作为行星转向机的一部分，通常一起试验。试验转速应为发动机额定转速的 1/2，试验压板行程为工作压板行程的 1/2。试验按以下顺序进行：行星转向机空转 2 ~3min→小制动鼓制动 15min→大制动鼓制动 4 ~5min→小制动鼓制动 10min→大制动鼓制动 4 ~5min→小制动鼓制动 10min。试验中，只有在闭锁离合器分离时，大、小制动鼓才能制动，但不允许同时制动，各接合处、密封处不得甩油。抱紧小制动鼓时，大制动鼓应能用手自如转动。

（3）风扇离合器试验　风扇离合器是装甲车辆冷却系统的重要机件，既起到传递动力的作用，又在转速急剧变化时起分离作用，防止风扇传动装置零件因过载而损坏。风扇离合器的试验主要是检查打滑力矩是否符合要求，否则进行磨合或调整。不同设备风扇离合器的打滑力矩数值不同，但试验方法相同。当打滑力矩不正确时，可将风扇离合器安装在试验台上进行研磨，研磨时转速为60～75r/min，每隔5～10min一次，每次研磨后，待风扇离合器温度降至常温后再检查打滑力矩。如果此时打滑力矩过大，则应将风扇分解，擦拭干净，并按规定工艺装配后再次检查；如果打滑力矩过小，需再次研磨，直至合格为止。

3. 再制造箱体类部件的试验

箱体类部件是各类产品、机械系统内重要部件，主要具有传递动力的作用，其再制造质量或装配质量对整车或整机的性能影响重大。因此，箱体类部件的试验是产品再制造工作中的一项很重要的内容。

对于箱体类部件的试验，试验前应进行必要的检查，以确定是否有影响部件运行的障碍或问题，防止发生事故。主要的检查内容有：

1）所有螺母、螺栓是否拧紧并可靠地锁紧。

2）各旋转件应能无干涉、自如地旋转，各执行控制机构工作正常，如变速器试验时，应检查挂档和退档机构是否工作可靠。

3）箱体内润滑油类型、数量、质量应符合标准，各润滑点润滑可靠。

试验时，转速（负载）应从低到高，时间由短至长，并应有随时使试验停止的措施或准备。对于变速器类部件，其各档均应进行试验。一般要从空档开始，试运转5～10min，然后按先前进档后倒档的顺序每档试验6～10min，前进档由低档至高档逐档递增。换档期间，每次均应在空档上工作2～3min。在空档时，允许运转时主轴有轻微的转动，但用双手之力应能使其制动，并能反方向旋转。

箱体类部件中齿轮工作时，不应有断续的杂声、撞击声和振动；箱体接合面和动力输入或输出轴等密封装置处均不得漏油；试验过程中，润滑油温度不得超过80℃，且不允许有局部过热现象。试验完毕后应放出箱体内的全部润滑油，然后加入新润滑油；再次紧固所有的外部螺栓和螺母，并锁紧。

对于采用液压变速操纵装置的变速器部件，除要进行以上项目的检查试验外，还应注意对液压系统的试验。

6.2 再制造产品涂装技术与工艺

6.2.1 概述

再制造产品经磨合与试验后，合格产品要进行喷涂包装，通常是进行油漆涂装。再制造产品的油漆涂装是指将油漆涂料涂覆于再制造产品表面形成特定涂层的过程。再制造产品油漆涂装的作用主要可分为保护作用、装饰作用、色彩标志作用和特殊防护作用四种。

用于油漆涂装的涂料是由多种原料混合制成的，每个产品所用原料的品种和数量各不相同，根据它们的性能和作用，综合起来可分为主要成膜物质、次要成膜物质和辅助成膜物质三个部分。主要成膜物质是构成涂料的基础，指涂料中所用的各种油料和树脂，它可以单独成膜，也可与颜料等物质共同成膜。次要成膜物质指涂料中的各种颜料和增韧剂，其作用是构成漆膜色彩，增强漆膜硬度，隔绝紫外线的破坏，提高耐久性能。增韧剂是增强漆膜韧性，防止漆膜发脆，延长漆膜寿命的一种材料。辅助成膜物质指涂料中的各种溶剂和助剂，它不能单独成膜，只对涂料在成膜过程中的涂膜性能起辅助促进作用，按其作用不同分为催干剂、润湿剂、悬浮剂等，一般用量不大。溶剂在涂料（粉末涂料除外）中占的比例较大，但在涂料成膜后即全部挥发，故称为挥发分。留在物面上不挥发的油料（油脂）、树脂、颜料和助剂，总称为涂料的固体分，即“漆膜”。

根据涂装的目的和要求的不同，通常产品的涂层由多道涂层组成，其中包括底漆、腻子、面漆、罩光等。底漆层是与被涂工件基体直接接触的最下层的漆层。底漆层的作用是强化涂层与基体之间的附着力，并发挥防锈颜料的缓蚀作用，提高涂层的防护性能。对于粗糙不平的基体，通常涂一层腻子，以提高装饰性，腻子层涂在底漆层之上，面漆层在底漆（或腻子）层之上，其主要作用是提高装饰性，同时，也具有一定的耐蚀性和耐磨性。面漆层决定了工件的基本色彩，使涂层丰满美观；罩光层是涂层的最外层，主要目的是增加产品的光泽，通常用于光泽要求高的高级涂层。

6.2.2 涂装工具设备

涂装工具是提高涂装工效和质量的重要手段，只有工具齐全、品质优良，才能使涂装施工速度快、效率高、质量好。油漆涂装使用的工具种类很多，按用途可分为以下几类。

（1）清理工具　常用清理工具有钢丝刷、扁铲、钢刮刀、钢铲刀、嵌刀、錾刀、敲锤等，其中钢丝刷、扁铲、钢刮刀、钢铲刀及敲锤，可用于金属基层表面锈蚀、焊渣以及旧漆的清除。

（2）刷涂工具　常用刷涂工具有猪鬃刷（毛刷）、羊毛刷（羊毛排笔）、鬃毛刷等。

（3）刮涂工具　刮涂工具按用途可分为木柄刮刀（简称刮刀或批刀）、钢片刮板、铜片刮板、木刮板、骨刮板、橡胶刮板等。

（4）喷涂工具　喷涂工具主要指手工喷枪，市场上出售的有进口喷枪和国产喷枪。同时，还需备有压缩空气机、空气滤清器等设备，以及相应的通风设施。

（5）擦涂工具　擦涂工具主要指擦涂用的各种干净布等。

（6）修饰工具　常用的修饰工具主要有大画笔、小画笔及毛笔等。

6.2.3　油漆涂装工艺

再制造油漆涂装质量的好坏直接影响涂层性能的优劣，对涂层的作用有直接影响。决定涂装质量有三个要素：涂料体系、涂装技术（方法、工艺、涂装设备及环境）和涂装管理。这三者互相联系、互相影响，共同保证涂装效果。适当的涂料体系是整个涂装工作的前提，涂装工艺的设计是基础，而精心的操作和管理则是根本保证。

1. 涂料选择

为使涂层具有所需的保护性和装饰性，必须正确地选择涂层体系，即正确地选择底漆、中间涂层（或刮腻子）和面漆用的配套品种。在选择涂料时，必须遵循下列原则：

1）颜色、外观和漆膜机械强度应满足产品设计要求。

2）涂料与被涂表面应具有优良的附着力，在多层涂装场合，各涂层间应具有良好的结合力，并且应该相互增强。如在选择底漆材料时，底漆对被涂底材应具有优良的附着力，与中间涂层或面漆之间应有良好的结合力。同时，还应注意底漆对底材不能产生副作用，如铝制件的底漆应采用铬酸锌系颜料，若错用铅系颜料，则不仅起不到防止腐蚀作用，反而会导致底材的腐蚀。

3）注意各涂层的硬度和烘干方式配套。例如底漆硬度与面漆硬度应相仿或略高；在烘烤型涂装场合，底漆烘干温度（或耐温性）应高于面漆烘干温度或相仿。

4）所选用涂料的干燥性能、涂装性能等应与所具备的涂装条件相适应，在综合平衡的前提下应尽可能选用低温烘干型涂料。

5）要考虑所要求的漆膜性能和经济效益，选用在价值工程计算中功能值高的涂料，应注意漆膜性能与材料价格之间的合理性。考虑漆膜对产品的商品性影响，如果所选用的涂料质量低，可能引起涂层的早期损坏而返修，这就给用户和社会造成更大的浪费，尤其是修补涂装费用远远超过涂料的费用，因此，采用贵一点、质量好的漆膜会具有更好的经济效益。

6）尽可能选用毒性小、低污染或无污染的涂料（如水性涂料、粉末涂料、高固体分涂料等），降低再制造过程的环境污染。

2. 涂装方法选择

涂装方法是涂装工艺设计的主要工序之一，选择恰当与否直接影响涂层质量、涂装效率和涂装成本。再制造产品油漆涂装前一般要根据涂料的物理性能、涂装性能和被涂物的类型、大小、形状、生产方式以及对涂层的质量要求、涂装环境和经济条件来选择涂装方法。各种涂装方法、工具和设备见表6-2。

表6-2 涂装方法、工具和设备

分 类	涂装方法	所用的主要工具和装备
手工工具涂装	刷涂、滚刷涂、刮涂、空气喷涂	各种刷子、滚筒刷子、刮刀、喷枪
机动工具涂装	无空气喷涂、热喷涂、滚筒涂装（辊涂）、浸涂	无空气喷涂装置、加热器配喷涂装置、辊涂机、浸涂设备
器械设备涂装	自动喷涂、电泳涂装、粉末涂装	自动喷枪或机械手、电泳涂装设备、各种粉末涂装机

3. 涂装工艺过程

涂装工艺一般根据涂装底材对外观的要求、涂料性能和漆膜性能、施工条件等元素综合确定，它是集中体现涂装设计的最终结果，是施工和技术要求的依据。涂装工艺一般分为三个步骤：涂装前产品基层表面预处理（包括清洗、刷涂、刮涂与打磨等）、涂料涂装过程和涂装质量的控制。

（1）基层表面预处理　基层表面预处理是指彻底除去待涂装表面的锈蚀、污垢等杂物并清洗干净，并对不需涂装的部位加以遮盖的处理过程。基层处理操作的质量高低，不仅影响下道工序的进行，同时对下道工序的施工质量也有不同程度的影响。机械设备的基层处理，多采用机械处理与手工处理两种方式。机械处理法即喷砂除锈法。铸铁工件因表面易残留砂粒，手工处理时应先清除残砂，再用砂布全面打磨光滑，用压缩空气或毛刷清除死角处的积灰。

（2）涂料涂装过程　油漆涂装的最后工序是喷涂或擦涂。喷涂是油漆涂装中最常用的工艺方法，擦涂是油漆涂装行业技能要求较高的手工工艺。目前的喷涂方法主要有立面喷涂、平面喷涂与异形物面喷涂三种操作方法。

立面喷涂即垂直物面喷涂。对这种物面的喷涂，由于喷涂方向与物面垂直，喷涂时易产生流淌或流挂。喷涂立面的技能要求正确掌握好喷涂间距、喷涂角度、移动速度等因素。

平面喷涂较立面喷涂好掌握，厚喷时不存在流淌、流挂现象，喷涂时的视线好，眼睛能随喷枪的移动直视于被喷物面，观察漆膜的厚薄（均匀度），以便及时回枪进行补喷。眼睛要顺光线检查喷后的漆膜情况，若有漏枪（局部漆膜过薄而显示的粗糙面)，要及时补喷均匀。

对异形物面的喷涂，除要控制好适宜的喷涂黏度与喷涂角度外，还应掌握好喷枪的移动速度、压缩空气压力的大小、喷涂使用的涂料种类以及涂层的结构等。通常来说，喷涂异形物面时，操作要灵活机动，快而敏捷，时喷时关，即勤喷涂、勤关枪。对螺栓、圆棱等较多的部位，要勤关枪、少喷涂，以防产生流淌、流挂。喷涂时，要枪到眼到，边喷涂边检查，若有漏喷或露枪（漆膜过薄)，应及时回枪喷涂均匀。喷涂时的气压宜小不宜大，否则喷出的射流量足，易产生流漆或积漆。每件制品喷过后，应及时从上到下，从里到外进行检查。若次要部位出现流漆严重，可待漆膜干后用砂纸或砂布将流漆（流淌或流挂）磨平；若主要部位（主要饰面）出现流漆，则必须用溶剂将流漆擦净，重新喷涂。

（3）涂装质量的控制　涂装质量的控制是贯穿于整个再制造涂装全过程之中的工作。按照涂装过程的设计，首先在涂料选用时就要对涂料的性质进行系统的比较，从而确定适当的涂料体系。与涂装质量紧密相连的工作主要包括涂装前涂料质量的检验、施工时涂料性能的观察控制和涂层性能的测试。

涂料质量的检验一般严格按照所选涂料的性能说明书进行，从涂料的外观、黏度等方面判断是否符合施工要求，这是整个涂装效果符合要求的基础；涂料施工性能的控制包括涂料的流平性、遮盖性、干燥性能、底层与面层的结合性等，这一工作是保证涂装质量必不可少的过程；涂层性能的测试主要是涂层厚度（包括湿膜厚度和干膜厚度)、表面光泽度、表面完整性等的检测，这一工作的重点是涂层的维护，以保证涂层达到最佳性能。

6.3 再制造产品包装技术与工艺

6.3.1 定义及分类

包装是现代产品生产不可分割的一部分，其定义为“为在流通中保护产品、方便储运、促进销售，按一定的技术方法，对所采用的容器、材料和辅助物施加的全部操作活动。”再制造产品的包装是指为了保证再制造产品的原有状态及质量，在运输、流动、交易、贮存及使用中为达到保护产品、方便运输、促进销售的目的，而对再制造产品所采取的一系列技术手段。包装的作用主要有三点：一是保护功能，防止机械损伤、防潮、防霉变、防盐雾等，使产品不受各种外力的损坏；二是便利功能，指便于使用、携带、存放、拆解等；三是销售功能，指能直接吸引需求者的视线，让需求者产生强烈的购买欲，从而达到促销的目的。

包装件一般由设备、内包装、外包装三部分构成。防护措施在内外包装中均可采用，某些情况下，可以直接由外包装及相应的防护包装构成运输包装件。

再制造产品的包装形式，从不同角度来看有不同的分类。按包装的目的分类，通常将包装分为封存包装和运输包装。

1）封存包装。封存包装有时又称“储存包装”，它是为保护产品在长期储存过程中不损坏而采取的包装技术措施的总称。封存包装主要有防锈包装、防潮包装和防霉包装三大类。

2）运输包装。运输包装是以运输为主要目的的包装，它具有确保产品在装卸、运输过程中安全无损，方便储运和交接点验，以及充分发挥装卸、运输机械的效能等作用。运输包装的主要形式有木箱包装、纸箱包装、托盘包装、集装箱包装、框架包装、捆扎集束包装等。

根据运输方式，运输包装又可分为陆地运输包装、海上运输包装和空运包装等。现代运输包装的特点是包装外形尺寸标准化、系列化、集装化。

按包装功能不同来区分，包装可分为防水包装、防潮包装、防振包装、防锈包装、防霉包装、防尘包装、防辐射包装、密封包装、可携带包装、配套包装、可剥性保护膜包装等。

6.3.2 产品包装材料及容器

产品包装材料包括基本材料（纸类材料、塑料材料、玻璃材料、金属材料、陶瓷材料、竹木材料以及其他复合材料等）和辅助材料（黏合剂、涂料和油墨等）两大部分，是包装功能得以实现的物质基础，直接关系到包装的整体功能、经济成本、生产加工方式及包装废弃物的回收处理等多方面的问题。

再制造产品大多为机电或电子产品，从现代包装功能来看，再制造产品的包装材料应具有的性能有保护性能、可操作性能、附加价值性能、方便使用性能、良好的经济性能和良好的安全性能等。机电类再制造产品的包装材料以塑料、纸、木材、金属和其他辅助材料为主。其中，木质材料指木材、胶合板和纤维板等；纸质材料按是否经过再加工可分为原纸、原纸板和加工纸、加工纸板等；塑料包装材料包括薄膜、片材、泡沫塑料等；金属材料主要有钢板（包括黑铁皮、白铁皮、马铁和镀铬钢板）、铝板（包括纯铝板、合金铝板）和铝箔等；辅助材料包括防锈、防潮和防霉等材料。

再制造产品常用运输包装的木容器主要为木箱，可分为普通木箱、滑木箱和框架木箱三类；包装用纸箱主要是瓦楞纸箱，包括单瓦楞纸箱和双瓦楞纸箱；金属容器主要用薄钢板、薄铁板、铝板等金属材料制成的包装容器，多为金属箱和专用金属罐。

6.3.3 再制造产品包装技术

与机电和电子类再制造产品相关的包装技术主要有以下几类。

1. 防振保护技术

防振包装又称缓冲包装，在各种包装方法中占有重要的地位。产品从生产出来到开始使用要经过一系列的运输、保管、堆码和装卸过程，置于一定的环境之中。在任何环境中都会有力作用在产品之上，并使产品发生机械性损坏。为了防止产品遭受损坏，就要设法减小外力的影响。所谓防振包装就是指为减缓内装物受到冲击和振动，保护其免受损坏所采取的一定防护措施的包装。防振包装主要有三种方法：全面防振包装方法、部分防振包装方法和悬浮式防振包装方法。

2. 防破损保护技术

缓冲包装有较强的防破损能力，因而是防破损包装技术中有效的一类。此外还可以采取的防破损保护技术有：

1）捆扎及裹紧技术。通过使杂货、散货形成一个牢固整体，以增加整体性，便于处理及防止散堆来减少破损。

2）集装技术。利用集装，减少与货体的接触，从而防止破损。

3）选择高强保护材料。通过外包装材料的高强度来防止内装物受外力作用破损。

3. 防锈包装技术

1）防锈油防锈蚀包装技术。通过防锈油使金属表面与引起大气锈蚀的各种因素隔绝（即将金属表面保护起来），达到防止金属大气锈蚀的目的。用防锈油封装金属制品，要求油层要有一定厚度、连续性好、涂层完整。不同类型的防锈油要采用不同的方法进行涂覆。

2）气相防锈包装技术。指用气相缓蚀剂（挥发性缓蚀剂），在密封包装容器中对金属制品进行防锈处理的技术。气相缓蚀剂是一种能减慢或完全停止金属在侵蚀性介质中破坏过程的物质，它在常温下具有挥发性，在密封包装容器中，在很短的时间内挥发或升华出的缓蚀气体就能充满整个包装容器，同时吸附在金属制品的表面上，从而起到抑制大气对金属锈蚀的作用。

4. 防霉腐包装技术

防霉烂变质包装主要针对的是各类食品的包装，通常是采用冷冻包装、真空包装或高温灭菌方法。如果再制造后的机电产品有相关的防霉腐要求，可以使用防霉剂。包装机电产品的大型封闭箱，可酌情开设通风孔或通风窗等相应的防霉措施。

5. 特种包装技术

（1）充气包装　充气包装是采用二氧化碳气体或氮气等不活泼气体置换包

装容器中空气的一种包装技术方法，因此也称为气体置换包装，主要是达到防霉、防腐和保鲜的目的。

（2）真空包装　真空包装是将物品装入气密性容器后，在容器封口之前抽真空，使密封后的容器内基本没有空气的一种包装方法。

（3）收缩包装　收缩包装就是用收缩薄膜裹包物品（或内包装件），然后对薄膜进行适当加热处理，使薄膜收缩而紧贴于物品（或内包装件）的包装技术方法。

（4）拉伸包装　拉伸包装是依靠机械装置在常温下将弹性薄膜围绕被包装件拉伸、紧裹，并在其末端进行封合的一种包装方法。由于拉伸包装不需进行加热，所以消耗的能源只有收缩包装的1/20。拉伸包装可以捆包单件物品，也可用于托盘包装之类的集合包装。

（5）防水包装　防水包装是为防止水侵入包装件影响产品质量而采取的一定防护措施的包装。如用防水材料衬垫包装容器内侧，或在包装容器外部涂刷防水材料等。

（6）防潮包装　防潮包装是为防止因潮气侵入包装件影响产品质量而采取的一定防护措施的包装。如用防潮材料密封产品，或在密封包装容器内加适量干燥剂以吸收残存潮气和通过包装材料透入的潮气；也可将密封包装容器内抽成真空等。

（7）防尘包装　防尘包装是为防止沙尘进入包装容器而影响产品质量所采取的一定防护措施的包装。如将产品（零备件）易进尘处用柔性纸包扎，或用塑料薄膜袋套封等。

（8）防辐射包装　防辐射包装是为防止外界射线通过包装容器损害内装物质量采取的一定防护措施的包装。如将感光胶卷盛装在能阻止光辐射的容器中。

（9）可携带包装　可携带包装又称携行包装，一般在包装容器上装有提手或类似装置，可方便使用者携带。

（10）配套包装　配套包装是将品种不同但用途相关或品种相同而规格不同的数种产品搭配在一起构成包装件，其特点是使用、分发方便，也便于储存和管理。

（11）可剥性保护膜包装　可剥性保护膜包装是指用高分子聚合物为合成膜剂的基本材料，添加增塑剂、缓蚀剂、矿物油、稳定剂、防霉剂等组成的用于产品或金属表面直接形成保护膜并易于剥去的包装。如用于炮弹等的非铁金属表面保护等。

6.3.4　再制造产品的绿色包装

绿色包装是指对生态环境和人体健康无害，能重复使用或再生利用，符合可持续发展原则的包装。绿色包装要求在产品包装的全生命周期内，既能经济地满足包装的功能要求，同时又特别强调了环境协调性，要求实现包装的减量化（Reduce）、再利用（Reuse）、再循环（Recyle）的“3R”原则。

合理的包装结构设计和材料选择是实现绿色包装的重要前提和条件，它对包装的整个生命周期环境影响起着关键性的作用。再制造产品的绿色包装中，可按照以下几个方面来设计。

1）通过合理的包装结构设计，提高包装的刚度和强度，节约材料。合理的包装结构设计不仅可以保护产品，而且还会因为包装强度和刚度提高，降低对二次包装和运输包装的要求，减少包装材料的使用。例如对于箱形薄壁容器，为了防止容器边缘的变形，可以采用在容器边缘局部增加壁厚的结构形式提高容器边缘的刚度。研究表明，增加包装容器产品的内部结构强度，可以减少54%的包装材料，降低62%的包装费用。

2）通过合理的包装形态设计来节约材料。包装形态的设计取决于被包装物的形态、产品运输方式等因素，而不同的包装形状对应的材料利用率也是不同的，合理的形状可有效减少材料的使用。各种几何体中，若容积相同，则球形体的表面积最小；对于棱柱体来说，立方体的表面积要比长方体的表面积小；对于圆柱体来说，当圆柱体的高等于底面圆的直径时，其表面积最小。

3）从材料的优化下料出发来节省材料。合理的板材下料组合，可达到最大的材料利用率。在生产实际中，通过采用计算机硬件及软件技术，输入原材料规格及各种零件的尺寸、数量，即可得到优化的下料方案，能有效地解决各种板材合理套裁问题，最大化地节约材料。

4）避免过度包装。过度包装是指超出产品包装功能要求之外的包装。为了避免过度包装，可重点采取以下措施：减少包装物使用数量；尽可能减少材料的使用；选择合适品质的包装材料。

5）在包装材料的明显之处，标出各种回收标志及材料名称。完整的回收标志及材料名称，将大大减少人工分离不同材料所需的时间，提高分离的纯度，极大地方便包装材料的回收和利用。

6）合理选择包装材料。绿色包装设计中的材料选择应遵循的原则是：轻量化、薄型化、易分离、高性能的包装材料；可回收和可再生的包装材料；可降解的包装材料；利用自然资源开发的天然生态的包装材料；尽量选用纸包装。

6.3.5　再制造产品质保附件

在完成的再制造产品包装中，还应该包含再制造产品的说明书和质量保证单。再制造产品说明书和质量保证单的编写，也是再制造过程中的重要内容。再制造产品说明书可参照原产品说明书的内容编写，主要内容包括产品简介、产品使用说明书、产品维修手册等，一般要提供与新制造产品一样的质量保证。

1. 产品简介

再制造产品简介的主要使用对象是经销单位和使用单位的采购人员、工程技术人员和有关管理人员。产品简介的作用是直观、形象地向用户介绍产品，作为宣传、推销产品的手段。在产品简介中，对产品的用途、主要技术性能、规格、应用范围、使用特点、注意事项等，要做出简要的文字说明，并配以图片。尤其是在编写中要突出再制造产品的特色，突出绿色产品的概念，明确与原制造产品在结构和性能上的异同点。产品简介还可以就生产企业的生产规模、技术优势、质量保证能力等基本情况做总体介绍，使用户对企业概貌也有所了解，增进用户对生产企业及其产品的信任感。

2. 产品使用说明书

产品使用说明书的使用对象是消费者个人或主机厂的操作人员，它的作用在于使用户能够正确使用或操作产品，充分发挥产品的功能。同时，它还要使用户了解安全使用、防止意外伤害的要点。因此，编写简明、直观、形象的使用说明书，是技术服务中一项十分重要的工作内容。产品使用说明书的主要内容可包括：

1）规格。主要是技术参数、性能。

2）安装。指产品启封后使用的装配、连接方法。

3）操作键。产品上各种可操作的开关、旋钮、按键名称，以及指示灯、数码管、蜂鸣器、显示屏等显示、报警装置的位置和作用。

4）工作程序。指为实现产品各种功能必须遵守的使用、操作方法和程序。

5）维护要求。在产品使用过程中应采取的清洁、润滑、维护方法。

6）故障排除方法。主要是常见的一般故障的排除方法。

7）注意事项。根据产品特点提出的维修保养、防止错误操作、避免人身伤害等的安全要求。

8）维修点。介绍工厂维修服务部门或特约维修点的地址、电话号码和邮政编码。

9）信息反馈要求。如附加的征询用户意见的质量信息反馈单等。

3. 产品维修手册

再制造产品维修手册的使用对象主要是专业维修人员。维修手册在介绍再制造产品基本工作原型的基础上，应该侧重于讲解维修方法，而且应具有很强的可操作性。维修手册或资料应强调以下内容：

1）区别于同类产品的特点，包括产品单元的作用原理、机械结构、拆解和装配方法。

2）新型零配件的性能、特点、互换性和可代用品。

3）产品与通用或专用仪器、仪表的连接和检查测试方法。

4）专用检测点的相关参数标准和专用工具的应用。

5）查找各类故障原因的程序和方法。

4. 质量保证单

再制造产品的质量要求不低于新品，因此其质量保证单可以参考新品的质量保证期限制定。质量保证单的内容要包括提供退换货的条件、质量保证的期限、质量保证的范围、提供免费维护的内容等。

参考文献

[1] 朱胜，姚巨坤．再制造技术与工艺［M］．北京：机械工业出版社，2011.

[2] 张耀辉．装备维修技术［M］．北京：国防工业出版社，2008.

[3] 中国机械工程学会再制造工程分会．再制造技术路线图［M］．北京：中国科学技术出版社，2016.

[4] 姚巨坤，何嘉武．再制造产品磨合及试验方法与技术［J］．新技术新工艺，2009（10）：1-3.

[5] 姚巨坤，崔培枝．再制造产品涂装工艺与技术［J］．新技术新工艺，2009（11）：1-3.

第 7 章

绿色再制造生产管理技术

7.1 清洁再制造生产管理技术

7.1.1 清洁再制造生产的内涵

清洁生产（Cleaner Production）是指既可以满足人们的需要又可以合理使用自然资源和能源，并保护环境的实用生产方法和措施。其自 20 世纪 70 年代出现以来，世界各国相继出台了有关清洁生产及其实施的相关政策，促进了清洁生产在产品制造中的应用。再制造是一种将废旧产品制造成“如新品一样好”的再循环过程，并且被认为是废旧产品再循环的最佳形式，高效益地实现了老旧产品的资源节约，避免了老旧产品的环境污染。再制造既属于先进制造的重要内容，也与清洁生产具有相同的环保目标，实现两者的结合，通过在废旧产品再制造生产过程中设计并采用清洁生产理念及技术方法，建立全新的清洁再制造生产模式，将能够进一步促进再制造生产方式变革，提升再制造的资源和环境效益。

清洁再制造生产可以定义为：在再制造生产过程中，采用清洁生产的理念与技术方法，以实现减少再制造生产过程的环境污染，并减少原材料资源和能源使用的先进绿色再制造生产方式。其本质是减少再制造生产过程的环境污染和资源消耗，它既是一种体现再制造宏观发展方向的重要生产工程思想与趋势，也可以从微观上对再制造生产工艺做出具体要求和规划，体现再制造资源和能源节约的优势，对生产过程制定污染预防措施。

清洁再制造生产主要是通过再制造管理和工艺流程的优化设计，使得再制造生产过程污染排放最低，资源消耗最少，资源利用率最高，以实现最优的清洁绿色再制造生产过程。清洁再制造生产方式在再制造企业的应用，将能够有效提升再制造生产的绿色度，解决当前再制造企业面临的资源和环境问题，增强再制造产业的发展和竞争能力。

再制造与清洁生产两者都体现着节约资源和保护环境的理念，都是支撑可持续发展战略的有效技术手段，相互之间存在着密切的联系。再制造的生产方式是实现废旧产品的重新利用，这一过程实现了资源的高质量回收和环境污染排放最大化的减少，所以再制造本身就是一种清洁生产方式。同时，再制造生产本身也属于制造生产过程，所以在再制造生产过程中采用清洁生产技术，可以进一步减少再制造生产过程的资源消耗和环境污染，实现再制造资源和环境效益的全过程最大化。再制造所使用的毛坯是退役的废旧产品，本身蕴含了大量的附加值，相当于采用了最优的清洁能源完成了大量毛坯成形。而且再制造过程本身相对制造过程来说消耗的材料和能源极少，再制造生产本身也是清洁生产过程，再制造产品符合清洁生产的产品要求，属于绿色产品的范畴。

7.1.2 清洁再制造生产技术内容

清洁再制造生产不但是一种生产理念，更是一套科学可行的生产程序。这套程序需要从生产设计规划开始，结合再制造全周期过程逐步深入分析，按一定的程序分析制定出再制造全工艺过程的资源消耗、污染产生及环境评估，采用清单分析方法进行生产系统资源消耗分析，采用不影响环境的资源使用方案，减少或避免在生产过程中使用有毒物质，对再制造生产全过程进行排放的废弃物品类进行分析，避免对环境污染方案或资源的采用，从传统的以产品生产为目标的生产模式转换至生产产品和污染预防兼重的生产模式，在生产管理理念、工艺技术手段等方面，严格按照清洁生产程序组织再制造生产，达到消除或减少环境污染，最大化利用资源的目的。

清洁再制造生产需要从生产全过程来进行控制。图 7-1 所示为再制造企业实现清洁再制造生产的控制流程及内容框架。具体来讲，其在工厂的应用，需要从废旧产品的再制造工程设计阶段就进行规划，调整再制造生产过程使用的材料及能源，改进技术工艺设备，加强清洁再制造的工艺管理、技术设备管理、

图 7-1 清洁再制造生产的控制流程及内容框架

物流管理、生产管理、环境管理等工作，实现再制造生产过程的节能、降耗、减污，并实现废物处理的减量化、无害化。

7.1.3 废旧发动机清洁再制造生产技术应用

根据清洁生产的理念和要求，结合再制造生产的关键特点，发动机清洁再制造生产需要重点做好以下工艺过程内容：

1. 清洁再制造拆解过程

老旧产品的再制造拆解是实现再制造的基础步骤，是再制造的关键内容。但由于老旧产品经过使用后，本身品质下降，在拆解中面临着大量的废弃件、废弃油料的处理问题，容易造成污染，因此，采用清洁再制造拆解过程是发动机清洁生产的重要内容。为实现清洁拆解，一是建立自动化程度高的流水线拆解方式，避免人为误操作造成的旧件损伤，以免产生过多的资源浪费和固体废弃物；二是根据老旧发动机特点，制定废油、废水的收集处理方案及措施，避免泄漏造成环境污染；三是不断提高拆解技术水平，配置高效或专用的拆解设备，淘汰旧件回收率低、污染严重的老旧拆解工艺设备，提高无损拆解率。

2. 清洁再制造清洗过程

再制造清洗过程是清除废旧件表面污垢的过程，包括化学清洗和物理清洗方法，也是再制造生产中易产生严重污染的过程，属于清洁再制造生产中需要重点关注并进行清洁设计的内容。传统的废旧件再制造化学清洗液中存在着污染环境、不利于环保处理的化学成分，对环境造成了严重污染。清洁再制造清洗要求：①尽量减少化学清洗液的使用，尤其是要减少化学清洗液中对环境污染大的成分，杜绝对环境的化学污染；②尽量采用机械清洗方式，重点实现化学溶剂的清洗方法向水基的机械清洗方法发展，例如摩擦、喷砂、超声、热力等清洗方式，增加物理清洗在再制造清洗中的比例，避免化学清洗液的污染；③大量采用先进的清洗技术，例如干冰清洗、激光清洗、感应清洗等，提高清洗效率，减少环境影响；④建立再制造清洗残留液或固体废弃物的环保处理装置，实现废液的循环利用和固体废弃物的减量化无害处理。总之，清洗环节是清洁再制造生产控制的重要内容，应通过清洁清洗技术、工艺、设备和管理来保证再制造清洗实现清洁、环保、高效，减少清洗过程的环境污染。

3. 清洁再制造加工过程

对检测后存在表面或体积缺陷，需要性能恢复或升级的旧件，将进入再制造加工过程，主要包括机械尺寸修理法和表面技术恢复法。机械尺寸修理法主要是通过机械加工设备，对损伤表面进行磨削、车削、镗削等机械加工方法来进行零件表面形状公差和配合公差的恢复，其清洁生产过程与传统产品制造中的清洁生产要求相同，即主要是采用清洁能源和环保切削液，加强废液和切屑等固体废弃物的资源化利用和环保处理，降低设备噪声，从而实现清洁机械加工过程。

表面技术恢复法是采用表面改性、膜层、涂层、敷层等技术方法来实现表面性能提升和尺寸恢复，通常为了达到表面配合要求，在完成表面技术处理后，还需要进行机械加工以满足表面配合精度要求，对机械加工的清洁处理可以参考旧件机械加工的清洁生产要求内容。表面技术处理过程通常会带来较大的环境污染，例如化学镀液的处理、喷涂或熔敷过程中的噪声及粉尘污染等。做好表面技术加工过程的清洁生产，需要注意做好以下几点：①要求尽量减少化学镀液的使用，尤其是限制使用毒性较高的原材料，减少使用挥发性有机溶剂，如使用替代六价铬、镉、铅、氰化物、苯系溶剂的工艺，严格避免六价铬污染；②改造生产环境，对部分高声、光、电、粉尘污染的设备进行隔离，避免对生产环境产生污染，危害人身健康，例如对于喷涂工艺设备，要建立专用房间处理，操作人员穿着防护服，对粉尘采用抽风管道进行处理等；③建立完善的“三废”处理装置，既实现有用资源的回收利用，又使最终“三废”的排放均经过环保处理，将其环境影响降至最低；④不断发展绿色表面技术，并加强对污染重的工艺技术的改造和替换，例如用物理方法替代化学方法获得涂层，用易处理的镀液代替污染重的镀液等。

4. 清洁再制造涂装过程

再制造零件与新件组装成再制造产品后，最后需要进行涂装工艺，即对表面进行喷漆等，以达到防护、装饰、标识等目的。再制造涂装由于涉及大量的挥发性有机物，易于对空气质量和环境造成严重危害，并对人类健康造成巨大威胁。清洁再制造涂装需要从涂装对象、工艺、材料、设备、管理等方面来综合考虑，例如，对涂装对象和涂装目的进行深入分析设计，避免过度涂装，节约资源；对涂装工艺过程进行设计，采用高效可靠的技术流程；对涂装材料进行科学选择，避免采用高污染的材料；对涂装设备进行模块化规划配置，以更小的占用面积、更少的材料消耗来实现材料节约；涂装管理除强调全过程管理外，还可以采取专业化外包的方式，减少环保处理负担。

7.2 精益再制造生产管理技术

7.2.1 精益再制造基本概念及特点

1. 精益生产

精益生产就是有效地运用现代先进制造技术和管理技术成就，以整体优化的观点，以社会需求为依据，以发挥人的因素为根本，有效配置和合理使用企业资源，把产品形成全过程的诸要素进行优化组合，以必要的劳动，确保在必要的时间内，按必要的数量，生产必要的零部件，达到杜绝超量生产，消除无效劳动和浪费，降低成本，提高产品质量，用最少的投入，实现最大的产出，最大限度地为企业谋求利益的一种新型生产方式。

2. 精益再制造

精益再制造生产是指在充分分析再制造生产与制造生产异同点的基础上，借鉴制造生产中的精益生产管理模式，在再制造生产的全过程（拆解、清洗、检测、加工、装配、试验及涂装等）进行精益管理，以实现再制造生产过程的资源回收最大化、环境污染最小化、经济利润最佳化，实现再制造企业与社会的最大综合效益。精益再制造生产模式主要是在再制造企业里同时获得高的再制造产品生产效率、高的再制造产品质量和高的再制造生产柔性。精益再制造生产组织中不强调过细的分工，而是强调再制造企业各部门、各再制造工序间密切合作的综合集成，重视再制造产品设计、生产准备和再制造生产之间的合作与集成。

3. 主要特点

再制造生产管理与新品制造管理的区别主要在于供应源的不同。新品制造是以新的原材料作为输入，经过加工制成产品，供应是一个典型的内部变量，其时间、数量、质量是由内部需求决定的。而再制造是以废弃产品中那些可以继续使用或通过再制造加工可以再使用的零部件作为毛坯输入，供应基本上是一个外部变量，很难预测。因为供应源是从消费者流向再制造商，所以相对于新品制造活动，具有逆向、流量小、分支多、品种杂、品质参差不齐等特点。与制造系统相比较，再制造生产具有更多的不确定性，包括回收对象的不确定性、随机性、动态性、提前期、工艺时变性、时延性和产品更新换代加快等。而且这些不确定性，不是由系统本身所决定的，它受外界的影响，因此很难进行预测，这就造成实际的再制造组织生产难度比制造更高。因此，应充分借鉴制造企业的精益生产方式，建立再制造企业的精益再制造生产模式，将能够显著提高再制造企业的生产效率。

7.2.2 精益再制造生产技术目标

精益再制造生产主要借鉴精益生产的理念，结合再制造生产的特点，实现再制造生产过程的精益化控制和高效化运行。精益再制造生产不同于单件的维修生产方式，是对传统的大批量再制造生产方式的优化。精益再制造生产强调以实现再制造生产的最大效益为目标，以生产中的员工为中心，倡导最大限度地激发人的主观能动性，并面向再制造的生产组织与生产过程的全周期，从再制造产品设计、废旧产品物流、再制造生产工艺，以及再制造产品的销售及服务等一系列的生产经营要素，进行科学合理的组合，杜绝一切无效无意义的工作，使再制造生产的工人、设备、投资、场地以及时间等一切投入都大为减少，而再制造出的产品质量却能更好地满足市场需求，从而形成一个能够适应产品市场及环境变化的管理体制，达到以最少的投入来实现最大效益。

精益再制造生产方式需要及时地按照再制造产品用户的需求来拉动生产资源流，再制造生产过程是再制造产品需求牵引和废旧毛坯物流推动式的生产过程。从再制造产品的质量检测和整体装配起始，每个工序岗位的每道工序需求，都应该按照准时制生产模式，向前一道岗位和工序提出需要的再制造零件种类和数量，而前面工序生产则完全按要求进行，同时后一道工序负责对前一道工序进行检验，保证物流数量和产品质量的精准性，这有助于及时发现、解决问题，减少库存。在再制造过程中持续控制质量，从质量形成的根源上来保证质量，减少了对销售、工序检验技术服务等功能的质量控制。

7.2.3 精益再制造技术要求

精益再制造针对小批量、高品质的再制造生产特点，以同时获得高生产效率、高产品质量和高生产柔性为目标。与大批量生产刚性的泰勒方式相反，其生产组织更强调企业内各部门、各工序相互密切合作的综合集成，重视再制造物流、生产准备和再制造生产之间的合作与集成。精益再制造生产的主要技术要求如下：

1）以再制造产品需求用户为核心。再制造产品面向可能的需求用户，按订单或精准用户需求组织生产，并与再制造产品用户保持及时联系，快速供货并提供优质售后服务。

2）重视员工的中心地位作用。精益再制造生产模式中，员工是企业的主人翁和雇员，被看作是企业最重要的资产，把雇员看得比机器等资源更重要，将作业人员从设备的奴役中解放出来，注意充分发挥员工主人翁的主观能动性，形成新型的人机合作关系。采用适度自动化生产系统，充分发挥员工的积极性和创造性，不断培训，提高工作技能和创新思想，使他们成为公司的重要资源同时具有较强的责任感。推动建立独立自主的以岗位为基础的再制造生产小组工作方式，小组中每个人的工作都能彼此替代和相互监督。

3）以“精简”为手段。简化是实现精益生产的核心方法和手段。精简产品开发、设计、生产、管理过程中一切不产生附加值的环节，对各项活动进行成本核算，消除生产过程中的种种浪费，提高企业生产中各项活动的效率，实现从组织管理到生产过程整体优化，产品质量精益求精。精简组织机构，减少非直接生产工人的数量，使每个工人的工作都能使产品增值。简化与协作厂的关系，削减库存，减少积压浪费，将库存量降低至最小限度，争取实现“零库存”。简化生产检验环节，采用一体化的质量保证系统。简化产品检验环节，以流水线旁的生产小组为质量保证基础，取消检验场所和修补加工区。

4）实行“并行工程”。在产品开发一开始就将设计、工艺和工程等方面的人员组成项目组，简化组织机构和信息传递，以协同工作组方式，组织各方面专业人员并行开发设计产品，缩短产品开发时间，杜绝不必要的返工浪费，提高产品开发的成功率，降低资源投入和消耗。

5）产品质量追求“零缺陷”。在提高企业整体效益方针的指导下，通过持续不断地在系统结构、人员组织、运行方式和市场供求等方面进行变革，使生产系统能很快适应用户需求而不断变化，精简生产过程中一切多余的东西，在所确定的精确时间内，实施全面质量管理，并以此确保有质量问题的废次品不往后传递，高质量地生产所需数量的产品，以最好的产品提交用户。

6）采用成组技术，实现面向订单的多品种高效再制造生产。

7.2.4　精益再制造技术模式

精益再制造相对于大批量粗放式生产而言，可以大大降低生产成本，强化企业的竞争力。精益再制造生产管理综合了现代的多种管理理论与先进制造技术方法（图7-2），成为再制造生产资源节约和效益提升的重要手段。

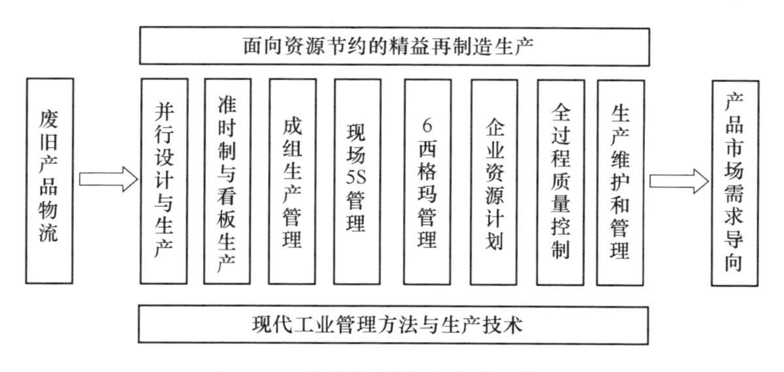

图7-2　精益再制造生产管理体系

精益再制造生产需要把“尽善尽美”作为再制造产品生产的不懈追求目标，持续不断地改进再制造生产中的拆解、清洗、加工、检测等技术工艺和再制造生产方式，不断提高资源回收率，降低环境污染和再制造成本，力争再制造生产的无废品、零库存和再制造产品品种的多样化。再制造生产中追求以“人为中心”、以“简化”为手段，正是达到这种“尽善尽美”理想境界的人员和组织的管理保证。具体来讲，需要做好以下精益再制造生产内容改进：

1. 充分发挥再制造企业员工的潜力

1）充分认识工人是企业的主人，发挥企业职工的创造性。在再制造的精益生产模式中，企业不仅将任务和责任最大限度地托付给在再制造生产线上创造实际价值的工人，而且还根据再制造工艺中的拆解、检测、清洗等具体工艺要求和变化，通过培训等方式扩大工人的知识技能，提高他们的生产能力，使他们学会相关再制造工序作业组的所有工作，不仅是再制造生产、再制造设备保养、简单维修，甚至还包括工时、费用统计预算。工人在这种既受到企业重视又能掌握多种生产技能，不再枯燥无味地重复同一个动作氛围中，必然会以主人翁态度积极地、创造性地对待自己所负责的工作。

2）在精益再制造生产中，让工人享有充分的自主权。生产线上的每一个工人在生产出现故障时都应有权让一个工区的生产停下来，并立即与小组人员一起查找故障原因，做出决策，解决问题，排除故障。

3）再制造生产中要以用户为“上帝”，再制造产品开发中要面向用户，按订单组织并根据废旧产品资源及时生产，并与再制造产品用户保持密切联系，快速及时地提供再制造产品和优质售后服务。

2. 简化再制造生产组织机构

再制造产品的生产需要对物流、加工、销售等全过程进行设计，因此，可以在再制造工程设计中采用并行设计与生产方法，在确定某种废旧产品的再制造项目后，由再制造产品性能改造设计、生产工艺和销售等方面的工程人员组成项目组，各专业的人员及时处理大量的再制造信息，简化信息传递，使系统对市场用户反应灵敏。遇到的冲突和问题尽可能在开始阶段得到解决，使重新设计的再制造产品不但能满足再制造生产工艺要求，还能最大程度地符合用户的功能和费用要求。

3. 简化再制造生产过程，减少非生产性费用

在精益再制造生产中，凡是不直接使再制造产品增值的环节和工作岗位都被看成是浪费，因此精益再制造生产也可以采用准时制生产方式。但由于再制造毛坯具有不确定性，因此应该提高物流预测的可靠性，即从废旧产品物流至再制造工厂生成再制造产品并销售的全部活动，采用尽量少中间存储（中间库）的、不停流动的、无阻力的再制造生产流程。同时，工厂需要适当撤销间接工作岗位和中间管理层，从而减少资金积压，减少非生产性费用。在再制造拆解、清洗、加工等工艺中尽量采用成组技术，实现面向订单的多品种高效再制造生产。

4. 简化再制造产品检验环节，强调一体化的质量保证

再制造产品的质量是再制造企业的生命，相对制造企业来说，由于废旧产

品来源及质量的不确定性，再制造产品的质量更应该给予高度重视。精益再制造生产可采用一体化质量保证系统，以再制造工序的流水线生产方式划分相应的工作小组，如拆解组、清洗组、检测组、加工组等，以这些再制造生产小组为质量保证基础。小组成员对产品零部件的质量能够快速和直接处理，拥有一旦发现故障和问题，即能迅速查找到起因的检测系统。同时，由于每一个小组对自己所负责的工序零部件给予高度的质量检测保证，可相应取消专用的零部件检验场所，只保留产品整体的检测区域。这不仅简化了再制造产品的检验程序，保证了再制造产品的高质量，而且可节省费用。

5. 简化与协作厂的关系

再制造的协作厂包括提供废旧产品的逆向物流企业、提供替换零部件的制造企业、提供再制造产品销售的企业以及提供技术和信息支撑的相关单位。再制造的生产厂与这些协作厂之间是相互依赖的关系。在新的再制造产品开发阶段，再制造生产厂要根据以往的合作关系选定协作厂，并让协作厂参加新的再制造产品开发过程，提供相关信息和技术支持。再制造厂和协作厂采用一个确定成本、价格和利润的合理框架，通过共同的成本分析，研究如何共同获益。当协作厂设法降低成本、提高生产率时，再制造厂则积极支持、帮助并分享所获得的利润。在协作厂生产制造阶段，再制造厂仅把要再制造生产所需的零部件性能、规格和要求提供给协作厂，协作厂则负责具体的供应。再制造厂与协作厂之间的这种相互渗透、形似一体的协作形式，不仅简化了再制造厂的产品再制造工程设计工作，简化了再制造厂与协作厂的关系，也从组织上保证了再制造物流工作的完成，能够最大限度避免再制造中物流不确定性的问题。

总之，精益再制造生产以“人”为中心、以“简化”为手段、以“尽善尽美”为最终目标，这说明再制造的精益生产不仅是一种生产方式，更主要的是一种适用于现代再制造企业的组织管理方法。在再制造生产中采用精益生产方式无须大量投资，就能迅速提高再制造企业管理和技术水平。随着精益再制造生产在再制造企业中不断得到重视及应用，实行及时生产、减少库存、看板管理等活动，确保工作效率和再制造产品质量，将能够推动再制造企业创造显著的经济和社会效益。

7.3 再制造多寿命周期管理技术

7.3.1 基本概念

多寿命周期的提出和研究始于20世纪80年代，随着可持续发展理论的提出而逐渐得到发展，但目前尚没有明确的概念。部分学者提出了基于绿色制造的产品多寿命周期工程，并将其定义为：从产品多寿命周期的时间范围内来综合考虑环境影响、资源综合利用问题和产品寿命问题的有关理论和工程技术的总称，其目标是：在产品多寿命周期时间范围内，使产品回用时间最长，对环境的负影响最小，资源综合利用率最高。所认定的多寿命周期包括了产品报废后将旧产品及零部件直接或整修后循环使用周期，也包括进行冶炼后生成新材料的循环使用周期。

基于再制造的产品多寿命周期的理解是：制造服役使用的产品达到物理或技术寿命后，通过再制造或再制造升级，生成性能不低于原品的再制造产品，实现再制造产品或其零部件的高阶循环服役使用，直至达到完全的物理报废为止所经历的全部时间。产品多寿命周期既包括对产品整体的多周期使用，也包括对其零部件的多周期使用。多寿命周期中的再制造产品要求含有原产品零件的比例不低于2/3。基于再制造的产品多寿命周期服役时间为

$$L = T + \sum_{i=1}^{n} T_i \tag{7-1}$$

式中，L 为多寿命周期总时间；T 为制造后产品的第一次寿命时间；n 为可再制造的次数；T_i 为第 i 次再制造的产品的使用时间。

产品的多寿命周期不是简单的原性能产品的重复制造，而是要不断地提升产品的性能，实现产品寿命和性能的“新生”，使得通过再制造形成的产品既来源于原产品，也在性能上优于原产品，只有如此，才能满足产品在不同时间、空间中的可持续发展使用要求。

7.3.2 再制造多寿命周期管理技术内容

1. 面向多寿命周期的产品设计及评价技术

产品是否面向再制造设计直接影响着产品是否易于再制造的水平，也决定了产品多寿命周期循环的质量。而产品的再制造性是衡量产品再制造能力的基本指标，因此，产品再制造性设计是实现基于再制造的产品多寿命周期的前提条件。面向多寿命周期的产品设计及评价技术重点发展方向包括：①再制造性设计建模技术，分析传统设计要素与再制造性设计的相互关系，研究可拆解、标准化、模块化、材料等具体设计要素在再制造性设计中的应用，建立再制造性定性设计模型；②再制造性指标设计技术，分析来自再制造、制造、用户等不同单位内容、表述形式、抽象程度、关系结构的产品信息数据模型，形成面向多寿命周期产品制造的再制造性指标确定、解析、分配、预计等设计方法，建立再制造性指标量化设计技术方案；③再制造性设计评价技术，分析产品功能特性、失效模式、可持续使用和升级的要求，优化再制造性物理、数学模型以及参数、函数的描述规律，建立再制造性评估方法。

2. 先进再制造工程技术

再制造技术就是在通过产品再制造来实现产品多寿命周期过程中所用到的各种技术的统称，是实现废旧产品再制造生产高效、经济、环保的具体技术措施，也是实现基于再制造的产品多寿命周期工程的关键核心技术，主要包括拆装技术、清洗技术、检测技术、加工技术、磨合技术、试验技术和涂装技术，其中对废旧件的再制造加工恢复是再制造技术的核心内容。作为多寿命周期工程中的关键技术，先进再制造工程技术重点发展方向包括：①快速再制造成形技术，主要研究再制造材料熔覆沉积动力学及其界面演化机理、再制造成形过程中备件形变机理、高能束快速再制造沉积成形路径智能控制机理等，建立基于机器人的快速废旧件再制造成形系统，实现零件精确“控形”与“控性”的结合，满足对市场的快速响应及特殊场合下的备件需求；②高效自动化拆装技术，重点研究废旧产品的拆解深度、拆解序列及虚拟拆解技术方法，建立快速无损拆解模型，实现高效自动化拆解和零部件的自动化装配，解决当前以手工拆解为主而导致的效率低下问题，实现再制造的批量化高效生产；③绿色清洗技术，主要研究废旧件基于物理作用的清洗技术，减少化学清洗剂的应用，减少再制造过程中的废液排放量，实现绿色清洗。

3. 先进表面工程技术

表面工程技术是实现废旧产品核心件性能恢复或提升的关键技术，也是再制造的重要技术支撑。传统的表面工程技术在再制造生产中具有一定的限制，如部分技术环境污染较为严重，生产效率低，多为手工作业等，这些特点无法适应多寿命周期产品的批量化、绿色化、市场化的要求。先进表面工程技术作为基于再制造的产品多寿命周期工程的关键技术，其重点发展方向包括：①纳米表面工程技术，研究纳米材料的表面效应、宏观材料的表面纳米化以及纳米电刷镀、纳米等离子喷涂等技术，实现再制造后零件性能的提升；②自动化表面技术，研究自动化电刷镀技术、自动化等离子喷涂技术等，实现传统表面工程技术的自动化加工，增强在批量化再制造生产中的应用能力；③绿色表面技术，研究低污染或无污染的表面工程应用技术，减少表面技术应用过程中的环境污染排放量。

4. 再制造质量控制技术

再制造质量控制技术是指为使再制造产品达到规定的质量性能要求，在再制造生产过程中所采取的质量控制措施和方法。产品的再制造质量控制技术是实现再制造产品性能优于或等同于新产品的重要保证，也是产品多寿命周期的关键技术。再制造质量控制技术的重点发展方向包括：①再制造毛坯剩余寿命评估技术，研究废旧件寿命评估模型，通过超声技术、射线技术、磁记忆效应检测技术等测试技术，来对产品表面尺寸、形状和内部损伤等综合质量进行检测，并判明剩余寿命，科学保证再制造件质量；②再制造过程在线质量监控技术，研究再制造加工中的各种工艺参数对质量的影响规律，通过智能化传感技术、数字处理技术、可视化技术等实现对再制造加工质量与尺寸、形状精度的在线动态检测和修正；③再制造产品的质量检测与评价技术，主要研究再制造产品零部件性能与质量的无损检测技术、再制造产品零部件性能与质量的破坏性抽检技术、再制造产品性能和质量的综合实验及评价技术等。

5. 信息化再制造技术

多寿命周期产品的每次新寿命周期并不是原产品的简单重复，而是需要根据市场的需求不断地进行功能或性能升级，满足不同时期对产品的需求，因此，需要在再制造过程中不断地应用信息化技术，来进行管理、提升再制造的效益和再制造产品的质量。信息化再制造技术的重点发展方向有：①信息化再制造升级技术，即在再制造过程中通过嵌入信息化模块等方法来提升产品的信息化功能，满足产品的高质量、多寿命周期发展要求，主要研究包括再制造升级的决策与评估技术（包括多寿命周期产品再制造时间与成本分析、再制造升级的工艺过程及优化控制）、再制造升级技术与方法（包括信息化模块嵌入技术、产品再设计技术、再制造升级的信息与控制系统及管理集成模式等）；②信息化再制造管理技术与方法，即研究信息化技术在再制造管理过程中的应用，提高再制造生产效益，研究内容包括再制造资源管理计划、再制造精益生产管理、成组再制造技术等；③虚拟与柔性再制造技术，即利用虚拟再制造与柔性再制造技术来实现产品的快速再制造设计、生产及资源重组配置，响应对再制造产品的需求，重要研究内容有虚拟再制造技术（包括虚拟再制造建模技术、虚拟再制造加工、虚拟再制造设计、虚拟再制造装配等）、柔性再制造技术（包括再制造生产传感器技术、柔性再制造物流技术、柔性再制造过程可视化技术等）。

6. 多寿命周期产品环境技术

多寿命周期产品具有与传统单寿命周期产品不同的服役模式，其资源占有使用率不同，对环境影响也不同，因此，需要正确评价并应用多寿命周期产品环境技术，来促进产品多寿命周期中的环境效益。多寿命周期产品环境技术重点发展方向包括：①环境影响评价技术，建立多寿命周期产品的环境影响清单，借鉴生命周期评价的方法，形成多寿命周期产品的环境影响评价方案和技术途径，形成多寿命周期产品的环境影响与效益的价值评估方法，建立多寿命周期产品环境影响评价的货币化表征方案，量化环境影响的测度；②环境影响分析技术，研究多寿命周期产品生产工艺过程的环境影响评价，并根据评价结果，确定相关参量的重要度，优化改良生产工艺过程；③再制造清洁生产技术，研究再制造过程中的清洁生产方法和技术，形成绿色再制造生产工艺，减少环境影响。

传统的产品全寿命周期模式中，末端产品的处理大多采用回收材料的方案，这一方面是对已消耗资源的巨大浪费，另一方面也需要投入新的能源并产生污染，是一种低端的资源化方式。以再制造作为核心手段，来实现产品的多寿命周期循环使用，这是在保证人民美好生活水平不断提高的前提下，实现“碳达峰、碳中和”目标的有效手段。因此，产品多寿命周期工程是一个系统的工程，其出现是时代发展的选择，具有科学的发展基础。为了进一步推动多寿命周期工程发展，需要不断地开展理论研究，完善制定相关政策法规，形成多寿命周期产品的优化设计、控制及评价方法，同时需要优先规划研究先进再制造技术、先进表面工程技术、信息化再制造技术、再制造质量控制技术以及环境评价等关键技术，以促进基于再制造的产品多寿命周期工程的全面发展，实现已消耗资源的最大化利用，在不断提高人类生活水平的基础上，缓解产品制造所带来的资源和环境压力，实现人类社会的可持续发展。

7.3.3 再制造寿命升级管理

1. 再制造升级管理工作

产品再制造升级贯穿于产品多寿命周期的各个过程，具有重要的地位和作用，并在各个阶段都具有可操作的工作内容。根据产品多寿命周期过程，并综合考虑再制造升级的作用任务，可以列出在产品多寿命周期过程中的再制造升级工作，如图 7-3 所示。可知从产品第 1 次寿命周期的论证阶段、方案阶段、研制阶段、生产阶段、使用阶段到退役阶段，都包含着再制造升级的工作内容，也正是这些再制造升级内容的考虑和使用，才实现了产品的第 2 次……第 N 次的多寿命周期使用。在面向装备全寿命周期的全域阶段，开展不同阶段的再制造升级活动时，均采用不同的技术内容及理论与工程支撑，且各个寿命周期内所采用的技术内容方法和工程实现思想基本相同。因此，构建基于多次寿命周期的产品再制造升级的技术内容及理论体系，明确其不同的支撑、保障与实现技术内容，建立相应的实施工具手段，对于开展产品的再制造升级工作具有重要意义。

由图 7-3 可知，再制造升级工作可以实现产品的多寿命周期，而且其工作内容遍及多寿命周期的各个过程。例如，在其第 1 次寿命周期中，在论证阶段，要考虑其在功能落后时的升级性，进行相应的模块化、标准化或结构设计，提升其升级时的便利性；在生产阶段，要根据其升级性设计要求进行生产落实，保证其升级性能；在使用阶段，要进行升级性的维持与巩固，并根据技术发展和功能需求，实时进行再制造升级实施建议，并进行再制造升级方案的初步确定及保障资源的论证；在退役阶段，进行再制造升级性评价，科学确定再制造升级方案，正确配置再制造升级资源，开展再制造升级工作，生成性能显著提升的再制造升级产品，进入产品的第 2 次寿命周期。如此循环，将可以实现产品的多寿命升级循环，不断满足不同时期对产品功能的新需要。

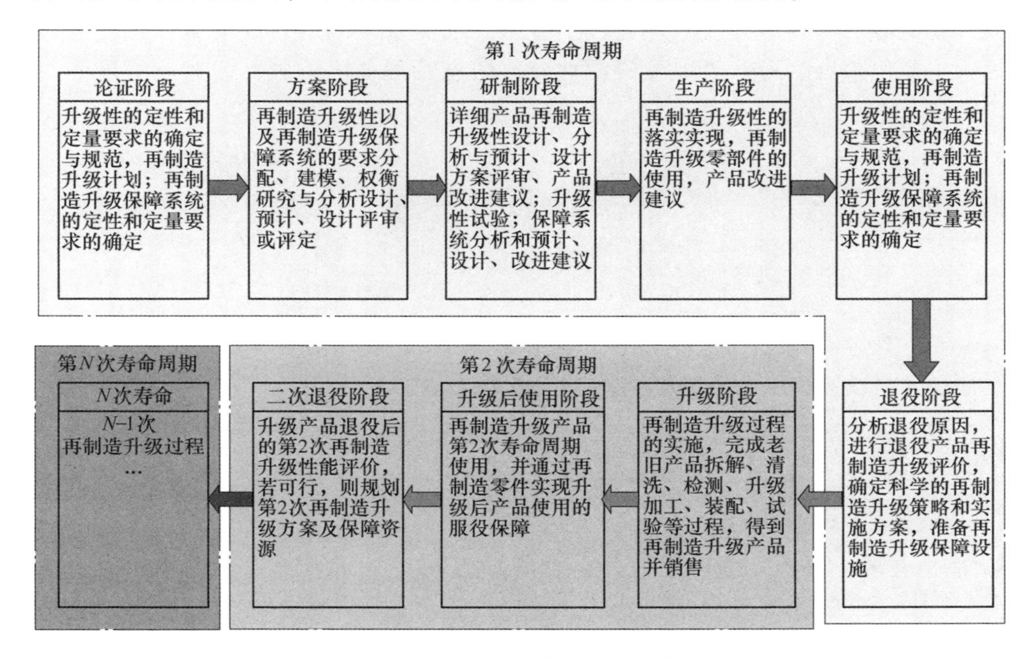

图 7-3　多寿命周期中的再制造升级工作

2. 面向多寿命周期的再制造升级体系管理

根据产品再制造升级的全域工作内容和再制造升级技术内容，参考再制造升级的工程实施，可进一步构建再制造升级工程的理论与技术系统框图，如图 7-4 所示。再制造升级的理论与技术系统包括基础理论层、工程技术层和应用工具层，其中理论是升级的基础，工程技术是升级的实现方式，应用工具是支持手段，这三部分以工程技术层的内容为升级实现的核心，向基础部分拓展为基础理论层，向工程部分拓展表现为升级的应用工具层，同时三者又相互补充、完善、支撑。

再制造升级的概念内涵、构成要素、工艺方法和设计管理等内容都属于基础理论层，它为工程技术层和应用工具层提供再制造升级的发展观和属性支持。

工程技术层主要研究再制造升级的支撑技术，这些技术大致可分为三类：支持再制造升级性设计的再制造升级性设计与评价技术、支持再制造工艺流程的再制造升级加工技术、支持再制造升级优化应用的综合评价管理技术。第一类技术是以新产品再制造升级性的设计与验证为研究内容，包括再制造升级性的设计方案论证、指标分配、指标拆解、试验应用等相关内容；第二类技术是以实现再制造升级的具体工程加工应用实现为研究内容，包括拆解、清洗、分类、加工、装配、涂装、试验、质量控制等相关内容；第三类技术是面向再制造升级全域的再制造升级管理与评估技术，以实现再制造升级的全域优化为目标，主要包括再制造升级保障资源优化、信息管理、售后服务、物流管理等相关内容。

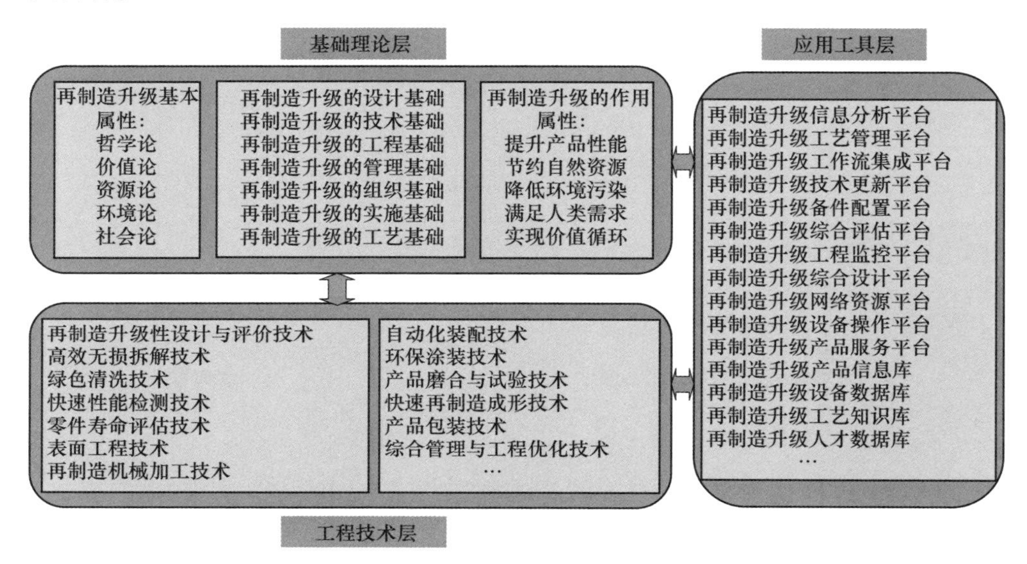

图 7-4　再制造升级工程的理论与技术系统框图

应用工具层包括实施再制造升级所需要的支持工具，其核心是各种资源平台、软件平台和数据信息库，包括再制造升级信息分析平台、工艺管理平台、工作流集成平台、技术更新平台、备件配置平台、综合评估平台、工程监控平台、综合设计平台、网络资源平台、设备操作平台、产品服务平台、产品信息库、设备数据库、工艺知识库、人才数据库等内容。这些平台和数据库是再制造升级理论与工程技术实际应用的有机结合，是提高再制造升级效益的有效措施。

3. 再制造升级的循环流管理

再制造升级是一个将旧品变成再制造升级产品的过程，也是一个实现产品性能提升、投入资金增值、资源环境友好的过程，再制造升级系统全过程的循环流管理模式如图 7-5 所示。由图 7-5 可知，信息流是再制造升级系统生产决策的核心，信息流的通畅是再制造升级企业成功开展批量化再制造升级生产的关键，正确分析产品再制造升级工作流，可以为正确理解和管理各种再制造升级信息提供支撑。除此之外，再制造升级系统在整个实施周期中不断与外界发生材料和能源的交互，利用各种资源进行再制造，包括旧品、原材料、空气、水、土壤，同时不断向环境输出再制造升级产品、各种气体、液体和固体排放物。利用以上所述背景，可以进一步针对具体产品开展再制造升级系统需求分析，建立再制造升级的总体实施模型，并对再制造升级需求进行分析评价，完善再制造升级工作流模型，指导再制造升级工作的组织实施。

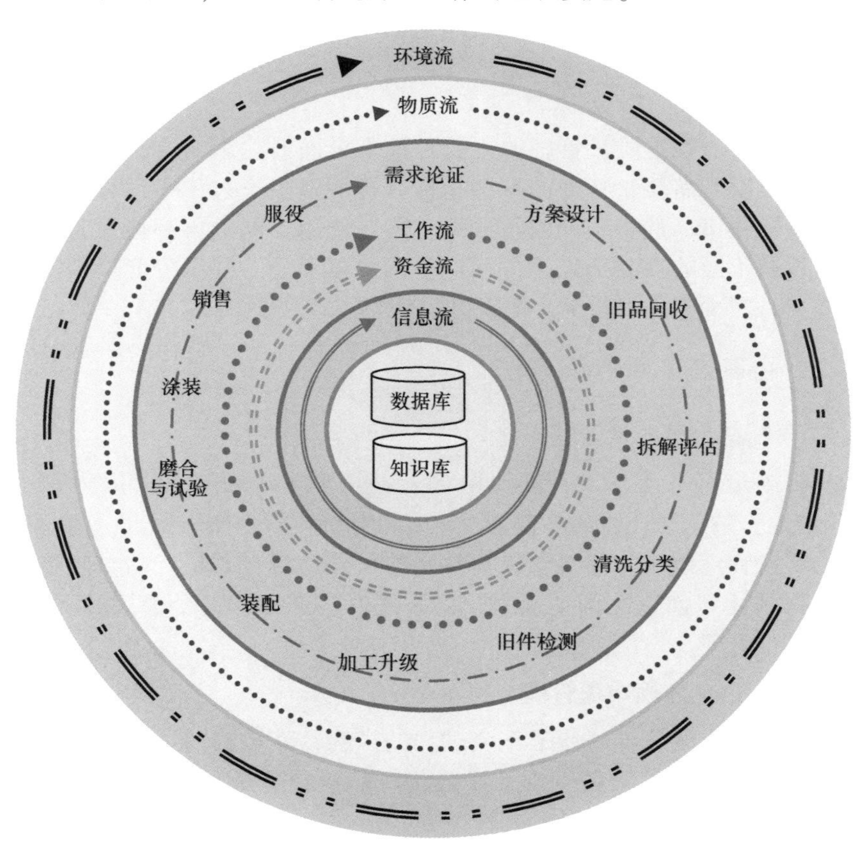

图 7-5　再制造升级系统全过程的循环流管理模式

7.4　再制造质量管理技术方法

7.4.1　再制造产品质量特征

再制造产品质量要求不低于新品质量，并由于在再制造过程中大量采用新技术，往往会使再制造产品在某些技术指标上能优于新品。再制造质量保证不但要有好的再制造技术应用，还应该有好的再制造生产质量管理技术和方法，同时要有高的再制造管理工作质量和科学的再制造决策。

再制造质量管理是指为确保再制造产品生产质量所进行的管理活动，也就是用现代科学管理的手段，充分发挥组织管理和专业技术的作用，合理地利用再制造资源以实现再制造产品的高质量、低消耗。实际上，质量管理的思想来源于产品质量形成需求，再制造过程同样是产品的生产过程，再制造后产品的质量与制造的新产品相似，是通过再制造活动再次形成的。因此，再制造质量管理具有全员性、全过程性和全面性等特点，在具体的要求和实现措施上更加具有目的性。

再制造生产过程中质量管理的主要目标是全面消除影响再制造质量的消极因素，确保反映产品质量特性的那些指标在再制造生产过程中得以保持，减少因再制造设计决策、选择不同的再制造方案、使用不同的再制造设备、不同的操作人员以及不同的再制造工艺等而产生的质量差异，并尽可能早地发现和消除这些差异，减少差异的数量，提高再制造产品的质量。

7.4.2 再制造质量管理方法

1. 再制造全员质量管理

产品再制造有许多环节，需要由多人甚至多个单位参加。因为每个成员（单位或个人）的工作质量最终都要反映到再制造质量上来，因此，每个成员都有一定的质量管理职能，都必须提高自己的工作质量，要把产品再制造所有有关人员的积极性和创造性调动起来，人人做好本职工作，个个关心工作质量，实行全员质量管理。

2. 再制造全过程质量管理

因为再制造质量是再制造工作全过程的产物，其影响因素在全过程都起作用，所以要实行全过程质量管理，要强化产品再制造全过程的质量检验工作，针对全过程制定具体质量检测方法。

3. 再制造全面质量管理

再制造质量是多种因素综合作用的结果，忽略哪一个因素都可能带来不利后果。所以，在首先抓住关系再制造质量的主要因素的同时，必须对再制造各方面的工作实行全面质量管理，即对影响质量的一切因素进行管理。

4. 再制造工序的质量管理

再制造的生产过程包括从废旧产品的回收、拆解、清洗、检测、再制造加工、组装、检验、包装直至再制造产品出厂的全过程，在这一过程中，再制造工序质量管理是保证再制造产品质量的核心。

工序质量管理是根据再制造产品工艺要求，研究再制造产品的波动规律，判断造成异常波动的工艺因素，并采取各种管理措施，使波动保持在技术要求的范围内，其目的是使再制造工序长期处于稳定运行状态。为了做好工序质量管理，要做好以下几点内容：

1）制定再制造的质量管理标准，如再制造产品的标准、工序作业标准、再制造加工设备保证标准等。

2）收集再制造过程的质量数据并对数据进行处理，得出质量数据的统计特征，并将实际执行结果与质量标准比较得出质量偏差，分析质量问题和找出产生质量问题的原因。

3）进行再制造工序能力分析，判断工序是否处于受控状态和分析工序处于管理状态下的实际再制造加工能力。

4）对影响工序质量的操作者、机器设备、材料、加工方法、环境等因素进行管理，以及对关键工序与测试条件进行管理，使之满足再制造产品的加工质量要求。

通过工序质量管理，能及时发现和预报再制造生产全过程中的质量问题，确定问题范畴，消除可能的原因，并加以处理和管理，包括进行再制造升级、更改再制造工艺、更换组织程序等，从而有效地减少与消除不合格产品的产生，实现再制造质量的不断提高。工序质量管理的主要方法是统计工序管理，采用的主要工具为管理图。

7.4.3 再制造质量控制技术方法

产品再制造质量控制的目的和作用在于监控再制造过程中各环节产生的问题，预防故障的出现，减少废品率，保证再制造产品质量。产品再制造的质量控制技术，可直接借鉴产品制造和维修中的常用基本工具。

在产品全面质量管理中，PDCA 方法（或称 PDCA 循环）是一种基本的工作方法，它是由美国著名质量管理学家威廉·爱德华兹·戴明（1900—1993）首先提出并使用的。PDCA 指计划（Plan）、实施（Do）、检查（Check）、处理（Action）。它可概括为四个阶段、八个步骤及常用统计工具，见表 7-1。

表 7-1 PDCA 循环

阶　段	步　骤	质量控制方法
计划	1. 找出存在问题，确定工作目标	排列图、直方图、控制图
	2. 分析产生问题的原因	因果图等
	3. 找出主要原因	排列图、相关图等
	4. 制订工作计划	对策表

（续）

阶　段	步　骤	质量控制方法
实施	5. 执行措施计划	严格按计划执行，落实措施
检查	6. 调查效果	排列图、直方图、控制图
处理	7. 找出存在问题	转入一下个 PDCA 循环
	8. 总结经验与教训	工作结果标准化、规范化

PDCA 循环是有效进行任何工作的合乎逻辑的工作程序。在质量管理中，PDCA 循环得到了广泛应用，取得了很好的效果。称其为 PDCA 循环，是因为这四个过程不是运行一次就结束，而要周而复始进行。一个循环完了，解决了一部分问题，可能还有其他问题，或又出现新问题，需要再进行下次循环。

全面质量管理活动的运转，离不开管理循环，改进与解决质量问题，赶超先进水平的各项工作，都要运用 PDCA 循环的科学程序。不论提高产品质量，还是减少不合格品，都要提出目标，编制计划；计划不仅包括目标，也包括实现目标的措施；计划制定后，要按计划检查，了解是否达到预期效果和目标；找出问题和原因并处理，将经验和教训制定成标准、形成制度。在 PDCA 循环过程中，每一个阶段都有规定的内容及需要解决的问题，同时在每个阶段为解决各类问题或达到工作的目标，将会采取不同的方法。在 PDCA 循环中，常用的质量控制方法有多种，以下着重介绍直方图、控制图、排列图和因果图在质量控制上的应用原理。

1. 直方图

直方图是指将数据按大小顺序分成若干间隔相等的组，以组距为底边，以落入各组的数据频数为高度，按比例构成的若干直方柱排列的图。直方图适用于对大量数据进行整理加工，找出其统计规律，即分析数据分布的形态，以便对其总体的分布特征进行推断。直方图中主要图形为直角坐标系中若干顺序排列的矩形，各矩形底边长相等，为数据区间，矩形的高为数据落入各相应区间的频数。

直方图是统计大批量产品公差尺寸的常用方法，这种方法可直观地找出符合或不符合规定技术条件的数据信息，适用于产品检验时发现超差产品。进行直方图分析时的主要步骤有：

1）统计数据。将产品检测数据统计汇总，制成数据表。

2）总结数据。把统计数据按标准分类汇总，形成有关数量与尺寸的数据表后，就可以根据规定好的判据，形成产品质量分布规律。但这样的分布规律还不是最好的，还不够直观，因此，要用图形表示出来。

3）绘制直方图。通过直方图，可以很容易找到零件尺寸最集中的区间，与标准尺寸范围比对，会发现大部分零件尺寸合格，都集中在合格尺寸范围内，仅有少数零件尺寸超差，这样通过直方图中尺寸比对就可以知道，生产加工过程没有大问题，找到导致少数零件超差的原因即可。

这种方法是基于产品阶段的零件检验，其起源于传统质量管理理论。

例题：从某再制造厂对轴涂层进行切削加工中的一批零件中抽出 100 件测量其厚度，结果见表 7-2。标准值为 3. 50mm ± 0. 15mm，根据测量数值绘制直方图。

表 7-2　例题数据表　　（单位：mm）

序号	A	B	C	D	E	F	G	H	I	J
1	3. 56	3. 46	3. 48	3. 50	3. 42	3. 43	3. 52	3. 49	3. 44	3. 50
2	3. 48	3. 56	3. 50	3. 52	3. 47	3. 48	3. 46	3. 50	3. 56	3. 38
3	3. 41	3. 37	3. 47	3. 49	3. 45	3. 44	3. 50	3. 49	3. 46	3. 46
4	3. 55	3. 52	3. 44	3. 50	3. 45	3. 44	3. 48	3. 46	3. 52	3. 46
5	3. 48	3. 48	3. 32	3. 40	3. 52	3. 34	3. 46	3. 43	3. 30	3. 46
6	3. 50	3. 63	3. 59	3. 47	3. 38	3. 52	3. 45	3. 48	3. 31	3. 46
7	3. 40	3. 54	3. 46	3. 51	3. 48	3. 50	3. 63	3. 60	3. 46	3. 62
8	3. 48	3. 50	3. 56	3. 50	3. 52	3. 46	3. 48	3. 46	3. 52	3. 56
9	3. 52	3. 48	3. 46	3. 45	3. 46	3. 54	3. 54	3. 48	3. 49	3. 41
10	3. 41	3. 45	3. 34	3. 44	3. 47	3. 47	3. 41	3. 48	3. 54	3. 47

根据表 7-2 中数据画出直方图，如图 7-6 所示。由图 7-6 可见，零件的厚度尺寸在 3. 45 ~ 3. 50mm 范围内最多。若将标准值 3. 50mm ± 0. 15mm 标在图上，即可看出已有一部分超出公差范围。

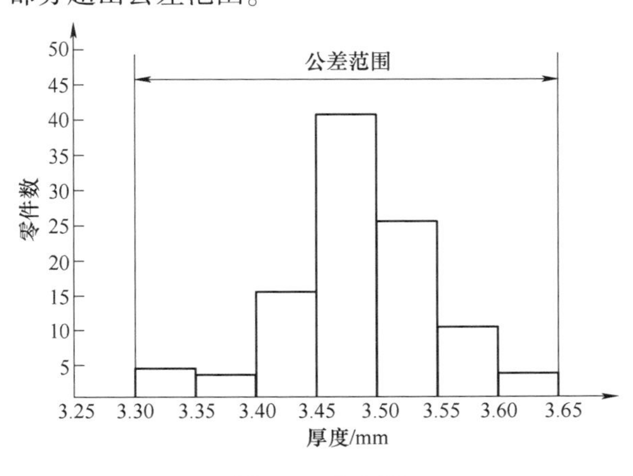

图 7-6　直方图

应用再制造数据绘制直方图，可以判断出再制造质量存在问题，但存在什么问题，还需要采用排列图、因果图等工具，进一步分析原因，找出问题所在。

2. 控制图

控制图是对生产过程中产品质量状况进行实时控制的统计工具，是质量控制中最重要的方法。控制图可用于反映产品再制造过程中的动态情况（能够反映质量特征值随时间的变化），以便对产品再制造质量进行分析和控制。主要图形为直角坐标系中的一条波动曲线，横坐标表示抽取观测值的顺序号（或时间），纵坐标为观测值的质量特征值。

控制图有很多种，常见的有$\overline{X}-R$图（平均值-极差控制图，如图7-7所示）、$X-R$图（中位数－极差控制图）、$X-R_s$图（单值－移动极差控制图）、P_n图（不合格品数控制图）、P图（不合格品率控制图）、C图（缺陷数控制图）和U图（单位缺陷数控制图）等7种。这里简要介绍绘制控制图的基本过程。

图7-7中，横坐标为样本序号，纵坐标为产品质量特性，三条平行线分别为：实线CL——中心线，虚线UCL——上控制界限线，虚线LCL——下控制界限线。生产过程中，定时抽取样本，把测得的数据点描在控制图中。如果数据点落在两条控制界限之间，且排列无缺陷，表明生产过程正常，过程处于控制状态；否则表明生产条件异常，需采取措施，加强管理，使生产过程恢复正常。

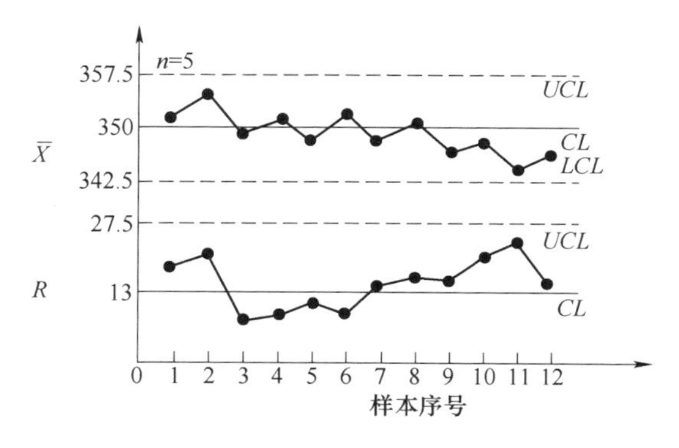

图7-7 平均值-极差控制图

绘制控制图的主要过程如下：

（1）统计数据　绘制控制图，检查质量波动或稳定性的原始数据必须来源于产品定期定量的检验。收集、整理数据时一般采集20组数据，每组5个样本。这种检验要确保：①在稳定的生产速率下，抽样的时间间隔大致相同；②在稳定的生产速率下，抽样的间隔数量或批次一致；③尽可能提高抽样密度，使抽样的产品样本数量或时序样本数量均能较多。

（2）计算各组平均值$\overline{X}_i$及极差R_i　平均值指本组检验结果平均值；极差指

本组检验结果中最大值与最小值的差。

（3）确定中心线位置，画出中心线 中心线分为平均值图中心线和极差图中心线，通常这两条线绘于同一个图中，公式分别如下：

平均值图中心线，$CL = \overline{\overline{X}} = \sum_{i=1}^{k} \frac{X_i}{K}$

极差图中心线，$CL = \sum_{i=1}^{k} \frac{R_i}{K}$

（4）确定上下控制线位置，画出上下控制线

1）平均值图控制上限：$UCL = \overline{\overline{X}} + A \times \overline{R}$

2）平均值图控制下限：$LCL = \overline{\overline{X}} - A \times \overline{R}$

3）极差图控制上限：$UCL = C \times \overline{R}$

4）极差图控制下限：$LCL = B \times \overline{R}$

上述公式中 A、B、C 是由每组样本数决定的系数，可从专用系数表中查得。这个系数是必要的，它根据检验样本数确定，由于样本数越少，可能出现的波动越不易确定，其规律性就越难得出，因此，系数就越大；样本数很多时则相反。

（5）根据数据作图 根据计算数据绘制直角坐标系，以横坐标为时序或样本序号，以纵坐标为质量特征值，首先绘制出平均值图或极差图中的中心线和控制上下限，然后按样本序号或抽样的时序绘制各样本的质量特征实测值，并依次将其连接起来形成图形。

例：某零件规格为 $\phi 31^{+0.010}_{+0.002}$mm，其尺寸控制图（平均值图）如图7-8所示。由控制图可以看出质量特征值的变化趋势，也可看出是否有周期性变化。

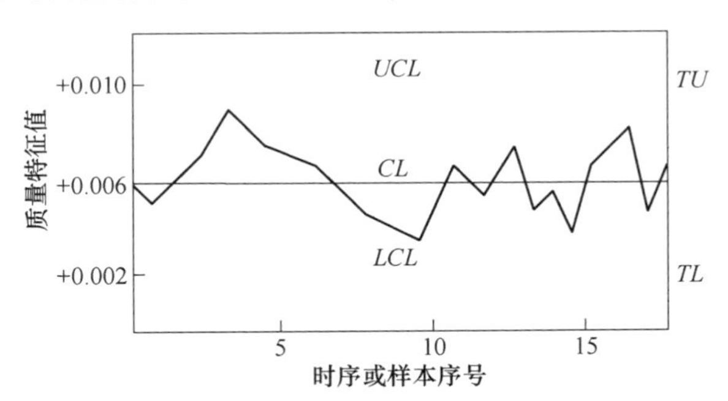

图7-8 控制图（平均值图）

TU—公差上限 *TL*—公差下限

3. 排列图

排列图又称帕雷托图，是用来寻找主要矛盾或关键因素的一种工具。排列

图可以找出影响产品再制造质量的主要问题，通过寻找关键问题并采取针对性措施，以确保产品再制造的质量。

排列图法基于累加方法绘图，首先绘制的是数据分布中比例最大的，依次排列比例逐渐下降。横坐标为数据分类，纵坐标是件数。这样可以直观地找到系统中影响最大的部分，各部分之间的关系非常清楚。排列图中直方部分单独排列，曲线按各部分关系叠加，通过这种方法可迅速找到关键影响因素。排列图绘制步骤如下：

1）统计数据。取得与所分析问题有关的各类数据。

2）数据分类。根据问题特点、部分结构等因素将统计数据划分为不同区域，并计算各区域数据在总统计中的比例关系及累计比例增长。

3）绘制排列图。通过绘制图形，可将各部分故障情况在全部故障中的比例关系和地位表现出来，还可将故障情况发展趋势通过曲线描述出来。因此，排列图法可以直观地显示很多信息，是质量控制中一种经常使用的方法。

绘制排列图需要有一个条件，就是判据，这是排列图法使用的基础，也是目的。一般来说，累计频率达到 0 ~ 80% 的称为 A 类因素或关键因素，只要按从比例最高到最低的关系排列各组数据，就会找到 0 ~ 80% 比例的因素，可以是 1 个，也可能是 2 个或 3 个；处于 80% ~ 95% 比例的因素称为 B 类因素，其对系统的影响要比关键因素弱；处于 95% ~ 100% 的称为 C 类因素，也称次要因素，它对系统的影响更低。无论哪类因素，都可能不是由某一单独部分组成，这样就很容易地将各影响因素进行分类，从而制定相应的改进和控制措施。需要注意的是，处于 80% ~ 95% 的部分并不是指其影响因素达到 80% ~ 95%，它仅占 15%，同样，次要因素仅占 5%。

4. 因果图

为分析产生质量问题的原因以便确定因果关系的图叫作因果图，如图 7-9 所示，按其形状又称树状图或鱼刺图。因果图由质量问题和影响因素两部分组成，

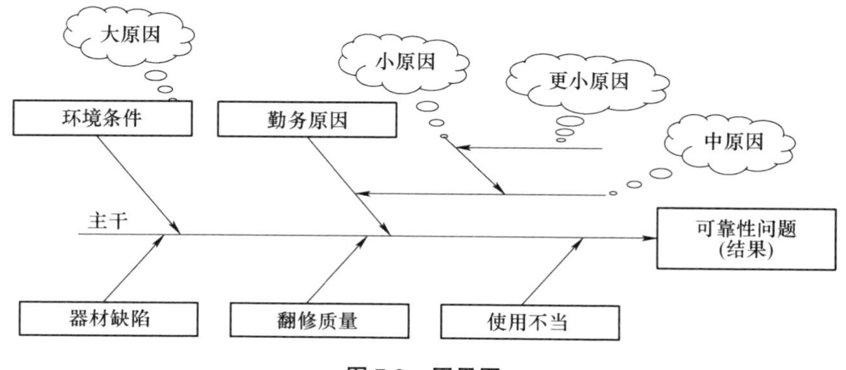

图 7-9　因果图

图中主干箭头所指为质量问题，主干上的大枝表示大原因，中枝、小枝、细枝等表示原因产生影响的重要度依次展开。因果图的重要作用在于明确因果关系的传递途径，并通过原因的层次细分，明确原因的影响大小与主次。如果有足够的数据，可以进一步找出影响平均值、标准差以及发生概率方面的原因，从而做出更确切的分析，确保产品质量符合规定要求。

7.5 再制造器材管理

7.5.1 概述

再制造器材是指再制造装配时所需的各种零部件（包括采购件、直接再利用件和再制造后可利用件）及各种原材料等，如备件、附品、装具、原材料、油料等，是实施产品再制造工作的基本物质条件。再制造过程中所需器材主要包括两类：一是再制造产品装配中所需的各种零部件，这些零部件主要有两个来源，首先是废旧产品中可直接利用件和再制造加工修复件，其次是从市场采购的标准件，以替代废旧产品中无法再制造或不具备再制造价值的零部件；二是再制造拆解、清洗、检测、再制造加工过程中所需的各种原材料，如用于失效件再制造喷涂加工的金属粉末和用于废旧件清洗的清洗液等原材料。再制造器材管理，是组织实施产品再制造器材计划、筹措、储备、保管、供应等一系列活动的总称，是提高产品再制造效益的重要保证，具有十分重要的意义。

再制造器材管理的基本任务，就是根据产品数量及其技术状况、器材消耗规律、经济条件和市场供求变化趋势等，运用管理科学理论与方法，对器材的筹措、储备、保管、供应等环节进行计划、组织、协调和控制，机动、灵活、快速、有效地保障产品再制造所需的器材供应。其主要内容有：

器材筹措：根据废旧产品再制造的计划、供应标准、市场供求发展趋势、器材资源量和再制造生产的实际需求量，以及可能提供的经费，通过采购、组织旧品修复或改造等手段，获取所需的再制造器材。

器材储备：根据产品再制造的种类及任务、器材消耗规律、器材的再制造利用率、生产与供货情况、经费条件等制定器材储备标准和器材周转储备定额，并按储备标准与计划适时进行储备。

器材供应：按照器材的供应渠道、供应范围和供应办法，根据实际需要和定额标准，实施及时、准确的供应，保障产品能按计划均衡地实施再制造。

库存管理：根据器材的理化性质、存储要求、仓储条件、自然环境条件的变化规律，对储备的器材进行科学管理，适时进行保养，做到型号、品种、规格齐全配套、数量准确、质量完好，保持器材的原有使用价值不变，并为器材适时订购提供依据。

基础工作：根据再制造器材保障规律，搞好器材管理活动中共性的基础性工作，推动再制造器材管理的科学化、规范化，提高器材管理水平和效益。主要包括器材标准化、器材管理规章制度的制定、器材原始资料的收集和统计、各种器材定额的制定，以及组织再制造器材保障专业技术训练等。

7.5.2 再制造器材计划管理

器材计划是指从查明器材需求和寻找资源开始，经过供需之间的综合平衡、器材分配，直至供应到使用单位为止的整个过程所编制的各种计划的总称。再制造器材计划管理，是器材部门依据器材需求规律、筹措和供应的特点，运用科学方法制定计划并实施的管理。计划管理是器材部门实现预定目标，提高工作效率的有效途径。

再制造器材计划管理的基本任务，就是掌握器材供需规律，不断发现和解决不同类型废旧产品再制造器材供应和需求之间的矛盾，搞好器材的供需平衡，合理分配和利用器材资源，在保障产品再制造所需器材前提下，不断提高经济效益。

1. 查明再制造器材的资源和需求，搞好供需综合平衡

资源是计划期内可供分配使用的各种器材的来源；需求是计划期内产品再制造需用器材的数量和质量要求。器材供需平衡，是指利用掌握的计划期内器材资源和需求的准确信息，经过计算、对比、分析、调节，求得器材在供需之间实现数量、品种、时间、构成上的相对平衡，使资源与需求很好地相互衔接，最大限度地满足产品再制造对器材的需要。查明再制造器材的需求，是发现和解决再制造器材的供需矛盾，求得供需相对平衡，制定再制造器材计划的基础。搞好再制造器材供需平衡，是再制造器材计划的中心环节。

2. 实现再制造器材的合理分配和供应，充分发挥现有器材的经济效益

在搞好供需平衡的基础上，本着统筹兼顾、适当安排、保障重点的原则，确定合理的分配比例关系，科学地进行再制造器材分配。要及时掌握货源的供货情况，根据需求做到及时、准确、齐全、配套的供应。为此，要随时监督和调节再制造器材的使用、周转和积压情况。对于周转慢、积压多、浪费大的单位，应采取调出库存、调换品种、减少供应等措施进行控制；对周转快、消耗多、库存少的单位，则应适时、合理地供应所需的再制造器材。总之，要通过各种计划管理的形式和调节手段，提高再制造器材的利用率，充分发挥再制造器材的经济效益。

3. 深入实际调查研究，做好计划的执行和控制

再制造器材计划管理包括计划的制定、执行、检查和处理。计划的制定只

是计划管理的开始，更重要的是通过计划的执行、检查和处理，保证计划的落实。再制造器材计划确定后，必须认真组织实施，做到及时、准确、齐全、配套地供应。在执行过程中，通过统计等手段，对计划执行情况进行定期检查和科学控制，及时发现和解决计划执行过程中出现的问题，适时对计划进行补充和调整。

7.5.3 再制造器材筹措

1. 基本概念

再制造器材筹措，就是再制造器材主管部门，通过各种形式和渠道，有组织、有计划、有选择地进行采购、订货、生产等一系列筹集器材的活动。再制造器材筹措总的要求，是以再制造生产计划为指导，经济合理、适时可靠地获得数量和质量符合产品再制造要求的器材。要科学合理地制定器材筹措计划，从再制造的总体规划出发，根据器材消耗规律和合理储备的需要，科学地确定筹措量，正确选择筹措方式、供货单位、购货批量、购货时机等，以提高器材供应的时效性。要强化信息管理，及时、全面、准确地获取器材筹措各方面有关信息，建立快速、准确的器材管理信息系统。不断完善器材质量保证体系，严把器材质量关，做好器材接收的检验工作。

2. 再制造器材筹措的一般过程

器材筹措是由器材使用单位提出需求开始，至生产企业或物资企业运送器材到使用单位或再制造器材管理机构，办理完财务结算手续为止的工作过程。整个过程大体可分为三个阶段，即筹措决策阶段、供需衔接阶段和进货作业阶段，如图 7-10 所示。

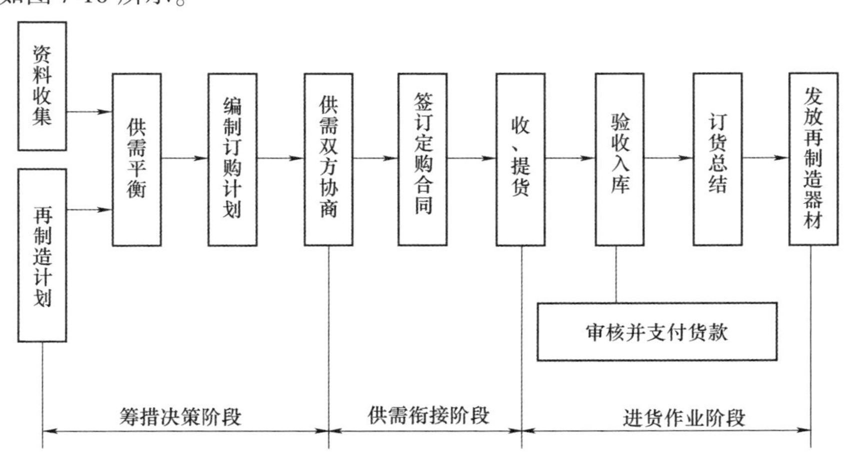

图 7-10 再制造器材筹措的一般过程

(1) 筹措决策阶段　这一阶段的主要任务是根据器材筹措整个过程中存在的主要矛盾和问题，确定筹措目标，以及为实现目标可能采用的各种策略，并按一定准则做出相应的决定。然后根据确定的目标和策略，以文字和数字的形式，在时间和空间上对所要采取的措施做出预见性安排。

(2) 供需衔接阶段　供需双方一般通过协商，按品种、数量、质量、时间和价格等多方面的条件进行平衡，在平等互利的原则上消除供需双方之间的矛盾，取得在品种、数量、质量、价格、时间、交货地点、运输方式、货款支付、售后服务、信息反馈等方面的统一，然后签订合同，以合同形式确定供需关系。

(3) 进货作业阶段　这一阶段是器材资源由供方转移到需方的过程。主要内容包括订货合同的审查登记、及时了解合同执行情况、根据合同条款编制运输计划、组织接运或提货、验收入库、付款结算等环节。验收入库时，若发现货物与合同不符，应及时通知供货和运输等有关单位或部门协商解决，并通知财务部门暂停货款结算。

3. 器材筹措方案的选择

一般是按价值标准进行筹措方案的选择。筹措方案是泛指一个方案的作用、效果、益处、意义等，目的是实现筹措目标，越是符合目标要求的方案就越好。

(1) 筹措方式的选择　器材筹措方式受供需衔接方式的影响和制约，主要方式有计划订购、市场采购、国外进口、修复与自制等。筹措方式的选择，主要考虑市场的物资管理体制，企业对器材的需求情况，以及企业所在地区的生产能力和资源情况等因素。

(2) 供货单位的选择　选择供货单位，通常以产品质量、费用水平和服务水平三个因素为主要判据。此外，对供货单位的生产能力、技术力量、成品储备能力、生产稳定性、供货的及时性和管理水平等方面也要进行比较，这样有助于正确选择供货单位。

(3) 自制与购买决策　对于具有比较完善的产品再制造保障体系、较强的器材加工制配能力的单位，可以考虑利用企业自己的加工设备和技术力量，自制部分器材和进行旧品翻新等，以解决部分器材的来源问题，还可起到培训人员、提高保障能力的作用。

在自制与购买决策中，质量和成本是重要的因素，但不是唯一的因素。当自制器材的成本与质量优于或类同于购买的器材时，选择企业自制是不言而喻的。有时，为适应企业长远发展建设需要，以经济上的损失为代价，选择企业自制也是必要的。

7.5.4 再制造器材储备

1. 基本概念

再制造器材储备是再制造生产所需的器材到达再制造企业但尚未进入其所需要的产品再制造过程的时间间隔内的放置与停留，是保证产品再制造能够正常进行的必要条件。深入研究器材流转过程和器材需求的客观规律，合理确定和控制器材储备的数量、品种的结构，以及空间的科学配置，对于及时地发挥存储器材的使用效能，提高再制造器材管理能力和经济效益具有重要意义。

2. 库存控制的目标与要求

概括地讲，再制造器材库存控制的目标是：通过有效的方法，使器材库存量在满足产品再制造需求的条件下，保持在经济合理的水平上。库存控制的要求如下：

1）数量准确，满足储备定额规定。器材库存数量要在规定的上、下限范围之内，如果超过规定的上限或下限，要采取措施加以调整。在这种动态变化的全过程中，都必须做到数量准确无误。

2）质量优良，符合技术要求。各类器材在储存过程中，由于受到储存环境的影响，往往要发生质量变化，器材品种不同，变化速度也不一样，应通过有效的管理手段和技术措施，减少器材的储备期，使各类储备器材质量处于良好状态，符合有关规定。当质量指标已经接近临界点时，应采取有效措施加以控制调整。

3）结构合理，满足储备规划要求。器材储备规划对储备结构的规定，是经过科学分析、综合论证得出的结论。因此，平时对器材储备的管理与控制，要逐步使储备结构趋于合理，向规划的要求标准步步逼近。尤其当器材储备中的若干重点器材品种发生变化时，更要及时采取措施加以补充或调整。

4）减少库存，加强器材的流动性。尽量根据统计规律和生产计划，加强器材的流动性，减少器材的库存量，节约库存费用，实现采购与生产同步。例如对于废旧件经再制造加工后达到质量要求的备件，可以直接送到再制造装配工序进行组装，不进入仓储环节。减少器材的储备，既可以加强资金的流动性，又可以减少仓储面积。

3. 再制造器材的库存控制过程

再制造器材来自于再制造企业自身和外购，再制造企业通过再制造加工获得的备件及自制件库存比较简单，如果不立即进行再制造装配，则可以直接送到仓库进行库存，待装配时进行供应。一个完整的外购器材库存过程，包括以下四个过程：

1）订货过程。订货过程是外购件自订货准备开始（包括器材资源调查、确定订货计划、订货经费准备等），直至签订订货合同为止的过程。订货成交后需方在账面上增加了的仓库器材库存量，称为“名义库存量”。

2）进货过程。进货过程是把订购的器材从供方所在地运抵再制造方仓库并经验收入库的过程。进货过程在实体上增加的库存量，称为“实际库存量”。

3）保管过程。保管过程是器材入库以后直至器材供应为止的过程。

4）供应过程。供应过程是向使用单位供应各种器材的过程，是器材库存量逐渐减少的过程。

从上述四个过程可以看出，影响外购件库存量大小的有订货、进货和供应三个过程。订货、进货过程使库存量增加，供应过程使库存量减少。相对地看，供应的数量是根据使用单位器材需求量决定的，它的确定是被动的；而订货、进货的数量则是由器材管理部门根据多方面条件决定的，它的确定是主动的。因此，保持器材库存量的经济合理，关键是制定一个合适的订货策略。

7.5.5 再制造器材的分配与供应

再制造器材的供应，是器材部门向再制造生产过程实施再制造器材保障的过程。器材分配是根据产品再制造各工序的生产计划安排，确定各需用单位所得器材的种类及数量的活动。器材分配是器材供应的基础和前提。器材供应是器材部门及时、准确、齐全配套、经济地向再制造各工序提供器材的活动。通过供应活动，把器材转移到需用者手中，保障再制造各工序工作计划的顺利进行。

再制造器材一般是按再制造生产的计划和进度，按照各岗位所需要的品种、规格、数量以及筹措的资源情况，在综合平衡的基础上进行分配，保证各岗位再制造工作的按时完成。分配时既要做到品种、规格、数量齐全配套，又要使器材的分配不存在浪费，满足再制造生产的需求，减少待工或停机时间，提高再制造生产效率。在需求器材大于可以供应器材数量时，要综合考虑整个生产线流程，重点保障关键岗位，避免造成重大损失。

再制造器材供应在具体组织实施上，可根据产品特点，采取计划申请与临时申请相结合、自领与下送相结合、配套供应与单品种供应相结合等方式进行。器材供应的关键是掌握再制造生产计划及各零部件的再制造率，适时向各工序供应所需器材，保障各工序的工作效率。

7.6 再制造信息管理技术方法

7.6.1 基本概念

信息是指事物运动的状态和方式，以及这种状态和方式的含义和效用，信息反映了各种事物的状态和特征，同时，又是事物之间普遍联系的一种媒体。信息是再制造系统中的一项重要资源，是掌握再制造规律，发现问题，分析原因，采取措施，不断提高再制造质量和经济效益的必不可少的依据。

再制造信息是指经过处理的，与再制造工作直接或间接相关的数据、技术文件、定额标准、情报资料、条例、条令及规章制度的总称。当然，严格地说，信息是指数据、文件、资料等所包含的确切内容和消息，它们之间是内容和形式的关系。其中，尤以数据形式表达的信息，是信息管理中应用最为广泛的一种信息，再制造管理定量化，离不开反映事物特征的数据。因此，经过加工处理的数据，是最有价值的信息。在管理工作中往往将数据等同于信息，将数据管理等同于信息管理，不过，信息管理是更为广义的数据管理。

废旧产品再制造信息以文字、图表、数据、音像等形式存入在书面、磁带（盘）、光盘等载体中，其基本内容有公文类、数据类、理论类、标准类、情报类、资料类等。

7.6.2 再制造信息的管理

1. 概述

再制造信息管理是再制造企业在完成再制造任务过程中，建立再制造信息网络，采集、处理、运用再制造信息所从事的管理活动。产品再制造管理要以信息为依据，获得的信息越及时、越准确、越完整，越能保证再制造管理准确、迅速、高效。在产品全系统全寿命管理过程中，与产品再制造有关的信息种类繁多，数量庞大，联系紧密，必须进行有效的管理，才能不断提高产品再制造水平，并及时将再制造信息反馈到产品的设计过程。

再制造信息管理的基本要求是：建立健全产品再制造业务管理信息系统；及时收集国内外产品再制造过程中的技术信息；组织信息调查，对反映再制造各环节中的基本数据、原始记录、检验登记等进行整理、分类、归档；信息数据准确，分类清楚，处理方法科学、系统、规范；信息管理应逐步实现系统化、规范化、自动化。

2. 管理活动中的信息流

废旧产品的再制造活动与人们所从事的其他活动一样，可概括为两大类活动：一类是再制造生产活动，此类活动输入各种资源（人员、设备、器材等），经过各道再制造加工工序，最后转化为再制造产品；另一类是围绕再制造活动不断进行的计划、决策、检查、协调等管理活动，以控制再制造生产按次序有效地进行。生产活动中，从输入到输出，是一种形式的物到另一种形式的物的转换，通常称为物流。而对再制造生产活动的管理则是通过反映再制造生产活动的各种信息来进行的，是一种信息的流动，即信息流，如图 7-11 所示。

再制造的信息流具有鲜明的特点。信息流是一个从上到下和从下到上的双向流动过程，向低层流动的是各种指令和文件，向上提供的是各种统计数据、报表和业务报告。在信息转换中必然使信息发生量和质的变化，是一个去伪存真、从简到繁、从不确定到确定的过程。信息流在双向流动中具有反馈特性。再制造的信息管理过程就是再制造信息的输入、转化、输出、反馈、调整的不断循环直至完成预期目标的过程（图 7-12）。

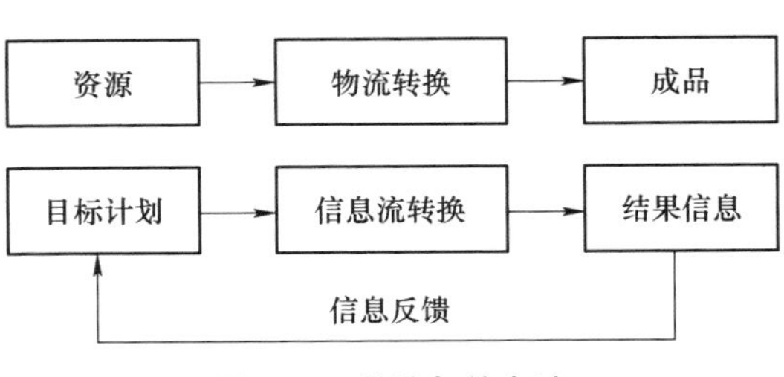

图 7-11　物流与信息流

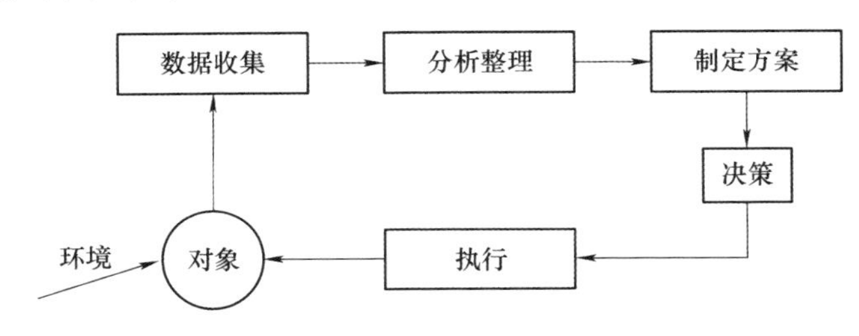

图 7-12　管理过程与信息

3. 再制造信息管理的工作流程

信息管理的工作流程包括信息收集、加工处理、储存、反馈与交换以及对信息利用情况的跟踪。信息的价值和作用只有通过信息流程才能得以实现，因此，对信息流程的每一环节都要实施科学的管理，保证信息流的畅通。图 7-13 所示为一个简化的信息流程图。

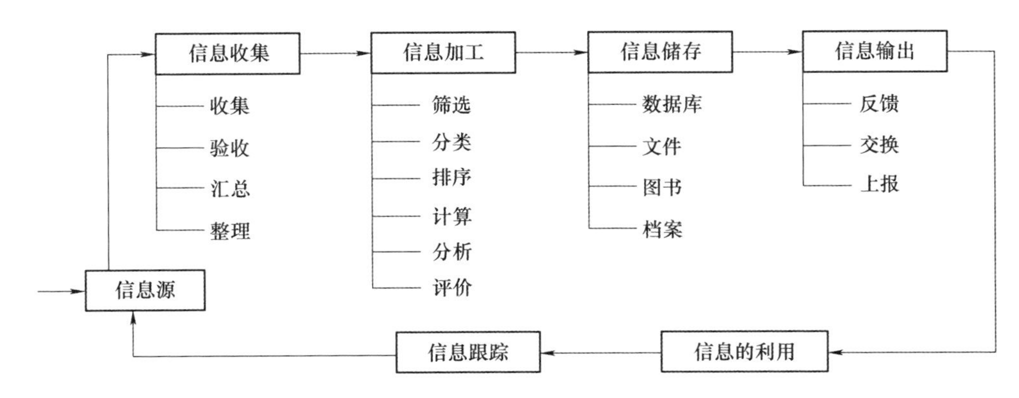

图 7-13　简化的信息流程图

（1）再制造信息的收集 开展再制造信息工作的关键和难点就在于能否做好产品再制造信息的收集工作。产品再制造信息收集方式一般分为两种：常规收集和非常规收集。常规收集是对常规信息的经常连续收集。常规收集的信息通常有两大特点，一是内容稳定，二是格式统一。这种信息一般要求全数取样，并使用统一规定的表格和卡片。非常规收集指的是不定期需要的某些信息的收集。收集的信息有时是全面信息，有时是专题信息。专题信息的收集又可分为普查（全数取样）、重点调查、随机取样、典型调查。产品再制造信息收集方法主要有调查统计表、卡片形式、图形形式以及文字报告形式。再制造信息收集的基本程序为：确定信息收集的内容和来源，编制规范的信息收集表格，采集、审核和汇总信息。

（2）再制造信息的加工处理 产品再制造信息的加工处理主要是指对所收集到的分散的原始信息，按照一定的程序和方法进行审查、筛选、分类、统计计算、分析的过程。信息加工处理应满足真实准确、实用、系统、浓缩、简明、经济的基本要求。信息加工处理的程序及其内容一般应包括：审查筛选、分类排序、统计计算、分析判断、信息评价、编制报告输出信息。

（3）再制造信息的储存及反馈 产品再制造信息经过加工处理后，无论是否立刻向外传递，都要分类储存起来，以便于随时查询使用。信息的储存有多种多样的方式，如文件、缩微胶片、计算机和声像设备等。过去传统的办法一般是采用文件的方式来储存信息。随着信息量的猛增以及计算机的广泛使用，信息的储存将逐渐被计算机数据库的方式所替代。应根据信息的利用价值和查询、检索要求以及技术与经济条件来确定不同管理层次信息的储存方式。

信息反馈是把决策信息实施的结果输送回来，以便再输出新的信息，用以修正决策目标和控制、调节受控系统活动有效运行的过程。其中，输送回来的信息就是反馈信息。信息反馈是一个不断循环的闭环控制过程，是一种用系统活动的结果来控制和调节系统活动的方法。在产品再制造活动中，信息反馈的作用更加突出，其反馈信息能够辅助制造设计部门进行设计上的改进，以保证退役产品的再制造性。通过对这些反馈信息的分析判断，将其分析判断结果作为修正决策目标和实施计划的依据，以便指导和控制产品再制造工作的正常进行。

参考文献

[1] 朱胜，姚巨坤．再制造技术与工艺［M］．北京：机械工业出版社，2011.

[2] 中国机械工程学会．中国机械工程技术路线图［M］．2版．北京：中国科学技术出版社，2016.

[3] 中国机械工程学会再制造工程分会. 再制造技术路线图 [M]. 北京: 中国科学技术出版社, 2016.
[4] 崔培枝, 姚巨坤, 李超宇. 面向资源节约的精益再制造生产管理研究 [J]. 中国资源综合利用, 2017, 35 (1): 39-42.
[5] 姚巨坤, 朱胜, 崔培枝, 等. 面向多寿命周期的全域再制造升级系统研究 [J]. 中国表面工程, 2015, 28 (5): 129-135.
[6] 姚巨坤, 朱胜, 崔培枝. 再制造管理: 产品多寿命周期管理的重要环节 [J]. 科学技术与工程, 2003, 3 (4): 374-378.
[7] 姚巨坤, 杨俊娥, 朱胜. 废旧产品再制造质量控制研究 [J]. 中国表面工程, 2006, 19 (5): 115-117.
[8] 陈学楚. 现代维修理论 [M]. 北京: 国防工业出版社, 2003.
[9] 张琦. 现代机电设备维修质量管理概论 [M]. 北京: 清华大学出版社, 2004.

第 8 章

信息化再制造技术

8.1 网络化再制造

8.1.1 网络化再制造基本概念

1. 网络化制造

网络化制造（Networked Manufacturing，NM）的概念是由美国麻省理工学院于1995年主持完成的“下一代制造”项目研究报告中提出来的。网络化制造是企业为应对知识经济和制造全球化的挑战而实施的以快速响应市场需求和提高企业（企业群体）竞争力为主要目标的一种先进制造模式。其在广义上表现为使用网络的企业与企业之间可以跨地域的协同设计、协同制造、信息共享、远程监控及远程服务，以及企业与社会之间的供应、销售、服务等内容。在狭义上表现为企业内部的网络化，将企业内部的管理部门、设计部门、生产部门在网络数据库支持下进行集成。网络制造将改变企业的组织结构形式和工作方式，提高企业的工作效率，增强新产品的开发能力，缩短上市周期，扩大市场销售空间，从而提高企业的市场竞争能力。

2. 网络化再制造

网络化再制造是指在一定的地域范围内，利用“互联网+”理念，采用市场调控、产学研相结合的组织模式，在计算机网络和数据库的支撑下，动态集成一定区域内的再制造单位（包括企业、高校、研究院所及其再制造资源和科技资源），形成一个基于网络化且以再制造信息系统、资源系统、生产系统、销售系统、物流系统等为支撑的再制造系统。实施网络化再制造是为了适应当前全球化经济发展、产品小批量多类型特点和快速响应市场需求、提高再制造企业竞争力的需求而采用的一种先进管理与生产模式，也是实施敏捷再制造和动态联盟的需要。网络化再制造是企业为了自身发展而采取的加强合作、参与竞争、开拓市场、降低成本和实现定制式再制造生产措施的需要。

3. 网络化再制造系统

网络化再制造系统是企业在网络化再制造模式的指导思想、相关理论和方法的指导下，在网络化再制造集成平台和软件工具的支持下，结合再制造产品需求，设计实施的基于“互联网+”的再制造系统。网络化再制造既包括传统的再制造车间生产，也包括再制造企业的其他业务。根据企业的不同需求和应用范围，设计实施的网络化再制造系统可以具有不同的形态，每个系统的功能也会有差异，但是它们在本质上都是基于网络的再制造系统，如网络化再制造产品定制系统、网络化废旧产品逆向物流系统、网络化协同再制造系统、网络化再制造产品营销系统、网络化再制造资源共享系统、网络化再制造管理系统、网络化设备监控系统、网络化售后服务系统和网络化采购系统等。

8.1.2 网络化再制造的特征

网络化制造以市场需求为驱动，以数字化、柔性化、敏捷化为基本特征。柔性化与敏捷化是快速响应用户需求的前提，表现为结构上的快速重组、性能上的快速响应、过程中的并行性与分布式决策。借鉴网络化制造的特点，结合再制造的生产要求，可知网络化再制造具有以下基本特征：

1）面向再制造全周期。网络化再制造技术可以用来支持企业生产经营的所有活动，也可以覆盖再制造产品全寿命周期的各个环节，可以减少再制造生产物流和工艺的不确定性。

2）网络化再制造是一种基于网络技术的再制造模式。它是在互联网和企业内外网环境下，再制造企业用以组织和管理其再制造生产经营过程的先进管理理论与方法。

3）可以快速响应市场对再制造产品的需求。通过网络化制造，可以提高再制造企业对市场的响应速度，实现再制造产品的快速再设计和生产，从而提高企业的竞争能力。

4）实现区域性或全国的一体化再制造生产。网络化再制造生产模式是通过网络实现区域或全国再制造产品生产相关企业的联合，突破了空间距离给再制造企业生产经营和企业间协同造成的障碍。

5）促进企业协作与全社会资源共享。通过再制造企业间的协作和资源共享，提高再制造企业群体的再制造能力，实现再制造的低成本和高速度。

6）具有多种形态和功能系统。结合不同企业的具体情况和应用需求，网络化再制造系统具有许多种不同的形态和应用模式。在不同形态和模式下，可以构建出多种具有不同功能的网络化再制造应用系统，例如面向产品再设计的前端系统、面向回收旧件的逆向物流系统、面向再制造的不同零件再制造系统等。

8.1.3 网络化再制造的关键技术

网络化再制造的实施可利用互联网、企业内部网构建网络化再制造集成平台，建立有关企业和高校、研究所、研究中心等组合成一体的网络化再制造体系，实现基于网络的信息资源共享和设计制造过程的集成，建立以网络为基础的、面向广大中小型企业的先进再制造技术虚拟服务中心和培训中心。在网络化再制造的研究与应用实施中，涉及大量的组织、使能、平台、工具、系统实施和运行管理技术，对这些技术的研究和应用，可以深化网络化再制造系统的应用。网络化再制造涉及的技术，大致可以分为总体技术、基础技术、集成技术与应用实施技术。

1）总体技术。总体技术主要是指从系统的角度，研究网络化再制造系统的结构、组织与运行等方面的技术，包括网络化再制造的模式、网络化再制造系统的体系结构、网络化再制造系统的构建与组织实施方法、网络化再制造系统的运行管理、产品全寿命周期管理和协同产品商务技术等。

2）基础技术。基础技术是指网络化再制造中应用的共性与基础性技术，这些技术不完全是网络化再制造所特有的技术，包括网络化再制造的基础理论与方法、网络化再制造系统的协议与规范技术、网络化系统的标准化技术、业务流和工作流技术、多代理系统技术、虚拟企业与动态联盟技术和知识管理与知识集成技术等。

3）集成技术。集成技术主要是指网络化再制造系统设计、开发与实施中需要的系统集成与使能技术，包括设计再制造资源库与知识库开发技术、企业应用集成技术、ASP（动态服务器页面）服务平台技术、集成平台与集成框架技术、电子商务与EDI（电子数据交换）技术，以及COM+、信息智能搜索技术等。

4）应用实施技术。应用实施技术是支持网络化再制造系统应用的技术，包括网络化再制造实施途径、资源共享与优化配置技术、区域动态联盟与企业协同技术、资源（设备）封装与接口技术、数据中心与数据管理（安全）技术和网络安全技术等。

网络化再制造是适应网络经济和知识经济的先进再制造生产模式，其研究和应用对于促进再制造产业的发展，特别是中小再制造企业的发展具有非常重要的意义。当前需要加大网络化再制造体系及技术研究力度，并选择实施基础好的企业，开展网络化再制造的示范应用，在取得经验的基础上推广和普及网络化再制造这一先进生产模式。

8.1.4 区域性网络化再制造系统模式

网络化再制造系统是一个运行在异构分布环境下的制造系统。在网络化再制造集成平台的支持下，帮助再制造企业在网络环境下开展再制造业务活动和实现不同企业之间的协作，包括协同再制造设计及生产、协同商务、网上采购与销售、资源共享和供应链管理等。借鉴网络化制造系统有关知识，图8-1给出了区域性网络化再制造系统的功能模式结构。

区域性网络化再制造系统模式的构成和层次关系为：

（1）面向市场　整个网络化再制造系统以市场为中心，提高本区域再制造业及相关企业的市场竞争能力，包括再制造产品对市场的快速响应能力、再制造产品的市场销售及服务能力、再制造资源的优化利用及再制造生产能力、现代化的再制造生产管理水平以及再制造战略决策能力、逆向物流的精确保障能力。

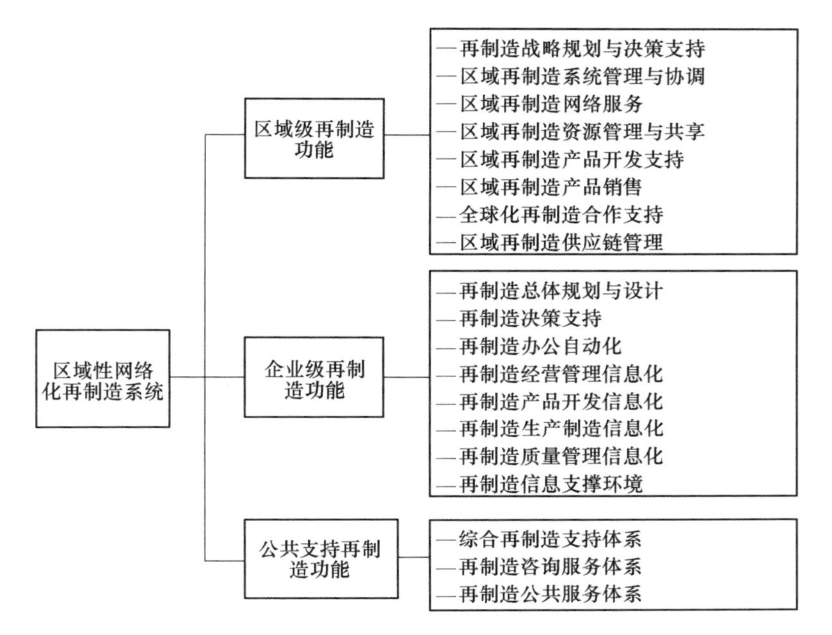

图 8-1　区域性网络化再制造系统的功能模式结构

（2）企业主体　网络化再制造系统的主体仍然是相关企业，最终由企业实现再制造产品的物化，另外还包括政府、高校、研究单位和用户，是政、产、学、研、用五方协同的新概念。

（3）信息支撑　实现网络化再制造的基本条件是由网络、数据库系统构成现代信息化的再制造支撑环境。

（4）区域控制　整个系统运行由相对稳定的区域战略研究与决策支持中心、系统管理与协调中心、技术支持与网络服务中心这三大中心支持。其中，战略研究与决策支持中心负责再制造业发展战略与规划，对战略级重大问题进行决策；系统管理与协调中心负责对系统运行的控制与协调；技术支持与网络服务中心负责对系统运行中各种技术性问题的支持和服务。

（5）应用系统　主要有废旧产品再制造的资源、市场、开发和供应等各个领域的应用系统，实现网络再制造系统的动态性、可重构性，既可以以本区域为主体，也可以实现全球化再制造物流运作。

8.1.5　企业级再制造网络化生产系统模式

企业级再制造网络化生产系统可以是一种基于敏捷制造理念的再制造企业

生产模式，它能够利用不同地区的现有资源，快速地以合理的成本生产再制造产品，以响应市场多变的需求和用户的需要。企业级再制造网络化生产系统模型的首要任务就是确定网络系统的业务环境、组织和管理结构。

图 8-2 显示了一个普通的企业级再制造网络化系统生产模式。每个网络化企业生产环境都是由敏捷的再制造车间单元组成的。每个车间既是再制造服务的提供者，例如针对旧品的拆解、清洗、检测、再制造加工等车间，又是其他服务提供者的用户。网络化再制造企业的基础框架可分为三层（图 8-2），即企业管理层、设备层和车间层。它由许多通用模块组成，这些模块包含了功能、资源和组织等多方面的信息。在企业管理层，必须设计出再制造具体方案，使地理上分散、能力上互补的相关数量众多的公司能够为完成一个共同的再制造产品生产任务，而组成一个“虚拟再制造企业”。在车间层，设定的具体生产计划能够依据每个车间的特点分配再制造作业，而这些车间完全可以处在不同的地区和不同的企业内。采用这样的网络化再制造模式，可以使得再制造企业之间、再制造合作伙伴之间的联系更加密切，可以快速为再制造企业之间的合作提供中介体，实现异地企业间的作业计划快速合作，能够更好地促进再制造企业的模块化和专业化发展，从而提升再制造效益。

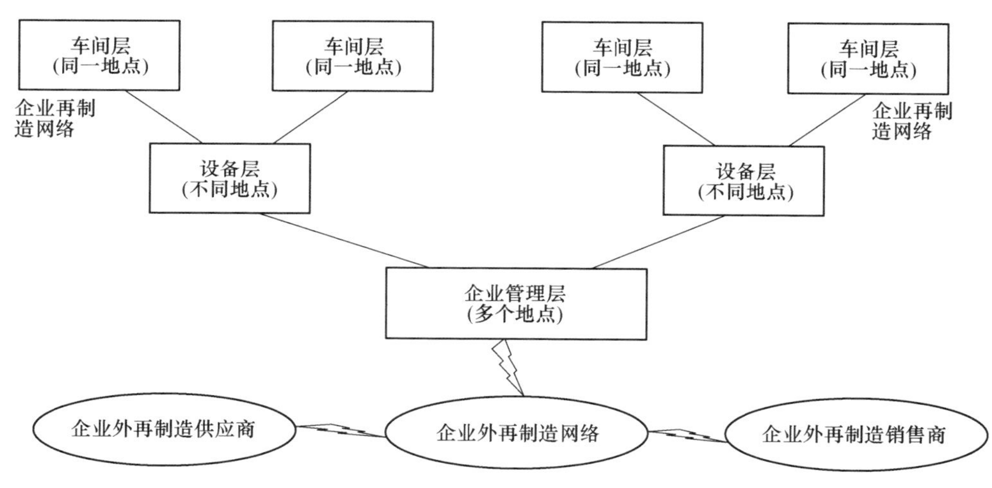

图 8-2　企业级再制造网络化系统生产模式

网络化再制造是适应产品制造发展趋势与“互联网 +”的先进制造模式，其研究和应用对于促进我国循环经济的发展，特别是再制造企业的发展具有非常重要的意义。但当前我国再制造发展也面临着政策实施、毛坯保障、企业生产等方面的问题，进一步结合“互联网 +”理念来引入再制造，实现网络化再制造模式，不但能够提升再制造的针对性和效益，适应新制造模式，还能够解决传统再制造生产中的毛坯保障、需求预测等问题。

网络化再制造的应用还处于刚刚起步的阶段，只是在部分方面实现了探索，对网络化再制造的相关理论、技术、应用等还需要开展大量的研究工作。因此，应该加强网络化再制造研究与相关系统的研究力度，密切关注一些新兴网络技术的发展，如高速网络技术等，及时将其成果引入网络化再制造中，促进网络化再制造技术与系统的发展。同时，可选择基础好的企业和院所，开展网络化再制造的示范应用，并在取得经验的基础上推广和普及网络化再制造这一先进的制造模式。

8.2 虚拟再制造及其关键技术

8.2.1 基本定义及特点

1. 基本定义

虚拟再制造（Virtual Remanufacturing）是实际再制造过程在计算机上的本质实现，采用计算机仿真与虚拟现实技术，在计算机上实现再制造过程中的虚拟检测、虚拟加工、虚拟控制、虚拟试验、虚拟管理等再制造本质过程，以增强对再制造过程各级再制造生产工序的决策与控制能力。虚拟再制造是以软件为主，软硬结合的新技术，需要与原产品设计及再制造产品设计、再制造技术、仿真、管理、质检等方面的人员协同并行工作，主要应用计算机仿真来对毛坯进行虚拟再制造，并得到虚拟再制造产品，进行虚拟质量检测试验，所有流程都在计算机上完成。在真实废旧产品的再制造活动之前，就能预测产品的功能以及制造系统状态，从而可以做出前瞻性的决策和优化实施方案。

2. 虚拟再制造的特点

1）通过虚拟废旧产品的再制造设计，无需实物样机就可以预测产品再制造后的性能，节约生产加工成本，缩短产品生产周期，提高产品质量。

2）产品再制造设计中，根据用户对产品的要求，对虚拟再制造产品原型的结构、功能、性能、加工、装配制造过程以及生产过程在虚拟环境下进行仿真，并根据产品评价体系提供的方法、规范和指标，为再制造设计修改和优化提供指导和依据。同时还可以及早发现问题，实现及时的反馈和更正，为再制造过程提供依据。

3）以软件模拟形式进行新种类再制造产品的开发。可以在再制造前通过虚拟再制造设计来改进原产品设计中的缺陷，升级再制造产品性能，虚拟再制造过程。

4）再制造企业管理模式基于 Intranet 或 Internet，整个制造活动具有高度的并行性。又由于产品开发进程的加快，能够实现对多个解决方案的比较和选择。

3. 虚拟再制造与虚拟制造的关系

虚拟再制造可以借鉴虚拟制造的相关理论，但前者具有明显不同于后者的特点。前者虚拟的初始对象是废旧产品，是成形的废旧毛坯，其品质具有明显的个体性，对产品的虚拟再制造设计约束比较大，再制造过程较复杂，而且废旧产品数量源具有不确定性，再制造管理难度较大；后者虚拟的初始对象是原材料，来源稳定，可塑性强，虚拟产品设计约束度小，制造工艺较为稳定，质量相对统一。所以，虚拟再制造技术是基于虚拟制造技术之上，相比后者更具有一定复杂程度的高新技术，具有明显的个体性。

8.2.2 虚拟再制造系统的开发环境

虚拟再制造系统在功能上与现实再制造系统具有一致性，在结构上与现实再制造系统具有相似性，软、硬件组织要具有适应生产变化的柔性，系统应实现集成化和智能化。借鉴虚拟制造的系统开发架构，可将虚拟再制造系统的开发环境分为三个层次：模型构造层、虚拟再制造模型层和目标系统层，如图 8-3

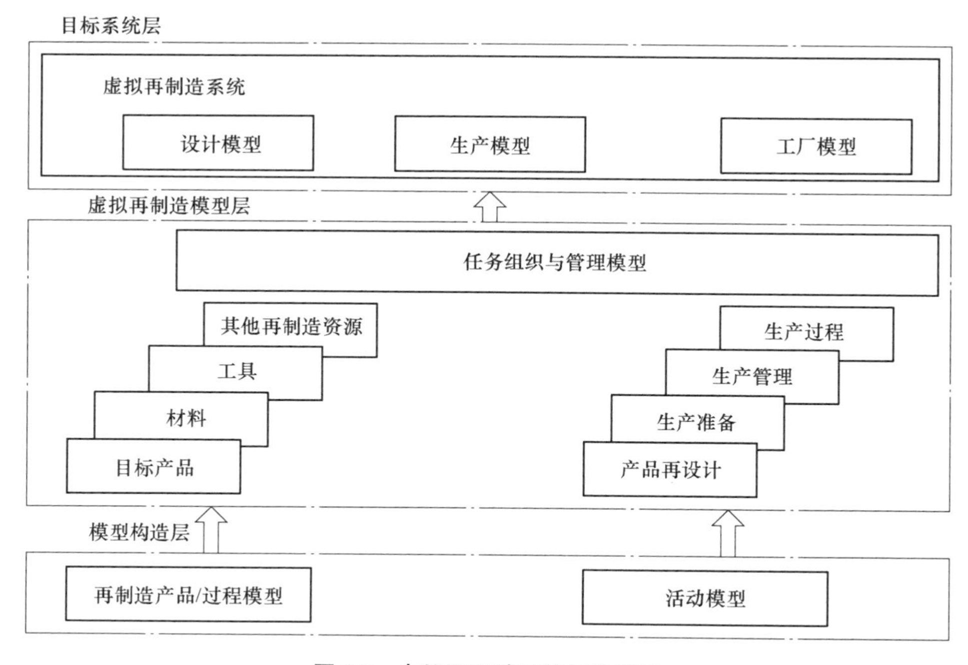

图 8-3 虚拟再制造系统开发环境

所示。

（1）模型构造层　模型构造层提供用于描述再制造活动及其对象的基本建模结构，有两种通用模型：再制造产品/过程模型和活动模型。再制造产品/过程模型按自然规律描述可实现每一产品及其特征，如物体的干涉、重力的影响等；活动模型描述人和系统的各种活动。再制造产品模型描述出现在制造过程中的每一产品，不仅包括目标产品，而且包括制造资源，如机床、材料等。过程模型描述产品属性、功能及每一制造工艺的执行，过程模型包括像牛顿动力学这种很有规律的过程，也包括像金属切削、成形这种较复杂的工艺过程。

（2）虚拟再制造模型层　通过使用再制造产品/过程模型和活动模型定义有关再制造活动与过程的各种模型，这些模型包括各种工程活动，如产品再设计、生产设备、生产管理、生产过程以及相应的目标产品、材料、工具和其他再制造资源。这些模型应该根据产品类型、工业和国家的不同而不同，但是通过使用低层的模型构造层容易实现各种模型的建立与扩展。任务组织与管理模型用来实现制造活动的灵活组织与管理，以便构造各种虚拟制造/再制造系统。

（3）目标系统层　根据市场变化、用户需求，通过底层的虚拟再制造模型层来组成各种专用的虚拟再制造系统。

8.2.3　虚拟再制造系统体系结构

借鉴“虚拟总线”的虚拟机（Virtual Machine，VM）体系结构划分，可以将虚拟再制造的体系结构分为五层：数据层、活动层、应用层、控制层和界面层。根据虚拟再制造的技术模块及虚拟再制造的功能特点，可以构建如图 8-4 所示的虚拟再制造系统体系综合结构。该体系结构最底层为对虚拟再制造形成支撑的集成支撑环境，包括技术和硬件环境；虚拟再制造的应用基础则是各种数据库，包括环境数据库（Environmental Database，EDB）、产品再制造设计数据库、生产过程数据库、再制造资源数据库等；基于这些数据信息处理基础，并根据管理决策、产品决策及生产决策的具体要求，可以形成相互具有影响作用的虚拟再制造产品设计、工艺设计、过程设计；在这些设计基础上，可以形成数字再制造产品，通过分析成本、市场、效益/风险，进而影响再制造的管理、产品、生产决策，并将数字再制造产品的性能评价结果反馈至集成支撑环境，优化集成支撑技术。

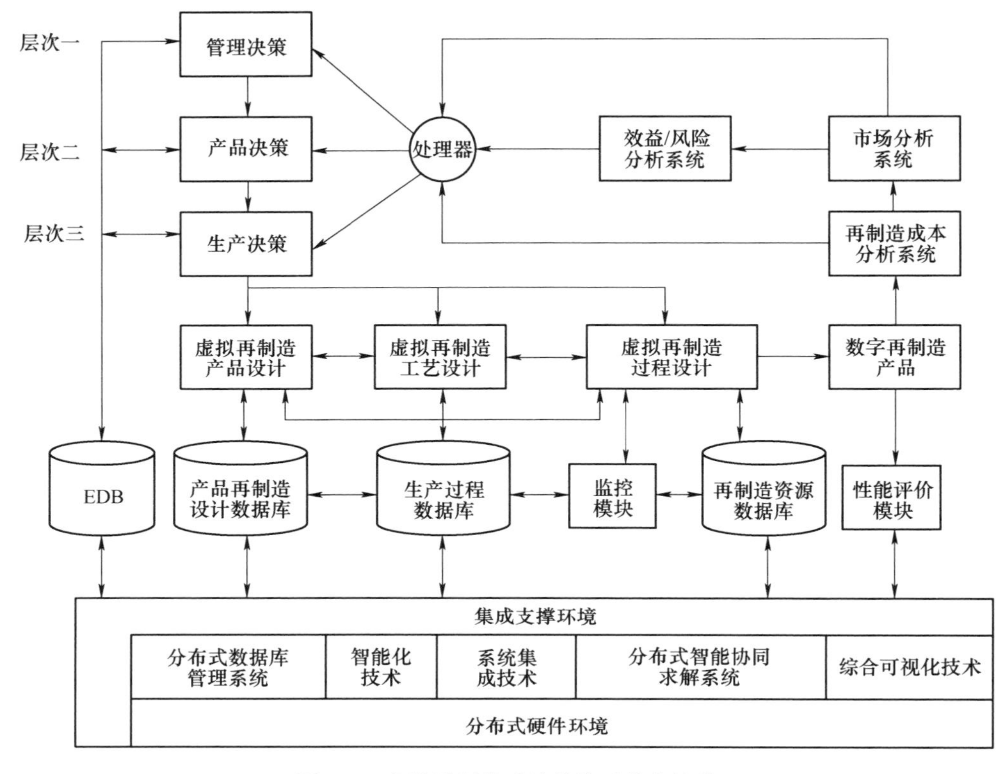

图 8-4　虚拟再制造系统的体系综合结构

8.2.4　虚拟再制造关键技术

1. 虚拟再制造系统信息挖掘技术

虚拟再制造是对再制造过程（指从废旧产品到达再制造企业后至生成再制造产品出厂前的阶段）的本质实现，涉及的单位多（涉及原制造企业、销售企业、环保部门等），要完成的任务多，而且企业内部所面临的技术、人员、设备等各种信息多，所以如何在繁杂的信息中利用先进技术，挖掘有用信息，进行合理的虚拟再制造设计及实现，将是虚拟再制造技术的研究基础。

2. 虚拟环境下再制造加工建模技术

再制造所面对的毛坯不是原材料，而是废旧的产品，不同的废旧产品因工况、地域和使用时间等条件的不同，其报废的原因不同，具有的质量也不同，显现出明显的个体性，而在再制造加工中对损坏零件恢复或者原产品的改造，均需要建立原产品正常工况下模型、废旧产品模型、再制造加工恢复或改造的操作成形模型、再制造后的再制造产品模型，而且这些模型之间需要具有统一的数据结构和分布式数据管理系统，各模型具有紧密的联系。所要求建立的模型不仅代表了产品的形状信息，而且代表了产品的性能、特征，具有可视性，能够虚拟运行处理、分析、加工、生产组织等虚拟再制造各个环节所面临的问题。这些模型的建立，是虚拟再制造进行的技术基础。

3. 虚拟环境下系统最优决策控制技术

虚拟环境是真实环境在计算机上的体现。废旧产品的再制造可能面临多种方案的选择，不同的方案所产生的经济、社会、环境效益不同，而在虚拟再制造过程中对再制造方案进行设计分析和评估，可以有效地优化设计决策，使再制造产品满足高质量、低成本、短周期的要求。如何采用数学模型来确定优化方法，怎样形成最优化的决策系统，是实现虚拟再制造最优决策的主要研究内容。

4. 虚拟环境及虚拟再制造加工技术

虚拟再制造加工是虚拟再制造的核心内容，不但可以节约再制造产品开发的投资，而且还可以大大缩短产品开发周期。虚拟再制造加工包括虚拟工艺规程、虚拟加工、产品性能估计等内容。再制造加工包括对废旧产品的拆解、清洗、分类、修复或改造、检测、装配等过程，而建立基于真实动感的再制造各个加工过程的虚拟仿真，是虚拟再制造的主要内容。通过建立加工过程的虚拟仿真，可以实现再制造的虚拟生产，为再制造的实际决策提供科学依据。

5. 虚拟质量控制及检测技术

再制造产品的质量是再制造产业价值的重要衡量标准，关系到再制造产业的生存发展。通过研究数学方法和物理方法相互融合的虚拟检测技术，实现对再制造产品虚拟生产中的几何参数、机械参数和物理参数的动态模型检测，可以保证再制造产品的质量。同时，通过对虚拟再制造加工过程的全程监控，可以在线实时监控生产误差，调整工艺过程，保证产品质量。虚拟再制造检测还包括开发虚拟试验仪器模块，组装虚拟试验仪器，对生产的再制造产品进行虚拟试验测试。

6. 基于虚拟现实与多媒体的可视化技术

虚拟再制造的可视化技术是指将虚拟再制造的数据结果转换为图形和动画的方式，使仿真结果可视化并具有直观性。采用文本、图形、动画、影像、声音等多媒体手段，实现虚拟再制造在计算机上的实景仿真，获得再制造的虚拟现实，将可视化、临场感、交互、激发想象结合到一起产生沉浸感，是虚拟再制造实现人机协同交互的重要方面。该部分的研究内容包括可视化映射技术、人机界面技术、数据管理与操纵技术等。

7. 虚拟再制造企业的管理技术

虚拟再制造是建立在虚拟企业的基础之上，对其全部生产及管理过程的仿真，虚拟再制造企业的管理策略是虚拟再制造的重要组成部分，其研究内容包括决策系统仿真建模、决策行为的仿真建模、管理系统的仿真建模以及由模型生成虚拟场景的技术研究。

8.2.5 虚拟再制造的应用

1. 虚拟再制造企业

在面对多变的毛坯供应及再制造产品市场需求下，虚拟再制造企业具有可以加快新种类再制造产品开发速度，提高再制造产品质量，降低再制造生产成本，快速响应用户的需求，缩短产品生产周期等优点。因此，虚拟再制造企业可以快速响应市场需求的变化，能在商战中为企业带来优势。虚拟再制造企业的特征是：企业地域分散化、企业组织临时化、企业功能不完整化、企业信息共享化。

2. 虚拟再制造产品设计

现在产品的退役往往是因为技术的落后，而传统的以性能恢复为基础的再制造方式已经无法满足这种产品再制造的要求，因此，需要对废旧产品进行性能或功能的升级，即在产品再制造前对废旧产品进行升级设计，这种设计是在原有废旧产品框架的基础上进行的，但又要考虑经过结构改进及模块嵌入等方式实现性能升级，满足新用户需求。因此，对需性能升级废旧产品的再制造设计具有更大的约束度，更大的难度，这也为虚拟再制造产品设计提供了广阔的应用前景。因此，开展对废旧产品的再制造虚拟设计将会极大地促进以产品性能升级为目标的再制造模式的发展。

3. 虚拟再制造生产过程

再制造生产往往具有对象复杂、工艺复杂、生产不确定性高等特点，因此，利用设计中建立的各种生产和产品模型，将仿真能力加入生产计划模型中，可以方便和快捷地评价多种生产计划，检验再制造拆解、加工、装配等工艺流程的可信度，预测产品的生产工艺步骤、性能、成本和报价，主要目的是通过再制造仿真，来优化产品的生产工艺过程。通过虚拟再制造生产过程，可以优化人力资源、制造资源、物料库存、生产调度、生产系统的规划等，从而合理配置人力资源、制造资源，对缩短产品制造/再制造生产周期，降低成本意义重大。

4. 虚拟再制造控制过程

以控制为中心的虚拟再制造过程是将仿真技术引入控制模型，提供模拟实际生产过程的虚拟环境，使企业在考虑车间控制行为的基础上，对再制造过程进行优化控制。虚拟再制造控制以计算机建模和仿真技术为重要的实现手段，通过对再制造过程进行统一建模，用仿真技术支持设计过程和模拟制造过程，来进行成本估算和生产调度。

8.3 柔性再制造及其关键技术

8.3.1 基本概念及特点

再制造加工的“毛坯”是由制造业生产、经过使用后到达寿命末端的废旧产品。当前制造业生产的产品趋势是品种增加，批量减少，个性化加强，这造成了产品退役情况的多样性，这些对传统的再制造业发展提出了严峻考验，要求再制造业发展对废旧产品种类及失效形式适应性强、生产周期短、加工成本低、产品质量高的柔性再制造系统，以应对再制造业面临的巨大变化。

柔性再制造是以先进的信息技术、再制造技术和管理技术为基础，通过再制造系统的柔性、可预测性和优化控制，最大限度地减少再制造产品的生产时间，优化物流，提高对市场响应能力，保证产品的质量，实现对多品种、小批量、不同退役形式的末端产品进行个性化再制造。

制造业的加工对象是性质相同的材料及零部件，而再制造的加工对象则是废旧产品。由于产品在服役期间的工况不同、退役原因不同、失效形式不同、来源数量不确定等特点，使得再制造的对象具有个体性及动态性等特点。因此，柔性再制造系统相对传统的再制造系统来说，具有明显的特点和特定的难度。参照制造体系中柔性装配系统的特点，可知柔性再制造系统应具有以下特点：同时对多种产品进行再制造；通过快速重组现有硬件及软件资源，实现新类型产品的再制造；动态响应不同失效形式产品的再制造加工；根据市场需求，快速改变再制造方案；具有高度的可扩充性、可重构性、可重用性及可兼容性，实现模块化、标准化的生产线。以上特点，可以显著地提高再制造适应废旧产品种类、失效形式等的个性化因素，使再制造产品具有适应消费者个性化需求的能力，从而增强再制造产业的生命力。

8.3.2 柔性再制造系统组成

借鉴柔性制造系统结构组成，典型的柔性再制造系统一般也由三个子系统组成，分别是再制造加工系统、物流系统和控制与管理系统，各子系统的构成框图及功能特征如图 8-5 所示。三个子系统的有机结合，构成了一个再制造系统的能量流（通过再制造工艺改变工件的形状和尺寸）、物料流（主要指工件流、刀具流、材料流）和信息流（再制造过程的信息和数据处理）。

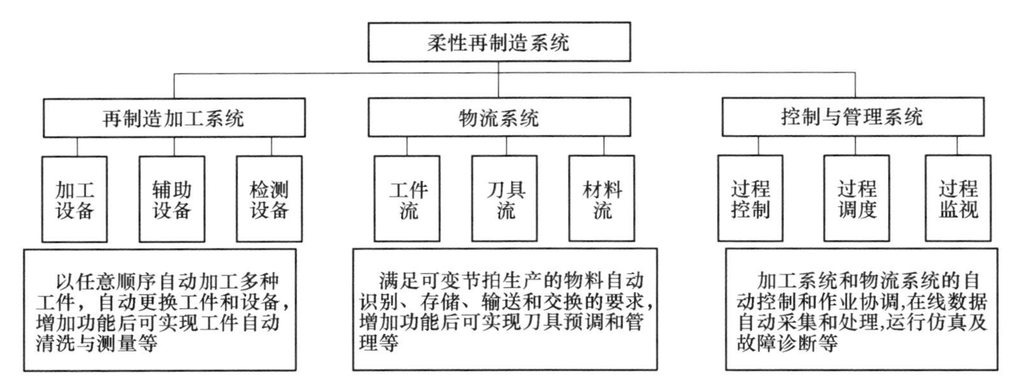

图 8-5　柔性再制造系统的组成框图及功能特征

1）再制造加工系统：实际执行废旧件性能及尺寸恢复等加工工作，把工件从废旧毛坯转变为再制造产品零件的执行系统，主要由加工设备、辅助设备、检测设备组成，系统中的加工设备在工件、刀具和控制三个方面都具有可与其他子系统相连接的标准接口。从柔性再制造系统的含义中可知，加工系统的性能直接影响着柔性再制造系统的性能，且加工系统在柔性再制造系统中又是耗资最多的部分，因此恰当地选用加工系统是柔性再制造系统成功与否的关键。

2）物流系统：用以实现毛坯件及加工设备的自动供给和装卸，以及完成工序间的自动传送、调运和存储工作，包括各种传送带、自动导引小车、工业机器人及专用起吊运送机等。

3）控制与管理系统：包括计算机控制系统和系统软件。计算机控制系统用以处理柔性再制造系统的各种信息，输出控制数控机床和物料系统等自动操作所需的信息，通常采用三级（设备级、工作站级、单元级）分布式计算机控制系统，其中单元级控制系统（单元控制器）是 FMS（柔性制造系统）的核心。系统软件用以确保 FMS 有效地适应中小批量多品种生产的管理、控制及优化工作，包括根据使用要求和用户经验所发展的专门应用软件，大体上包括控制软件（控制机床、物料储运系统、检验装置和监视系统）、计划管理软件（调度管理、质量管理、库存管理、工装管理等）和数据管理软件（仿真、检索和各种数据库）等。

8.3.3　柔性再制造系统的技术模块

根据再制造生产工艺步骤，可知柔性再制造系统主要包括以下技术模块：

1. 柔性再制造加工中心

再制造加工主要包括对缺损零件的再制造恢复及升级，所采用的表面工程技术是再制造中的主要技术和关键技术。再制造加工中心的柔性主要体现在加工设备可以通过操作指令的变化而变化，以对不同种类零部件的不同失效模式，都能进行自动化故障检测，并通过逆向建模，实现对失效件的科学自动化再制造加工恢复。

2. 柔性预处理中心

再制造毛坯到达再制造工厂后，首先要进行拆解、清洗和分类，这三个步骤是再制造加工和装配的重要准备过程。对不同类型产品的拆解、不同污染情况零件的清洗以及零件的分类储存，都具有非常强的个体性，也是再制造过程中劳动密集的步骤，对其采用柔性化设计，主要是增强设备的适应性及自动化程度，减少预处理时间，提高预处理质量，降低预处理费用。

3. 柔性物流系统

废旧产品由消费者运送到再制造工厂的过程称为逆向物流，其直接为再制造提供毛坯，是再制造的重要组成部分。但柔性再制造系统中的物流主要考虑废旧产品及零部件在再制造工厂内部各单元间的流动，包括零部件再制造前后的储存、物料在各单元间的传输时间及方式、新零部件的需求及调用、零部件及产品的包装等，其中重要的是实现不同单元间及单元内部物流传输的柔性化，使相同的设备能够适应多类零部件的传输，以及经过重组后能够适应新类型产品再制造的物流需求。理想的柔性再制造物流系统具有传输多类物品、可调的传输速度、离线或实时控制能力、可快速重构、空间占用小等特点。

4. 柔性管理决策中心

柔性管理决策中心是柔性再制造系统的神经中枢，具有对各单元的控制能力，可通过数据传输动态、实时地收集各单元数据，形成决策，发布命令，实现对各单元操作的自动化控制。通过柔性管理决策中心，可以实现再制造企业的各要素，如人员、技术、管理、设备、过程等的实时协调，对生产过程中的个性化特点迅速响应，形成最优化决策。其主要是利用各单元与决策中心之间的数据线、监视设备来完成数据交换。

5. 柔性装配及检测中心

对再制造后所有零部件的组装及对再制造产品性能的检测，是保证再制造产品质量和市场竞争力的最后步骤。采用模块化设备，可以增加对不同类型产品装配及性能检测的适应性。

8.3.4 柔性再制造的关键技术

1. 人工智能及智能传感器技术

柔性制造和再制造技术中所采用的人工智能大多指基于规则的专家系统。

专家系统利用专家知识和推理规则进行推理，求解各类问题（如解释、预测、诊断、查找故障、设计、计划、监视、修复、命令及控制等）。展望未来，以知识密集为特征，以知识处理为手段的人工智能（包括专家系统）技术必将在柔性制造业（尤其智能型柔性制造系统）中起着日趋重要的关键性作用。智能制造技术（IMT）旨在将人工智能融入制造过程的各个环节，借助模拟专家的智能活动，取代或延伸制造环境中人的部分脑力劳动。智能传感器技术是未来智能化柔性制造技术中一个急速发展的领域，是伴随计算机应用技术和人工智能而产生的，它使传感器具备内在的“决策”功能。

2. 计算机辅助设计技术

计算机辅助设计（CAD）技术是基于计算机环境下的完整设计过程，是一项产品建模技术（将产品的物理模型转换为产品的数据模型）。无论制造产品的设计，还是再制造前修正原产品功能的再设计，都需要采用 CAD 技术。

3. 模糊控制技术

目前模糊控制技术正处于稳定发展阶段，其实际应用是模糊控制器。最近开发出的高性能模糊控制器具有自学习功能，可在控制过程中不断获取新的信息并自动对控制量做调整，使系统性能大为改善，其中尤其以基于人工神经网络的自学方法研究者众多，在柔性制造和再制造的控制系统中有良好的应用。

4. 人工神经网络技术

人工神经网络（ANN）是由许多神经元按照拓扑结构相互连接而成的，模拟人的神经网络对信息进行并行处理的一种网络系统，所以人工神经网络也就是一种人工智能工具。在自动控制领域，人工神经网络技术的发展趋势是其与专家系统和模糊控制技术的结合，使其成为现代自动化系统中的一个组成部分。

5. 机电一体化技术

机电一体化技术是机械、电子、信息、计算机等多学科的相互融合和交叉，特别是机械、信息学科的融合交叉，从这个意义上说，其内涵是机械产品的信息化，它由机械、信息处理、传感器三大部分组成。近年来，微电子机械系统（MEMS）作为机电一体化的一个发展方向受到了特别重视和研究。

6. 虚拟现实与多媒体技术

虚拟现实（VR）是人造的计算机环境，使处在这种环境中的人有身临其境的感觉，并强调人的操作与介入。VR 技术在 21 世纪制造业中有广泛的应用，它可以用于培训、制造系统仿真，实现基于制造仿真的设计与制造和集成设计与制造等。

8.3.5 柔性再制造系统的应用

在开发用于再制造的柔性生产系统时，不仅要考虑各单元操作功能的完善，而且要考虑该单元或模块是否有助于提高整个生产系统的柔性；不仅要改善各单元设备的硬件功能，还要为这些设备配备相应的传感器、监控设备及驱动器，以便能通过决策中心对它们进行有效控制。同时，系统单元间还应具有较好的信息交换能力，实现系统的科学决策。通常柔性再制造系统的建立需要考虑两个因素：人力与自动化，而人是生产中最具有柔性的因素。如果在系统建立中单纯强调系统的自动化程度，而忽略了人的因素，在条件不成熟的情况下实现自动化的柔性再制造系统，则可能所需设备非常复杂，并使产品质量的可靠性减小。所以，在一定的条件下，采用自动化操作与人工相结合的方法建立该系统，可以保证再制造工厂的最大利润。

图 8-6 所示是再制造工厂内部应用柔性再制造生产系统的框架示意图。由图可知，当废旧产品进入再制造厂后，首先进入物流系统，并由物流系统向柔性管理决策中心进行报告，并根据柔性管理决策中心的命令，进入仓库或者直接进入预处理中心；预处理中心根据决策中心的指令选定预处理方法，对物流系统运输进的废旧产品进行处理，并将处理结果上报决策中心，同时将处理后的产品由物流系统运输到仓库或者进入再制造加工中心；再制造加工中心根据决策中心的指令选定相应的再制造方法，并经过对缺损件的具体测量形成具体生产程序并上报决策中心，由决策中心确定零部件的自动化再制造恢复或改造方案，然后将恢复后的零部件根据决策中心的指令由物流系统运输到仓库或者装配检测中心；装配检测中心在接收到决策中心的指令后，将物流系统运输进的零部件进行装配和产品检测，并将检测结果报告给决策中心，并由物流系统将合格成品运出并包装后进行仓储，不合格产品根据决策中心指令重新进入再制造相应环节。最后是物流系统根据决策中心指令及时从仓库中提取再制造产品投放到市场。柔性管理决策中心在整个柔性系统中的作用是中央处理器，不断地接收各单元的信息，并经过分析后向各单元发布决策指令。

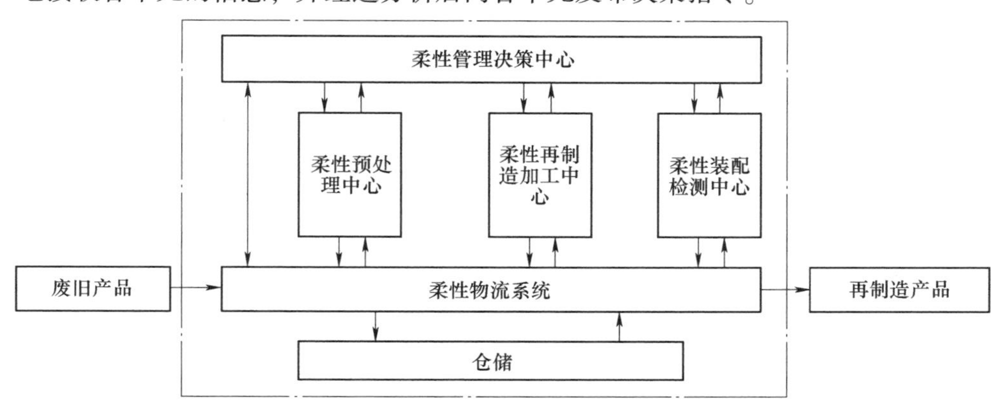

图 8-6　柔性再制造生产系统的框架示意图

柔性再制造的柔性化还体现在设备的可扩充、可重组等方面。实现柔性再制造系统的设备柔性化、技术柔性化、产品柔性化是一个复杂的系统工程，需要众多的先进信息技术及设备的支持和先进管理方法的运用。

8.4 快速响应再制造

8.4.1 基本概念

工业发达国家制造业企业竞争战略在20世纪60年代强调规模效益，20世纪70年代强调价格，20世纪80年代强调质量，20世纪90年代则强调对市场需求的响应速度。由于市场需求的多变，产品的寿命周期越来越短，这种趋势在21世纪日趋强劲。因此，快速响应再制造技术也必将成为再制造生产的重要模式。

快速响应再制造技术是指对市场现有需求和潜在需求做出快速响应的再制造技术集成。它将信息技术、柔性增材再制造技术、虚拟再制造技术、管理科学等集成，充分利用互联网和再制造业的资源，采用新的再制造设计理论和方法、再制造工艺、新的管理思想和企业组织结构，将再制造产品市场、废旧产品的再制造设计和再制造生产有机地结合起来，以便快速、经济地响应市场对产品个性化的需求。再制造业的价值如制造业一样，也取决于两个方向：面向产品和面向用户，后者也称用户化生产，而快速响应再制造技术和快速再制造系统就是针对用户化生产而提出的。21世纪，消费者的行为将更加具有选择性，“用户化、小批量、快速交货”的要求不断增加，产品的个性化和多样化将在市场竞争中发挥越来越大的作用，而传统的以恢复产品性能为基础的再制造方式生产出的再制造产品，必将无法满足快速发展的市场需求。因此，开展快速响应再制造技术的研究与应用具有十分重要的意义。

8.4.2 快速响应再制造的作用

通过对部分产品的快速响应再制造，可以充分利用产品的附加值，在短期内批量提高服役产品的功能水平，使产品能够迅速适应不同环境要求，延长产品的服役寿命。另外快速响应再制造还可以对特殊条件下的产品进行快速的评价和再制造，以实现恢复产品的全部或部分功能，保持产品的服役性能。例如我国从国外购置的一些尖端设备在使用中，往往在关键零部件上受制于人，而通过发展再制造技术，可以实现高品质的原件再制造恢复，从而解决无法采购到备件的问题。

以信息技术为特点的高科技在产品中的应用，也使得产品的发展具有了明显的特点，如小型化、多样化、高效化等，这也对产品的再制造提出了严峻的挑战，需要建立柔性化的快速响应再制造生产线，来适应生产线对不同种类产品进行快速再制造的能力，从而节约时间，提高效率，减少成本。快速响应再制造可以快速提高产品的性能和适应环境需求的变化，短期内实现再制造产品的功能或性能与当前需求保持一致，可以使产品保持本身的可持续发展，即由静态降阶使用发展到动态进阶使用，实现产品的“与时俱进”，使其具有适应各种工作条件要求的“柔性”。

总体来讲，快速响应再制造可以对不同的产品进行快速再制造：①可以实现正常服役时期产品性能的不断更新，延长产品的服役寿命；②在特殊环境中应用前，通过批量的快速响应再制造，使产品可以在短期内提高适应特殊环境的要求；③可以通过对损伤产品应用快速响应再制造系统，进行快速的诊断和应急再制造，恢复产品的全部或部分功能，保持产品的性能。

8.4.3 快速响应再制造的关键技术

1. 快速再制造设计技术

快速再制造设计技术是指针对用户或市场需求，以信息化为基础，通过并行设计、协同设计、虚拟设计等手段，来科学地进行再制造方案、再制造资源、再制造工艺及再制造产品质量的总体设计，以便满足用户或使用环境对再制造产品先进性、个体性的需求。

并行设计主要是重视再制造产品设计开发过程的重组和优化，强调多学科团队协同工作，通过在再制造产品设计早期阶段充分考虑再制造的各种因素，提高再制造设计的一次成功率，达到提高质量、降低成本、缩短产品开发周期和产品上市时间及最大限度满足用户需求的目的。

协同设计是随着计算机网络技术的发展而形成的设计方式，它促使不同的设计人员之间、不同的设计组织之间、不同部门的工作人员之间均可实现资源共享，实施交互协同参与，合作设计。

虚拟设计是以虚拟现实技术为基础，由从事产品设计、分析、仿真、制造和支持等方面的人员组成“虚拟”产品设计小组，通过网络合作并行工作，在计算机上“虚拟”地建立产品数字模型，并在计算机上对这一模型产生的形式、配合和功能进行评审、修改，最终确定实物原形，实现一次性加工成形的设计技术。虚拟再制造设计不仅可以节省再制造费用和时间，还可以使设计师在再制造之前就对再制造中的可加工性、可装配性、可拆解性等有所了解，及时对设计中存在的问题进行修改，提高工作效率。

2. 柔性增材再制造技术

柔性增材再制造是基于离散/堆积成形原理，利用快速反求、高速电弧喷涂、微弧等离子、MIG/MAG 堆焊或激光快速成形等技术，针对损毁零件的材料性能要求，采用材料单元的定点堆积，自下而上组成全新零件或对零件缺损部位进行堆积修复，快速恢复缺损零部件的表面尺寸及性能的一种再制造生产方法。

3. 快速再制造升级技术

再制造升级主要指在对废旧产品进行再制造过程中利用以信息化技术为特点的高新技术，通过模块替换、结构改造、性能优化等综合手段，实现产品在性能或功能上信息化程度的提升，满足用户的更高需求。

4. 可重组制造系统（RMS）

可重组制造系统指能适应市场需求的产品变化，按系统规划的要求，以重排、重复利用、革新组元或子系统的方式，快速调整再制造过程、再制造功能和再制造生产能力的一类新型可变再制造系统。它是基于可利用的现有的或可获得的新再制造设备和其他组元，可动态组态（重组）的新一代再制造系统。该系统具有可变性、可集成性、订货化、模块化、可诊断性、经济可承受性和敏捷性等特点。

5. 用户化生产

用户化生产方式包括模块化再制造设计、再制造拆解与清洗、再制造工艺编程、再制造、装配，以及用户生产的组织管理方式和资源的重组、变型零部件的设计与再制造技术、再制造商与用户的信息交流等。

快速响应再制造技术通常需要通过虚拟再制造技术、柔性再制造技术、网络化再制造技术等来实现。

8.5 信息化再制造升级

8.5.1 概述

信息化再制造升级主要指在对废旧产品进行再制造过程中利用以信息化技术为特点的高新技术，通过模块替换、结构改造、性能优化等综合手段，实现产品在性能或功能上信息化程度的提升，满足用户的更高需求。信息化再制造升级是产品再制造中最有生命力的组成部分，其显著地区别于传统的恢复性再制造。恢复性再制造只是将废旧产品恢复到原产品的性能，并没有实现产品的性能随时代的提高，而信息化再制造升级可以使原产品的性能得到巨大提升，达到甚至超过当前产品的技术水平，对实现产品的机械化向信息化转变具有重要意义。

产品信息化再制造升级与普通信息化升级的区别在于其操作的规模性、规范性及技术的综合性、先进性。通过信息化再制造升级，不但能恢复、升级或改造原产品的技术性能，保存原产品在制造过程中注入的附加值，而且新注入的信息化新技术可以高质量地增加产品功能，延长产品使用寿命，建立科学的产品多寿命使用周期，最大限度发挥产品的资源效益。

8.5.2 信息化再制造升级设计

1. 再制造升级方式

因为产品再制造升级所加工的对象是具有固定结构的旧品，对其升级加工相对新产品研制来说具有更大的约束度，所以对技术要求更高。通常产品再制造升级所采用的方式主要有以下四类：

1）以采用最新功能模块替换旧模块为特点的替换法。主要是直接用最新产品上安装的信息化功能新模块替换旧品中的旧模块，用于提高再制造后产品的信息化功能，满足当前对产品的信息化功能要求。

2）以局部结构改造为特点的改造法。主要用于增加产品新的信息化功能以满足功能要求。

3）以直接增加新模块为特点的嵌入法。主要是通过嵌入新的功能模块来增加产品的新功能。

4）以重新设计为特点的重构法。主要是以最新产品的多种功能化要求和特点出发，重新设计出再制造后产品结构及性能标准，综合优化产品再制造升级方案，使得再制造后产品性能接近或超过当前新产品性能。

2. 再制造升级实施

再制造升级实施可以参考再制造的实施流程，主要在再制造的基础流程上增加了结构改造、功能升级、零件强化等具体升级工作内容。旧品在确定再制造升级方案并被送达升级场地后，一般可按图 8-7 所示步骤执行产品再制造升级任务，主要流程如下：

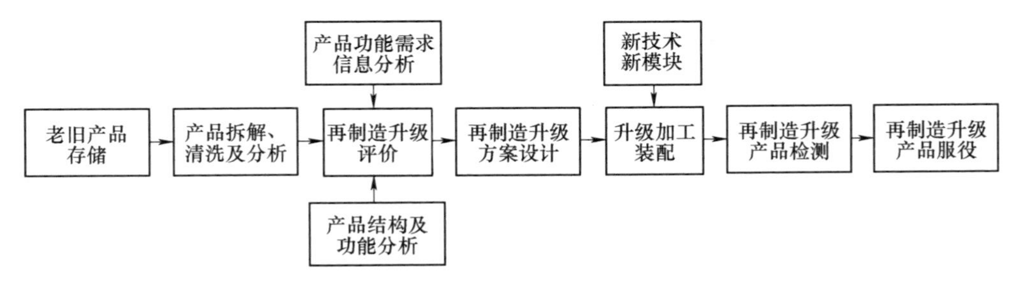

图 8-7　再制造升级任务执行主要流程

1）首先需要进行产品的完全分解并对零部件工况进行分析。

2）综合新产品市场需求信息和新产品结构及信息化情况等信息，明确再制造后产品的性能要求，对本产品的信息化再制造升级可行性进行评估。

3）对适合信息化再制造升级的产品进行工艺方案设计，确定具体升级方案，明确需要增加的信息化功能模块。

4）依据方案，采用相关高新技术进行产品的再制造升级加工，包括对零部件强化、结构改造、模块替换，按设计方案增加新的功能，并对加工后的产品进行装配。

5）对再制造升级后的产品进行性能和功能的综合检测，保证产品质量。

6）再制造升级后的产品投入市场进行更高层次的使用。

3. 影响因素

废旧产品信息化再制造升级活动作为产品全寿命周期的一个重要组成部分，也与产品寿命周期中其他各个阶段具有重要的相互作用，尤其在产品设计阶段，如果能够考虑产品的信息化再制造升级性，则能够明显地提高产品在末端的再制造升级能力。目前可以从定性角度考虑利于信息化再制造升级的设计，例如在产品设计阶段考虑产品的结构，预测产品性能发展趋势，采用模块化、标准化、开放式、易拆解式的结构设计等都可以促进信息化再制造升级。

8.5.3　机床数控化再制造升级应用

机床数控化再制造升级是再制造升级的重要应用领域，在国内外都开展了大量的工程实践活动。大量的老旧机床正在逐步退出第一次服役寿命周期，对其进行数控化再制造升级，则可以实现其多寿命周期使用。

机床自第一次设计制造完成后，可以通过不断地进行再制造升级工作，完成其功能或性能的提升，满足多个寿命周期服役要求。每次的机床再制造升级实施，都是一个完整的系统工程，既包括了再制造升级的设计、拆解、清洗、检测、修复、升级加工、装配、调试等工程技术层次内容，也包括了面向再制造升级技术所需的各种人力、信息、设备、评估、服务、物流等综合保障资源平台。

根据本文所提出的再制造升级全域工作内容，及前述的再制造升级理论和技术体系内容，可将机床数控化再制造分为老旧机床数控化再制造理论模块、再制造升级工程技术模块、数控化再制造工具模块三个方面的内容，来开展机床的再制造升级工作。

为保障机床再制造工作的开展，研究人员对机床再制造的理论基础内容，包括机床再制造升级性的设计、升级需求预测、升级过程规划等开展了研究，构建了基于 QFD（质量功能展开）的机床再制造需求预测与决策方法、机床的升级性设计方法，为机床再制造升级提供了指导。再制造升级工程技术层次，主要进行机床再制造升级各项技术应用、工艺优化等，研究人员已探索形成了基于表面技术、数控技术的机床再制造升级技术方案，保证了机床升级后数控性能与精度的提升。在再制造升级的工具层次，研究人员已开发了机床数控化再制造升级数据决策软件，建立了进行升级技术、备件种类、生产设备、工人等各种保障资源选择评估的信息数据库，主要为再制造升级决策提供手段工具。

在系统研究机床再制造升级理论基础、技术内容和工具方法的基础上，依据本文提出的再制造升级的工艺技术全域过程体系，根据再制造升级所受到的产品结构、技术状态、功能需求等多种因素的制约，采用机床数控化再制造升级的需求目标确定方法和再制造升级的一般工艺技术方案，研究人员构建了机床数控化再制造升级实施流程，如图 8-8 所示。

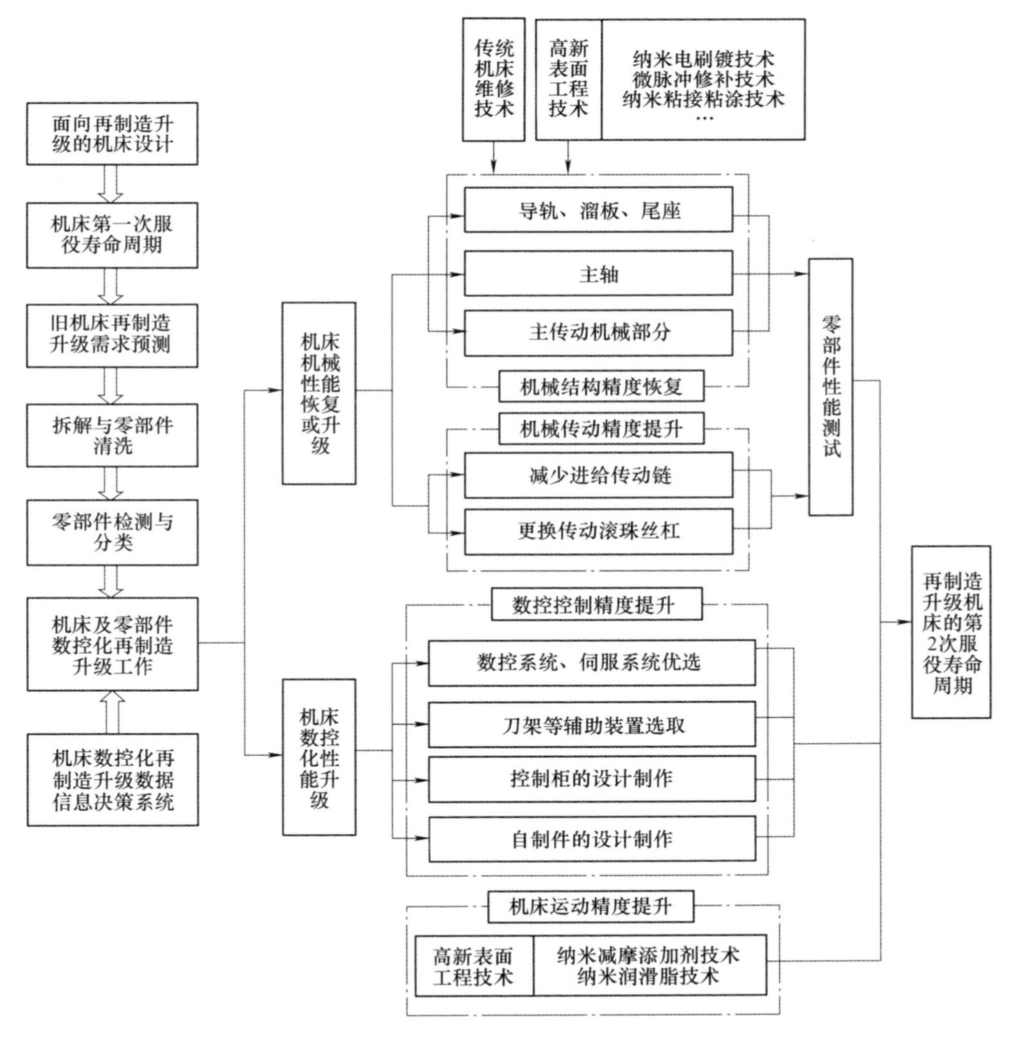

图 8-8　机床数控化再制造升级实施流程[2]

按照此流程，对4台机床（C620、CA6140、加长CA6140、C630）进行了信息化再制造升级。该4台机床生产于20世纪70年代，主要失效原因有磨损、划伤、疲劳损坏、碰伤、无数控化功能等。通过再制造升级可以显著地提高机床信息化程度和加工精度。在相同使用效果情况下，旧机床再制造升级费用仅为购置同类型新数控机床费用的1/5～1/3。升级后机床的运动精度达到X向0.005mm/脉冲，Z向0.01mm/脉冲，安装有微型计算机数字控制装置和相应的伺服系统，加工零件程序可以存储在数控机床内，提升机床的控制性能与控制精度，实现零件加工制配的自动或半自动化操作，其最终加工精度检测数据见表8-1。

表8-1　CA6140车床精度信息化再制造升级情况检测报告（单位：mm）

检验项目	允许误差	实测误差	升级后误差
主轴轴线对溜板移动的平行度	$a=0.02/300$ $b=0.015/300$	$a=0.22$ $b=0.15$	$a=0.02$ $b=0.015$
溜板移动对尾座顶尖套伸出方向的平行度	$a=0.03/300$ $b=0.03/300$	$a=0.01$ $b=0.015$	$a=0.01$ $b=0.015$
主轴轴肩支承面的圆跳动	0.02	0.015	0.005
主轴定心轴颈的径向圆跳动	0.01	0.02	0.005
主轴锥孔轴线的径向圆跳动	$a=0.01$ $b=0.02/300$	$a=0.05$ $b=0.3$	$a=0.01$ $b=0.02$
溜板移动在竖直平面的直线度	0.04	0.42	0.04

注：a代表竖直方向的平行度误差，b代表水平方向上的平行度误差。

参考文献

[1] 朱胜. 柔性增材再制造技术 [J]. 机械工程学报，2013，49（23）：1-5.

[2] 中国机械工程学会再制造工程分会. 再制造技术路线图 [M]. 北京：中国科学技术出版社，2016.

[3] 姚巨坤，梁志杰，崔培枝. 再制造升级研究 [J]. 新技术新工艺，2004（3）：17-19.

[4] 姚巨坤，时小军. 废旧机电产品信息化再制造升级研究 [J]. 机械制造，2007（4）：1-4.

[5] 崔培枝，姚巨坤，朱胜. 虚拟再制造研究的体系框架 [J]. 装甲兵工程学院学报，2003，17（2）：85-87.

[6] 崔培枝，朱胜，姚巨坤. 柔性再制造系统研究 [J]. 机械制造，2003，41（471）：7-9.

[7] 崔培枝，姚巨坤，向永华. 柔性再制造体系及工程应用 [J]. 工程机械，2004，35（2）：30-32.

[8] 朱胜，姚巨坤．激光再制造工艺技术［J］．新技术新工艺，2009（8）：1-3.
[9] 崔培枝，姚巨坤．快速再制造成型工艺与技术［J］．新技术新工艺，2009（9）：1-3.
[10] 崔培枝，姚巨坤．先进信息化再制造思想与技术［J］．新技术新工艺，2009（12）：1-3.
[11] 崔培枝，姚巨坤，朱胜．虚拟再制造系统结构及其应用研究［J］．机械制造与自动化，2010，39（2）：117-119.
[12] 崔培枝，姚巨坤，杨绪啟，等．基于“互联网＋”的网络化再制造及其技术模式研究［J］．机械制造，2017（5）：52-54.
[13] 崔培枝，姚巨坤，朱胜．基于QFD的机床数控化再制造升级需求预测方法研究［J］．机械工程师，2017（7）：22-24.
[14] 姚巨坤，朱胜，崔培枝，等．面向多寿命周期的全域再制造升级系统研究［J］．中国表面工程，2015，28（5）：129-135.